# Mathe für Eltern

*für Inger*

OStR i.R. Dr. Christian Eckhard

# Mathe für Eltern

Ein alphabetischer Ratgeber

*Bibliografische Information der Deutschen Nationalbibliothek:*
*Die Deutsche Nationalbibliothek verzeichnet diese Publikation in der*
*Deutschen Nationalbibliografie; detaillierte bibliografische Daten sind im*
*Internet über http://dnb.dnb.de abrufbar.*

© *2019 - 2021* **OStR i.R. Dr. Christian Eckhard**

*Lektorat: Susanne Czuchaja, Uta-Maria Gercken*

*Herstellung und Verlag: BoD – Books on Demand, Norderstedt*

*4. Auflage*

*ISBN: 978-3-7557-1315-9*

# Inhalt

# Inhalt

Liebe Eltern.

Dieses Büchlein wendet sich speziell an Sie und ist nicht für die Hand Ihrer Sprösslinge gedacht. Einiges, das darin steht, könnte die pädagogischen Bemühungen der Mathematik-Lehrkraft unterminieren, und bunte Bilder gibt's auch nicht.

Vielleicht gehören Sie zu denjenigen Eltern, die sich dafür interessieren, was im Unterricht passiert. Die ihren Kindern bei den Hausaufgaben gelegentlich über die Schulter schauen und die sich auch die Klassenarbeiten vorlegen lassen. Dann gibt dieses Buch Ihnen die Chance, *sogar* in Mathe auf einem gewissen Niveau mitzureden, zu verstehen was da passiert, oder gar beratend einzugreifen. Versuchen Sie gern, die Artikel bis zum Ende zu lesen - aber auch wenn Sie unterwegs den Faden verlieren, nehmen Sie aus dem ersten Teil einiges mit.

Vielleicht gehören Sie zu denen, die von sich sagen, Mathematik hätten sie nie verstanden und folglich auch nichts damit am Hut. Gut so. Ich verstehe Ihre Haltung voll und ganz, denn sie ist auch mir zu eigen - nur in anderen Fachgebieten als Mathematik. Mit Blick auf die Zukunft Ihrer Lieben seien Sie aber so nett, und lassen Sie das Ihren Kindern gegenüber nicht so deutlich heraushängen. Eine Untersuchung hat gezeigt, dass diese Haltung ansteckend ist. Dieses Buch gibt Ihnen die Chance, wenigstens *so zu tun*, als verstünden Sie etwas von dem, was Ihre Kleinen im Mathematikunterricht so treiben. Ich habe mich bemüht, die Erklärungen so einfach wie möglich zu halten. Fluchen Sie nicht *gleich*, sondern gucken Sie zumindest mal hin! Manchmal war leider eine gewisse Vertiefung nicht zu vermeiden. Sie profitieren aber auch, wenn Sie diese nicht lesen.

Vielleicht sind Sie selbst Mathematikerin oder Mathematiker. In dem Falle lesen Sie dieses Werk besser nicht - sonst richten sich Ihre Haare auf. Senkrecht zum Fußboden oder orthogonal zur Kopfhaut.

Im Interesse der Lesbarkeit konnte ich geschlechtsneutrale Formulierungen nicht zu 100% durchhalten. I beg your pardon.

*OStR i.R. Dr. Christian Eckhard*

## Abkürzungen

Mathematik wird meist in einer Art Stenografie notiert, weil die Mathematiker für den Volltext zu faul sind und die Bücher dann zehnmal so dick wären. Sollten Ihre Kinder darüber fluchen, weisen Sie sie darauf hin, dass sie das eigentlich längst selbst benutzen, es fällt ihnen normalerweise nur nicht auf:

25 € ist eine Abkürzung für „fünfundzwanzig Euro", und rotfl ist eine Abkürzung für „rolling on the floor laughing".

So ist auch $a + b = b + a$ eine Abkürzung für die unendlich lange Liste:

$1 + 2 = 2 + 1$; $1 + 3 = 3 + 1$; $2 + 3 = 3 + 2$; $1 + 4 = 4 + 1$ ...

$a$ und $b$ stehen einfach für beliebige Zahlen, wobei wie in den (beliebten oder geflissentlich ignorierten) Zahlenrätseln auf der Rätselseite von Zeitschriften gilt: gleiche Buchstaben bedeuten gleiche Zahlen. (Hey, Sie müssen das jetzt nicht gleich alles verstehen! Dies ist ein Lexikon! Nur weil „Abkürzungen" alphabetisch vorn steht, müssen Sie nicht hier anfangen!)

Traditionsgemäß (aber nicht sklavisch streng) benutzt man als Abkürzungen für bestimmte Dinge gern bestimmte Zeichen:

$a$, $b$, $c$... für (in der momentanen Rechnung) konstante Zahlen;
$i$, $j$, $k$... für ganze Zahlen;
$x$, $y$, $z$... für unbekannte Zahlen oder für Koordinaten;
$A$, $B$, $C$... für Punkte oder Mengen;
$\alpha$, $\beta$, $\gamma$... für Winkel;
$\vec{u}$, $\vec{v}$, $\vec{w}$ ... für Vektoren;
$\vec{r_A}$, $\vec{r_B}$, $\vec{r_C}$ ... für Ortsvektoren der Punkte $A$, $B$, $C$...;
$f(x)$, $g(x)$, $h(x)$ ... für Funktionen;
$\{ \bullet ; \bullet ; \bullet \}$ zum Notieren von Mengen;
$( \bullet | \bullet )$ oder $( \bullet ; \bullet )$ zum Notieren von (Koordinaten-) Paaren;
$\binom{\bullet}{\bullet}$ zum Notieren von Vektorkoordinaten;
$+ - \cdot$ : für die Grundrechenarten;
$\sqrt{}$ für Wurzeln;

$= < > \leq \geq$ für Vergleiche (gleich, kleiner, größer, kleiner oder gleich, größer oder gleich);

$\approx$ für „so etwa über den Daumen ungefähr gleich", also „circa";

$\overset{\bullet}{\underset{\bullet}{-}}$ oder $^\bullet/_\bullet$ oder •/• für Bruchzahlen;

$^{1\ 2\ 3}$ ... (hoch gestellte Zahlen) für Potenzen;

$_{1\ 2\ 3}$ ... (tief gestellte Zahlen) für Nummerierungen;

| beim Gleichungslösen zur Erläuterung von (Äquivalenz-) Umformungen; in Mengenklammern zum Spezifizieren von Eigenschaften („mit der Eigenschaft"); bei Zahlen für „teilt";

$\in$ für „ist Element der Menge";

$\subset$ für „ist Teilmenge der Menge";

$\vee$ für „oder";

$\wedge$ für „und";

q.e.d. als Jubel nach einem gelungenen Beweis;

aka für „also known as" (= alias; auch bekannt als);

vulgo für „umgangssprachlich", was abgekürzt „ugs." wäre;

rtfm für „read that fucking manual" (= Lesen Sie die verfluchte Bedienungsanleitung). In diesem Buch allerdings in der weichgespülten Form „read manual" verwendet.

Beispiel: $A = \{ x \in R \mid x>5 \wedge x<8 \}$ steht für: „$A$ ist die Menge der reellen Zahlen, die größer als 5 und kleiner als 8 sind."

## Ähnlichkeit

Es gibt Familienähnlichkeit, bei der alle Gesichter einer Dynastie irgendwie die gleichen Proportionen aufweisen. Manche Leute sind sogar ihrem Passbild ähnlich. Gemeint ist, dass man sie wiedererkennt, obwohl das Gesicht im Original viel größer ist als in der Ablichtung. Das liegt daran, dass man zum Wiedererkennen nur die gleichen Proportionen braucht, nicht die gleichen Abmessungen.

Rechts sehen Sie einmal ein originales Quadrat, daneben sein Passbild. Erkennen Sie die Ähnlichkeit?

In der Mathematik bedeuten gleiche Proportionen, dass alle Seitenverhältnisse und alle Winkel paarweise übereinstimmen. Somit sind alle Quadrate untereinander ähnlich, alle Kreise untereinander ähnlich, alle gleichseitigen Dreiecke untereinander ähnlich. Bei anderen Dreiecken wird man die Winkel nachmessen müssen (jedenfalls zwei, der dritte steht dann fest, da die Winkelsumme 180° ergeben muss; siehe Winkelsätze). Oder die Seitenverhältnisse ausrechnen. Oder eine Mischung davon. Dazu lernen Ihre Lieben vier Ähnlichkeitssätze: „Zwei Dreiecke sind ähnlich, wenn...", z.B.:

„...sie in zwei Winkeln übereinstimmen" (siehe oben);

„...sie in den Verhältnissen aller Seiten übereinstimmen".

Beispiel: Diese beiden Dreiecke sind ähnlich, denn in beiden stehen die Seiten im Verhältnis 3:4:5.

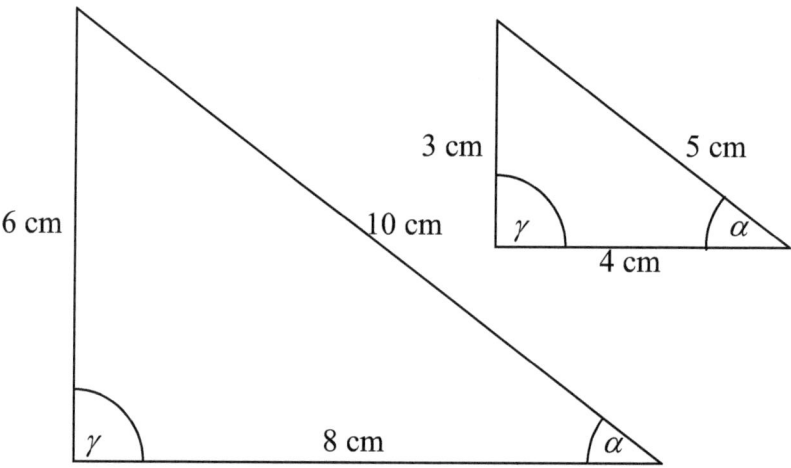

Man kann die Verhältnisse auch paarweise aus beiden Dreiecken bilden: 10 cm:5 cm = 2:1; 8 cm:4 cm = 2:1; 6 cm:3 cm = 2:1. Ebenso folgt die Ähnlichkeit dieser beiden Dreiecke daraus, dass in beiden übereinstimmend Winkel $\gamma$ = 90° und Winkel $\alpha$ = 37° beträgt (Okay, eigentlich sind es 36,8698976458440212968556125590934...°, aber so genau ist kein Winkelmesser).

Die beiden anderen Sätze beziehen sich auf eine Mischung aus einem Winkel und zwei Seitenverhältnissen und klingen etwas komplizierter; ich erspare sie Ihnen. Wenn sie nach der Klassenarbeit wieder vergessen werden, ist das kein Verlust.

Geschmackssache ist, ob man eine gespiegelte Figur noch als ähnlich durchgehen lässt. Ich neige zu ja, denn ich erkenne mich auch im Spiegel wieder.

## antiproportional

Ist das Gegenteil von proportional (siehe dort). Zwei Maurer ziehen eine Mauer in zwei Tagen hoch. Wie lange brauchen vier Maurer? Falls Sie vier Tage heraushaben, machen die Maurer irgendetwas falsch. Vier Maurer sollten eigentlich schneller fertig werden als zwei. Nämlich an einem Tag. Acht schaffen es sogar an einem halben Tag. Darüber hinaus wird es in der Praxis pathologisch, 1000 Maurer stehen sich gegenseitig auf den Füßen und schaffen überhaupt nichts. Wenn Sie einen Maurer mit der Aufgabe allein lassen, dürfte er vier Tage brauchen.

| Maurer | Zeitbedarf |
|--------|-----------|
| 1 | 4 Tage |
| 2 | 2 Tage |
| 4 | 1 Tag |
| 8 | ½ Tag |

So eine Zuordnung nennt man antiproportional (aka reziprok oder umgekehrt proportional). Wenn das eine mehr wird, wird das andere im gleichen Maße weniger.

Auch mit umgekehrt proportionalen Zuordnungen kann man einen Dreisatz (siehe dort, ggf. zuerst lesen) machen. Man nennt ihn auch den „indirekten" Dreisatz; der andere, unter „Dreisatz" besprochene, ist der „direkte":

:2
·6

| Maurer | Zeitbedarf |
|--------|-----------|
| 2 | 2 Tage |
| 1 | 4 Tage |
| 6 | $^2/_3$ Tage |

·2
:6

Wenn zwei Maurer zwei Tage brauchen, wie lange brauchen dann 6 Maurer?

Da Sie bei den Maurern erst durch 2 teilen und dann mit 6 multiplizieren müssen, machen Sie bei den Tagen genau das

Entgegengesetzte (deswegen ja *anti*): erst *mal* 2 und dann *durch* 6. Ergebnis: $^2/_3$ Tage.

Ein Kriterium, eine vorgelegte Tabelle als antiproportionale Zuordnung (siehe Zuordnung) zu identifizieren, erhalten Sie, wenn Sie die Zahlen paarweise multiplizieren:

| $x$ | $y$ | $x \cdot y$ |
|-----|-----|-------------|
| 1 | 4 | 4 |
| 2 | 2 | 4 |
| 4 | 1 | 4 |
| 6 | $^2/_3$ | 4 |
| 8 | $^1/_2$ | 4 |

Wenn immer das gleiche Produkt herauskommt („Produktgleichheit"), ist die Zuordnung antiproportional. Denken Sie noch einmal an die Maurer, dann handelt es sich beim Hochziehen der Mauer um eine Arbeit von „4 Manntagen", wie es im Handwerkerjargon heißt. Das heißt: Ein Mann braucht vier Tage, vier Mann brauchen einen Tag. Andere Anzahlen kann man wie oben berechnen. Für Maurerinnen gilt das natürlich auch, die entsprechende Formulierung sollte aber trotz Gleichberechtigung vermieden werden, weil die pubertierenden Jungs bei „Frautage" an Menstruation denken und dann in Gekicher ausbrechen.

Die Zwischenwerte sind natürlich, wie immer bei solchen Aufgaben, kritisch. Rechnerisch würden 2½ Maurer 1,6 Tage brauchen, aber was ist ein halber Maurer? Ein Azubi vielleicht? Oder ein Maurer, der halbtags arbeitet?

Im Funktionsgraphen (siehe Funktionsgraph) ergibt eine antiproportionale Zuordnung eine Kurve wie hier dargestellt, die sich links der $y$-Achse und rechts der $x$-Achse annähert, ohne sie je zu erreichen.

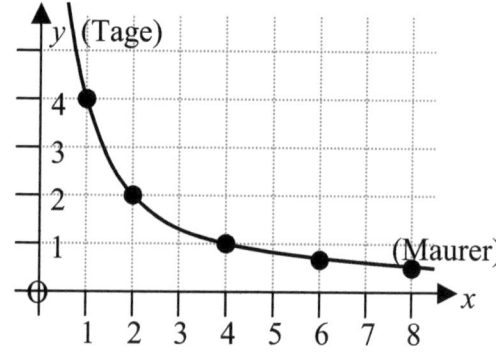

Die Kurvenform nennt man eine „Hyperbel". Die Achsen sind dann die so genannten „Asymptoten" der Kurve, d.h. sie werden (ähnlich wie Silvestervorsätze) angestrebt, aber nie erreicht.

## Bewegungen

Eine Art Sport für geometrische Figuren. Sie werden nach bestimmten Regeln in der Zeichenebene an neue Positionen bewegt und erhalten so neue Koordinaten. Traditionell benennt man die neuen Punkte mit den gleichen Buchstaben wie die alten, aber durch einen Strich ergänzt. Aus einem Dreieck $ABC$ wird also $A'B'C'$. Sollte das dann noch mal losgescheucht werden, entsteht $A''B''C''$ (siehe Koordinatensystem).

Als Turnübungen stehen zur Verfügung:

> Verschiebung,
> Drehung,
> Spiegelung.

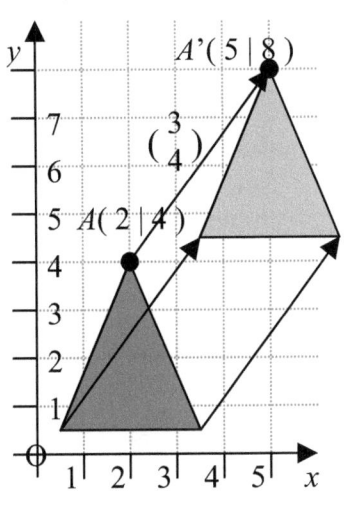

Bei einer *Verschiebung* bewegt sich jeder Punkt um den gleichen Verschiebungsvektor (siehe Vektoren). Anzugeben ist der Verschiebungsvektor. Bei mehrfacher Verschiebung kann man die Verschiebungsvektoren addieren und erhält den Vektor (Verschiebungspfeil) der resultierenden Gesamtverschiebung.

Eine *Drehung* lässt die Figur um einen Drehpunkt herum rotieren. Anzugeben ist der Drehpunkt und der Drehwinkel. Wenn der Drehpunkt der Koordinatenursprung ist, geht es am einfachsten. Eine 90°-Drehung erhält man dann, indem man die beiden Koordinaten vertauscht und *ein* Vorzeichen umkehrt. Je nachdem, *welches* Vorzeichen man umkehrt, wird es eine Rechts- oder Linksdrehung. Eine 180°-Drehung erhält man, indem man die Vorzeichen beider Koordinaten umkehrt. Liegt der Drehpunkt woanders, so verschiebt man Drehpunkt und Figur gemeinsam so weit, dass der Drehpunkt im Ursprung zu liegen kommt, dreht dann und verschiebt schließlich alles wieder zurück. Bei mehrfacher Drehung (um den gleichen Punkt) kann man die Drehwinkel addieren und erhält die Gesamtdrehung.

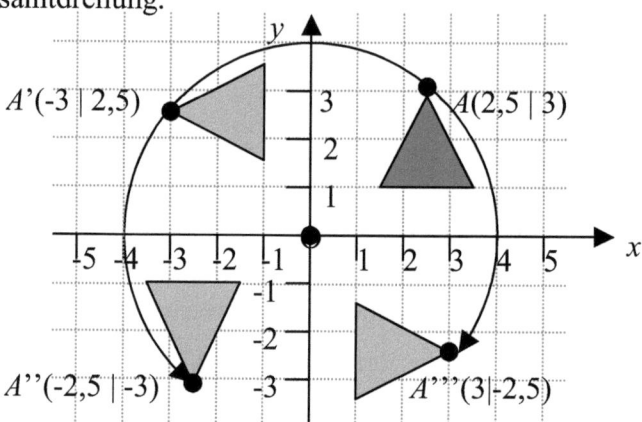

Bei einer *Spiegelung* klappt die Figur auf die andere Seite einer Spiegelachse. Anzugeben ist die Achse (z.B. durch zwei Punkte, die auf ihr liegen). Spiegelung an der $x$-Achse verkehrt alle $y$-Koordinaten ins Negative, Spiegelung an der $y$-Achse verkehrt alle $x$-Koordinaten ins Negative.

Weil minus minus gleich plus ist, bedeutet das, dass eine schon vorher negative Koordinate dann positiv wird. Mehrfache Spiegelung bringt nichts Weltbewegendes, weil erneutes Spiegeln wieder an die alte Position zurück führt. Es sei denn, man spiegelt an verschiedenen Achsen. In dem Falle erhält man eine Drehung um den Schnittpunkt der Achsen.

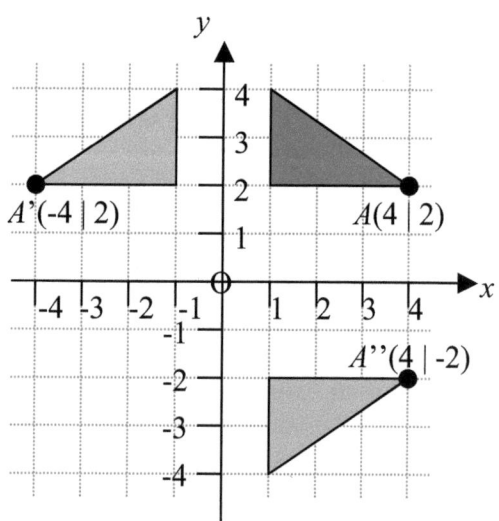

# Beweis

Er spielt im Gerichtswesen und in der Mathematik eine zentrale Rolle. Im hiesigen Strafrecht muss man dem Beschuldigten die Schuld beweisen (aka Unschuldsvermutung). Im Zivilrecht ist es umgekehrt, da muss der Kläger die Berechtigung seiner Forderung beweisen. In jedem Fall dient ein Beweis dazu, Zweifler zu überzeugen. Das fing ja schon mit dem ungläubigen Thomas an (vgl. Johannes 20, 26).

In der Schulmathematik wird davon ausgegangen, dass die Lernenden solche Zweifler sind. Ein Beweis soll dann die Zweifel ausräumen. Das ist natürlich eine Fehleinschätzung; je näher die Klassenarbeit rückt, desto eher sind die lieben Kleinen bereit, alle Formeln unhinterfragt auswendig zu lernen. Man kann es auch als Vertrauensbeweis der Lehrkraft gegenüber betrachten (vgl. Wilhelm Busch: Fester Glauben, in: Kinder, Käuze, Kreaturen).

Andererseits sollen Ihre Sprösslinge zu kritischen Bürgern erzogen werden, die nicht jede Verschwörungstheorie glauben, die man ihnen erzählt. Folglich haben sie ein Recht auf einen Beweis der von Lehrkräften aufgestellten Behauptungen, auch wenn sie von ihrem Recht höchst ungern Gebrauch machen.

In der Mathematik gibt es verschiedene Beweistypen (Überspringen Sie die Beispiele getrost, wenn Sie sich auf so viel Mathematik nicht einlassen mögen).

*1. direkter Beweis:*

Man geht von Unzweifelhaftem aus und zeigt, dass daraus das Behauptete logisch folgt. Dieser Beweistyp ist am einfachsten nachzuvollziehen, da er strikt geradeaus ohne Netz und doppelten Boden funktioniert.

Beispiel:

Behauptet wird: „Die Summe zweier gerader Zahlen ist eine gerade Zahl."

Beweis:

Gerade Zahlen sind Vielfache von 2. Die erste schreiben wir als das $m$-fache von 2 (also $m \cdot 2$) und die zweite als das $n$-fache von 2 (also $n \cdot 2$). Wir bilden die Summe: $m \cdot 2 + n \cdot 2$. Wir klammern den gemeinsamen Faktor 2 aus: $(m + n) \cdot 2$. Das Ergebnis ist ein Vielfaches von 2, nämlich das $(m + n)$-fache. Also ist es eine gerade Zahl, was zu beweisen war.

Euklid führte diese magische Formel ein: „Was zu beweisen war". Auf lateinisch: „quod erat demonstrandum". Und so schreibt man denn „q.e.d." unter gelungene Beweise bis auf den heutigen Tag. Außer wenn man bei Hilger Wolff studiert hat, der sagte immer: „Dann sind wir fertig", kurz „d.s.w.f.".

*2. indirekter Beweis:*

Man beweist, dass das Gegenteil der Behauptung falsch ist. Also muss die Behauptung richtig sein. Schon etwas heimtückischer. Man liquidiert gewissermaßen das Gegenteil, um die ursprüngliche Behauptung mit Leben zu füllen. Das Gegenteil einer Behauptung ist eben eine Enthauptung.

Wobei es manchmal gar nicht so einfach ist, das korrekte Gegenteil der Behauptung zu finden. Das Gegenteil von „es regnet" ist nicht „die Sonne scheint". Der Himmel kann auch wolkenverhangen sein, zwar ohne Regen, aber auch ohne Sonne. Vielleicht ist es auch Nacht.

Beispiel:

Behauptet wird: „$\sqrt{2}$ ist irrational, also keine Bruchzahl".

Beweis:

Das Gegenteil davon ist „$\sqrt{2}$ ist eine Bruchzahl". Wenn das so ist, dann kürzt man diesen Bruch, so weit es geht. Schließlich ist $\sqrt{2} = m/n$ und der Bruch ist nicht mehr weiter kürzbar. Quadriert man beide Seiten, dann folgt $2 = m^2/n^2$. Umgeformt: $m^2 = 2 \cdot n^2$. Demnach ist $m^2$ eine gerade Zahl, da sie Vielfaches (das $n^2$-fache) von 2 ist. Dann muss aber schon $m$ eine gerade Zahl gewesen sein, denn das Quadrieren einer ungeraden Zahl würde eine ungerade Zahl ergeben. Also $m = 2 \cdot k$. Demnach ist $m^2 = (2 \cdot k)^2 = 4 \cdot k^2$. Folglich: $m^2 = 2 \cdot n^2 = 4 \cdot k^2$. Man kürzt mit 2 und erhält $n^2 = 2 \cdot k^2$. Also ist auch $n^2$ eine gerade Zahl. Dann muss aber schon $n$ eine gerade Zahl gewesen sein. Damit wissen wir, dass sowohl $m$ als auch $n$ gerade Zahlen sind. Folglich hätte man jetzt einen nicht kürzbaren Bruch $m/n$ aus zwei geraden Zahlen. So einen Bruch kann es aber nicht geben, denn zwei gerade Zahlen könnte man mit 2 kürzen. „$\sqrt{2}$ ist eine Bruchzahl" ist also falsch. Demnach ist die ursprüngliche Behauptung „$\sqrt{2}$ ist keine Bruchzahl" richtig. q.e.d.

*3. Induktionsbeweis:*

Der Schlimmste von allen: Der Beweis, der nie endet (und der von einigen Mathematikerschulen daher auch nicht anerkannt wird). Man beweist, dass eine Eigenschaft sich von einer Zahl zur nächsten weitervererbt. Dann vererbt sie sich auch von der nächsten zur übernächsten. Und so weiter (genannt „Induktionsschluss"). Allerdings muss es erst einmal etwas zum Vererben geben. Dazu muss zumindest eine Zahl diese Eigenschaft haben (genannt „Induktionsanfang"). Das ist wie eine Kette von Dominosteinen. Wenn einer fällt, fällt auch der nächste. Und so weiter. Also fallen alle. Aber den ersten muss man anstoßen, sonst fällt gar keiner.

Beispiel:

Behauptet wird: „Es gibt unendlich viele Primzahlen."

Beweis:

Wenn eine endlich lange Liste von Primzahlen vorliegt, multipliziert man diese alle miteinander. Das Ergebnis ist eine Zahl, die durch jede dieser Primzahlen teilbar ist. Zu dieser Zahl addiert man 1. Dann ist die neue Zahl durch keine dieser Primzahlen teilbar, weil bei jeder Division der Rest 1 verbleiben wird. Die neue Zahl ist also selbst eine neue

Primzahl, oder sie ist zumindest durch eine andere Primzahl teilbar, die in der Liste nicht vorkommt. In jedem Fall hat man eine weitere Primzahl gefunden, die in der Liste noch fehlt. Daher kann keine Liste von Primzahlen vollständig sein, es gibt immer noch eine mehr. Wenn es also überhaupt eine Primzahl gibt, dann gibt es gleich unendlich viele. Es gibt aber zumindest eine Primzahl, nämlich die 2. d.s.w.f.

*Kein* zulässiger Beweistyp ist der Beweis durch Beispiel. Aus der Tatsache, dass 3, 5 und 7 Primzahlen sind, kann man *nicht* beweisen, dass alle ungeraden Zahlen Primzahlen sind (9 ist keine!). Daran ändert sich auch nichts, wenn man Millionen von Beispielen vorweisen kann: Obwohl es Myriaden von ungeraden Primzahlen gibt, ist 9 nach wie vor keine. Und 15 auch nicht. Und 21 auch nicht. Und so weiter.

Erstaunlicherweise klappt aber das Gegenteil: Man kann zwar auch mit Millionen Beispielen keine Behauptung beweisen, aber man kann sie mit einem einzigen abschießen: Auch die (zur obigen entgegengesetzte) Behauptung, alle Primzahlen seien ungerade, ist falsch. Denn 2 ist eine Primzahl, aber sie ist gerade. Treffer, versenkt.

Und noch ein Trost: Nach Beweisen wird nie wieder gefragt.

## binomische Formeln

Seit die reformierte Rechtschreibung verlangt, als Adjektiv auftretende Eigennamen klein zu schreiben (freudscher Versprecher statt Freudscher Versprecher), ist leider nicht mehr erkennbar, dass die binomischen Formeln niemals Binomische Formeln gewesen sind. Was dem Gerücht Vorschub leistet, sie seien von Luigi Alessandro Binomi (1484 - 1543) entdeckt worden. Was ein Fake ist. Bielefeld existiert übrigens wirklich nicht. Man hat nur an der Stelle eine Stadt gebaut, um den gegenteiligen Eindruck zu erwecken. Was auch ein Fake ist.

Namen („nomen") sind Schall und Rauch, und das „bi" bedeutet, dass es gleich zwei davon gibt, z.B. $a$ und $b$.

Binomische Formeln handeln davon, wie man Summen aus $a$ und $b$ (oder anderen schönen Dingen) mit sich selbst multipliziert. Wie bei fast allen Multiplikationen ist es am anschaulichsten, sie sich als Flächenberechnung Länge mal Breite eines Rechtecks vorzustellen. Wenn Länge und Breite gleich sind, ist es ein Quadrat.

$(a + b)^2$, also $(a + b) \cdot (a + b)$, ist die Flächenberechnung eines Quadrats, dessen Kantenlänge sich aus zwei Strecken $a$ und $b$ zusammensetzt. Den Rest erläutert das Bild.

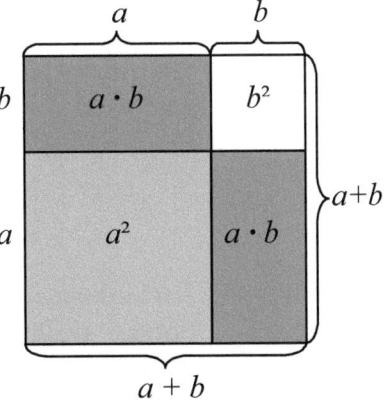

Das ergibt die erste binomische Formel: $(a + b)^2 = a^2 + 2 \cdot a \cdot b + b^2$.

Die zweite macht das Gleiche mit Minus: $(a - b)^2 = a^2 - 2 \cdot a \cdot b + b^2$.

Achtung, hinten bei $+b^2$ steht wieder ein Plus, weil man mit dem $-2 \cdot a \cdot b$ eine Fläche zuviel subtrahiert hat, nämlich da, wo sich die beiden Rechtecke überlappen ▦. Die muss man also wieder hinzufügen.

Die dritte behandelt den gemischten Fall: $(a + b) \cdot (a - b) = a^2 - b^2$.

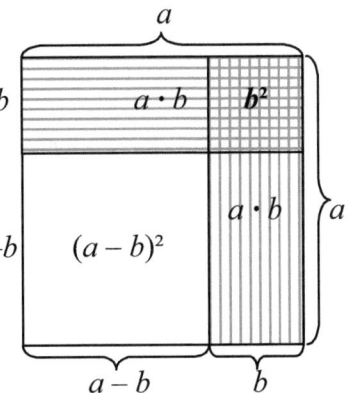

Als noch das Kopfrechnen gepflegt wurde, dienten binomische Formeln auch als Rechenvorteil. Beispiele:

$97^2 = (100-3)^2 = 100^2 - 2 \cdot 100 \cdot 3 + 3^2 = 10000 - 600 + 9 = 9409.$
$45^2 = (40+5)^2 = 40^2 + 2 \cdot 40 \cdot 5 + 5^2 = 1600 + 400 + 25 = 2025.$

Für Würfel und höherdimensionale Gebilde kann man das auch machen, es dürfte dann aber einfacher sein, die Klammern auszumultiplizieren (siehe Terme ausmultiplizieren), es folgt dann (siehe übrigens auch unter „Netze"):

$(a + b)^3 = a^3 + 3 \cdot a^2 \cdot b + 3 \cdot a \cdot b^2 + b^3$ .

Die ersten drei Formeln zu erkennen, wenn man sie sieht, ist in manchen (mathematischen) Lebenslagen hilfreich. Sie auswendig zu kennen, noch hilfreicher.

Ab hier nur für Anspruchsvolle: Wenn man fehlende $a$ oder $b$ als $a^0$ bzw. $b^0$ auffasst (denn $a^0 = 1$, $b^0 = 1$) und fehlende Faktoren als 1 (denn $a = 1 \cdot a$), kann man auch schreiben:

$(a + b)^0 = 1 \cdot a^0 \cdot b^0$ $\qquad\qquad$ $(= 1)$

$(a + b)^1 = 1 \cdot a^1 \cdot b^0 + 1 \cdot a^0 \cdot b^1$ $\qquad$ $(= a + b)$

$(a + b)^2 = 1 \cdot a^2 \cdot b^0 + 2 \cdot a^1 \cdot b^1 + 1 \cdot a^0 \cdot b^2$ $\quad$ $(= a^2 + 2 \cdot a \cdot b + b^2)$

$(a + b)^3 = 1 \cdot a^3 \cdot b^0 + 3 \cdot a^2 \cdot b^1 + 3 \cdot a^1 \cdot b^2 + 1 \cdot a^0 \cdot b^3$ .

```
        1
      1   1
    1   2   1
  1   3   3   1
1   4   6   4   1
```

Jetzt erkennen Sie vielleicht, dass eine Melodie in der Formel steckt: Die Hochzahl (der Exponent) von $a$ wird immer kleiner, bis sie weg ist, die von $b$ steigt synchron dazu an. Die Faktoren davor folgen einem Schema, das als das „pascalsche Dreieck" bekannt ist.

Dessen Zahlen ergeben sich jeweils durch Addieren der beiden in der Zeile darüber. Es gibt aber auch eine direkte Formel. Man muss nur bereit sein, oben bzw. links mit dem Zählen bei 0 zu beginnen. Die 6 unten ist dann z.B. in Zeile $n = 4$ die $k = $ 2-te Zahl. Man berechnet für Zeile $n$ die $k$-te Zahl gemäß:

$$\frac{n!}{k! \cdot (n - k)!} = \frac{4!}{2! \cdot (4 - 2)!} = \frac{24}{2 \cdot 2} = 6 \quad \text{(zu „!" siehe Fakultät).}$$

Blaise Pascal (1623 - 1662) hat tatsächlich gelebt und ist kein Fake. Die Zahlen in seinem Dreieck heißen ihrem Verwendungszweck gemäß die Binomialkoeffizienten. Noch mal langsam: Bi-no-mi-al-ko-ef-fi-zi-en-ten. Als Promilletest dreimal schnell hintereinander.

## Bogenmaß

Neben dem Logarithmus der absolute Horror der Mittelstufenmathematik (Der Horror in der Oberstufe heißt

Polynomdivision). Das Bogenmaß wurde eingeführt, um Winkel mal in etwas anderem als immer nur in Grad messen zu können. Wie der Name vermuten lässt, misst man mit dem Bogenmaß einen Bogen.

Dazu stellen Sie sich vor, Sie hätten einen Winkel gezeichnet und zwischen den beiden Schenkeln den niedlichen kleinen Kreisbogen eingetragen, in den Sie normalerweise die Gradzahl schreiben. Sie haben sich Mühe gegeben und den Kreisbogen mit einem Zirkel und mit genau 1 cm Radius gezeichnet. Dann gibt das Bogenmaß an, wie lang dieser Kreisbogen ist. Das war's eigentlich schon.

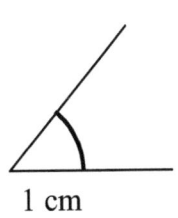

1 cm

Bei einem rechten Winkel (90°) haben Sie z.B. genau einen Viertelkreis gezeichnet, bei einem gestreckten Winkel (180°) einen Halbkreis. Bei einem Vollwinkel (360°) ist es ein Vollkreis. Da der Kreisumfang $2 \cdot \pi \cdot r$ beträgt (siehe Kreis), $r$ aber 1 sein soll, ist die Bogenlänge des Vollkreises (und damit sein Bogenmaß) gleich $2 \cdot \pi$. Beim Halbkreis ist es dann logischerweise $\pi$ und beim Viertelkreis $\pi/2$.

Für andere Winkel können Sie sich daran orientieren. Ein 73°-Winkel ist $\frac{73}{360}$ des Vollwinkels, sein Bogenmaß also $\frac{73}{360}$ mal $2 \cdot \pi$. Zum Ausrechnen nehmen Sie einen Taschenrechner.

Wenn Sie den Kreis nicht 1 cm groß machen, sondern größer, wird die Bogenlänge im gleichen Maße größer. Sie bekommen also die Bogenlänge bei beliebigem Radius $r$, indem Sie das Bogenmaß (das für $r = 1$ gilt), mit $r$ multiplizieren. Andersrum heißt das bei beliebigen Bogen, das Bogenmaß ist die Bogenlänge geteilt durch den Radius.

In der Oberstufenmathematik sind die Winkelfunktionen (siehe dort) im Bogenmaß einfacher zu handhaben, weil man die $x$-Achse nicht in 10°, 20°, 30°... einteilen muss, sondern sie wie gewohnt mit 1, 2, 3... beschriften kann. Dann ist man bei ca. 6,28 ($2 \cdot \pi$) bereits einmal rum und muss nicht bis 360 warten.

23

Achtung: Wenn Taschenrechner mit Winkelfunktionen (Sinus und solchem Zeugs) rechnen sollen, muss man einstellen, ob der Winkel in Grad oder Bogenmaß gemeint ist. Auf den falschen Modus geschaltet, rechnet er falsch und versaut die Note. Frisch resetted, rechnet er in Grad. Read manual (=Lesen Sie die Bedienungsanleitung), wie der Modus gewechselt wird. Irgendwo im Display gibt es dann eine winzige Anzeige, die einem den momentan eingestellten Modus nennt:

> D oder DEG steht für degree und heißt Grad.

> R oder RAD steht für radian und heißt Bogenmaß.

Zur Verwirrung und aus historischen Gründen gibt es auch noch den Modus G oder GRAD. Das bedeutet aber nicht Grad, sondern Neugrad (manchmal auch Gon genannt). In Neugrad messen Bergbau- und Vermessungsingenieure und niemand sonst auf der Welt; lassen Sie die Finger davon! Sollten Sie einen treffen, betonen Sie, dass Sie Winkel in Altgrad oder Bogenmaß zu messen pflegen (Zur Info: 360 Grad = 400 Gon).

## Bruchrechnung

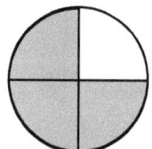

Die Kunst, mit Krümeln zu rechnen. Traditionell meist durch Zerschneiden von Torten demonstriert, um zu zeigen, dass ein Ganzes aus zwei Halben oder drei Dritteln oder vier Vierteln usw. besteht.

Brüche schreibt man mit einem Bruchstrich, z.B. $\frac{3}{4}$. Die 4 unten sagt, dass es Viertel sind, und die 3 oben, dass man davon drei Stück hat. Die Zahl oben *zählt* also die Bruchstücke, daher heißt sie „Zähler". Die Zahl unten *benennt* die Art der Bruchstücke (ob es Viertel oder Fünftel oder Hundertstel sind) und heißt daher „Nenner" (Merkhilfe: Zähler zuerst, Nenner nachher). Wenn der Platz nicht reicht, ist auch 3/4 oder $^3/_4$ möglich, und auch 3:4 meint das Gleiche (falls es nicht das Torverhältnis beim Fußball ist). 3 Tafeln Schokolade auf 4 Leute verteilt ergeben eine dreiviertel Tafel für jeden (rechts).

Bleiben wir bei Schokoladentafeln, die sind im Ernstfall leichter zur Hand als Torten und kosten auch weniger. Falls Sie Ihren Lieben damit Bruchrechnung demonstrieren wollen, werden sie bestimmt willkommen sein. Eine Tafel besteht meist aus 24 Stücken (außer die berühmten quadratischen).

   =

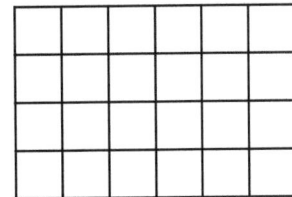

*1. Addition von Brüchen:*

$\frac{1}{6} + \frac{2}{3} = ?$

Zur Lösung zerbröselt man die Drittel so weit, dass es ebenfalls Sechstel sind:

Und erkennt, dass man insgesamt $\frac{5}{6}$ erhält:

$\frac{1}{6} + \frac{2}{3} = \frac{1}{6} + \frac{4}{6} = \frac{5}{6}$ .

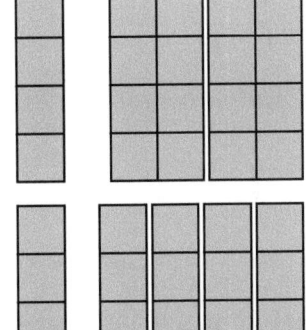

Der Trick nennt sich „gleichnamig machen", man zerkrümelt die zu addierenden Brüche so weit, bis sie den gleichen Nenner („Hauptnenner") haben. Dann hat man Bruchstücke gleicher Größe und summiert sie, indem man einfach die Zähler addiert:

$\frac{3}{4} + \frac{2}{3} = \frac{9}{12} + \frac{8}{12} = \frac{17}{12}$ .

In diesem Beispiel ist es mehr als ein Ganzes, das schreibt man gern auch als $1\frac{5}{12}$, einen so genannten „gemischten Bruch". Ist aber eher hinderlich, wenn man damit noch weiterrechnen soll. Dann muss man es nämlich wieder zurückverwandeln:

$$1\frac{5}{12} = \frac{12}{12} + \frac{5}{12} = \frac{17}{12}.$$

Die Kunst, die Brüche gleichnamig zu machen, nennt man „Erweitern". Formal werden dabei Zähler und Nenner mit der gleichen Zahl multipliziert, so dass man zwar immer noch gleich viel Schokolade hat, nur kleiner zerkrümelt:

$$\frac{2}{3} = \frac{2 \cdot 4}{3 \cdot 4} = \frac{8}{12}.$$ Siehe auch unter „kgV".

*2. Subtraktion von Brüchen:*

Nichts Neues unter der Sonne. Wie Addieren, bloß mit minus.

$$\frac{3}{4} - \frac{1}{6} = \frac{9}{12} - \frac{2}{12} = \frac{7}{12}.$$

*3. Multiplikation von Brüchen:*

$$\frac{5}{6} \cdot \frac{3}{4} = ?$$

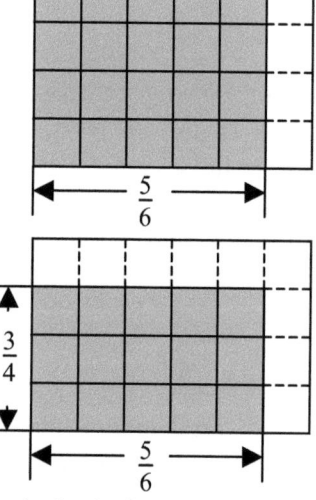

$\frac{5}{6}$ sind $\frac{5}{6}$ von einer Schokoladentafel.

Mal $\frac{3}{4}$ heißt: davon $\frac{3}{4}$. Die $\frac{3}{4}$ sind dann also nicht mehr $\frac{3}{4}$ der Tafel, sondern nur noch $\frac{3}{4}$ von den $\frac{5}{6}$.

Zählen Sie nach, es bleiben $\frac{15}{24}$. Rechnerisch, indem man die Zähler und die Nenner für sich multipliziert: $\frac{5}{6} \cdot \frac{3}{4} = \frac{5 \cdot 3}{6 \cdot 4} = \frac{15}{24}$. In der Klassenarbeit würde das noch nicht als Endergebnis gelten, da man noch kürzen kann (siehe Kürzen). Es ist nämlich $15 = 3 \cdot 5$ und $24 = 3 \cdot 8$, und daher $\frac{15}{24} = \frac{3 \cdot 5}{3 \cdot 8}$, also kann man noch mit 3 kürzen und erhält $\frac{5}{8}$. Wer das nicht im Griff hat, sollte lieber nicht kürzen statt falsch kürzen, kostet weniger Punkte.

*4. Division von Brüchen:*

Das Dividieren (vulgo Teilen) ist wohl ursprünglich erfunden worden, um eine Beute zu verteilen. Bei 60:5 soll man 60 € auf 5 Leute aufteilen, dazu kriegt erst mal jeder 1 €, dann hat man noch 55 €. Und so fort. Man subtrahiert also immer wieder 5 €, bis nichts mehr übrig ist. Und zählt mit, wie oft es ging. In diesem Sinne bedeutet $4 : \frac{1}{2}$, dass man von 4 immer wieder $\frac{1}{2}$ subtrahiert, bis nichts mehr da ist. Probieren Sie es aus, Sie werden mir zustimmen, dass es acht mal geht. Und darum ist $4 : \frac{1}{2} = 8$. Da das offenbar dasselbe ist wie 4·2, ergibt sich die Regel, dass man zum Dividieren durch einen Bruch einfach mit dessen Kehrbruch multiplizieren kann. $4 : \frac{1}{2} = 4 \cdot \frac{2}{1} = 4 \cdot 2 = 8$.

Und ebenso $4 : \frac{2}{3} = 4 \cdot \frac{3}{2} = 6$. Und auch $\frac{6}{5} : \frac{3}{4} = \frac{6}{5} \cdot \frac{4}{3} = \frac{6 \cdot 4}{5 \cdot 3} = \frac{24}{15}$

(gekürzt $\frac{8}{5}$). Kehrbruch heißt: Zähler und Nenner vertauschen.

Man muss sich daran gewöhnen, dass es beim Teilen nicht immer weniger werden muss, sondern auch mal mehr werden kann. Und deswegen ist zwar $4 \cdot \frac{1}{2} = 2$, aber $4 : \frac{1}{2}$ eben *nicht* 2, wie manche hartnäckig meinen, sondern 8. Wenn man etwas in sehr kleine Krümel aufteilt, werden es eben sehr viele Krümel. Man muss bereit sein, das zu akzeptieren, so ähnlich wie bei „minus minus ist plus". Wem das gegen den Strich geht, weil sein gesunder Menschenverstand ihm das Gegenteil einreden will, der wird leider für den Rest seines Lebens gegen seinen gesunden Menschenverstand ankämpfen müssen. Meinetwegen kann er auch vor dem Reichstag dagegen demonstrieren gehen.

**Buchstaben**

Sie bilden die kleinsten Elemente einer Sprache, sogar der mathematischen. Rechnungen mit Buchstaben sind bei den Kids höchst unbeliebt, weil man sie nicht in einen

27

Taschenrechner eintippen kann. Sie sind eigentlich auch nicht zum Rechnen gedacht, sondern zum Vereinfachen von Berechnungen, die man dann am Ende doch ganz normal mit Zahlen ausführt. Ein Buchstabe steht in einer Formel als Stellvertreter für eine Zahl. Weil man die Zahl nicht kennt, oder weil man sich die Option offen halten möchte, sie gegen eine andere auszutauschen, ohne die ganze Formel neu schreiben zu müssen.

Wenn man zum Beispiel weiß, dass die Cheopspyramide unten je 225 m lang und breit ist und eine Höhe von 145 m hat, kann man daraus ausrechnen, dass ihr Rauminhalt (Volumen) ungefähr 2 000 000 m³ beträgt. Wer will das wissen? Nur Mathelehrende und Archäologiefans, vermute ich. Aber auch die nur, weil sie wissen, wie es geht. Um zu wissen, wie es geht, braucht man Buchstaben. Wenn $a$ die Länge der Grundseite und $h$ die Höhe ist, dann gilt für das Volumen $V_P$ einer Pyramide (*jeder* Pyramide, nicht nur dieser in Giseh!) die Formel: $V_P = \frac{1}{3} \cdot a^2 \cdot h$.

Mit dieser Formel bewaffnet, kann man für $a$ den Wert 225 m der Länge und für $h$ den Wert 145 m der Höhe einsetzen. Dann hat man die Zahlenrechnung, die man nun endlich in den Taschenrechner eingeben kann.

Rechnung: $V_P = \frac{1}{3} \cdot 225^2 \cdot 145 = 2\,446\,875$.

Da man alle Längen in m eingegeben hat, muss das Volumen notwendigerweise in m³ herauskommen (siehe Maßeinheiten). Also ist $V_P = 2\,446\,875$ m³.

Antwortsatz: „Das Volumen der Cheopspyramide beträgt 2 446 875 m³."

Nun ja, jedenfalls ungefähr, denn die Werte von $a$ und $h$ sind nicht verbürgt. Je nach Quelle schwanken die Angaben um ein paar Meter, und deshalb kann man ruhigen Gewissens eigentlich nur sagen, dass es gut 2 Millionen Kubikmeter sind.

Aber das ist eine andere Geschichte und soll ein andermal erzählt werden (nämlich z.B. im Abschnitt über das Runden).

Das Praktische: Mit Zahlen $\frac{1}{3} \cdot 225^2 \cdot 145$ gilt es nur für die Cheopspyramide. Mit Buchstaben $\frac{1}{3} \cdot a^2 \cdot h$ gilt es für alle Pyramiden der Welt. Sogar für Pyramiden auf dem Mars, falls die Marsianer dort welche gebaut haben sollten.

Allgemein führt man eine „Rechnung" am besten erst einmal mit Buchstaben aus, solange es geht. Erst ganz am Ende setzt man die aktuellen Zahlen ein.

Auch dies kann man am Beispiel der Pyramide sehen. Pyramiden sind spitzige Körper, und für spitzige Körper (auch z.B. für Kegel) gilt, dass ihr Rauminhalt (Volumen) $\frac{1}{3}$ so groß ist wie die Schachtel, in die man sie verpacken kann (Den Rest muss man dann mit Holzwolle füllen). Die Schachtel, in die man eine Pyramide verpacken kann, ist ein Quader (bei der Cheopspyramide ein ziemlich großer; fragen Sie Christo). Der Rauminhalt eines Quaders ist Grundfläche mal Höhe. In Buchstaben: $V_Q = G \cdot h$. Die Grundfläche der Pyramide ist ein Quadrat. Dessen Flächeninhalt ist Seitenlänge mal Seitenlänge (Seitenlänge hoch 2). In Buchstaben: $G = a^2$.

Folglich: Volumen der Schachtel, in die die Pyramide passt:

$$V_Q = G \cdot h$$
$$= a^2 \cdot h.$$

Pyramidenvolumen gleich ein Drittel davon:

$$V_P = \frac{1}{3} \cdot V_Q$$
$$= \frac{1}{3} \cdot a^2 \cdot h.$$

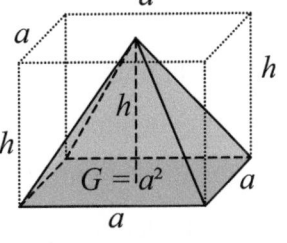

Das ist die oben verwendete Formel. Wir konnten sie gewinnen, ohne eine spezielle Abmessung einzusetzen. Das tut man erst am Ende, wenn die gebrauchsfertige Formel zur Verfügung steht.

Taschenrechner-Junkies haben unterdessen (unter geflissentlicher Vermeidung der Formel, die ja die ungeliebten Buchstaben enthält!) gerechnet:

$225 \cdot 225 = 50\ 625$

$50\ 625 \cdot 145 = 7\ 340\ 625$

$\frac{1}{3} \cdot 7\ 340\ 625 = 2\ 446\ 875$ .

Die Zwischenergebnisse auf dem Weg dorthin haben sie auf das Löschblatt geschmiert und dann wieder eingegeben. Beim Eintippen ist ihnen ein Zahlendreher oder sonstiger Tippfehler passiert oder sie konnten ihre eigene Sauklaue nicht mehr lesen und haben aus einer 3 eine 9 gemacht. Folglich: Lösung falsch, Rechenweg nicht auffindbar, 0 Punkte (siehe Nebenrechnung).

Und jetzt noch mal zum Mitschreiben:

Aufgabe: Die Cheopspyramide hat einen quadratischen Grundriss mit $a = 225$ m Kantenlänge. Ihre Höhe beträgt $h = 145$ m. Berechne ihr Volumen.

Lösung:

Gegeben:     $a = 225$ m, $h = 145$ m.

Gesucht:     $V_P$.

Formel:     $V_P = \frac{1}{3} \cdot a^2 \cdot h$.

Rechnung:     $V_P = \frac{1}{3} \cdot 225^2 \cdot 145 = 2\ 446\ 875$.

Antwortsatz:   Das Pyramidenvolumen beträgt 2 446 875 m³.

Darunter in rot: Richtig. 4 von 4 Punkten.

Im Falle einer pingeligen Mathematiklehrkraft allerdings:

Fast richtig. Maßeinheiten in der Rechnung fehlen. 3 von 4 Punkten.

Berichtigung:

Rechnung: $V_P = \frac{1}{3} \cdot (225\ m)^2 \cdot 145\ m = 2\ 446\ 875\ m^3$.

Es gibt solche Leute. Das ist auch nicht verhandelbar, derlei Vorlieben der Mathelehrkraft muss man dann im Einzelfall kennen und berücksichtigen (siehe Maßeinheiten).

## Buntstifte

Sie sehen aus wie Bleistifte, haben aber eine farbige Mine. Werden auch angespitzt wie Bleistifte. Wenn man so will, ist ein Bleistift zugleich ein Buntstift für Grau. Es gibt dicke und dünne, und es gibt sogar Anspitzer für dicke und dünne (apropos Anspitzer: Bevorzugen Sie solche, die die Späne gleich auffangen, ansonsten landen diese nämlich unter dem Tisch). Dienen zum Färben von Flächen oder zum farbigen Nachziehen von Linien. Sie hinterlassen eine kräftige Färbung, wenn man sie stark aufdrückt, eine zartere Färbung, wenn man sie schwach aufdrückt und ein ganz zarte, wenn man sie dabei auch noch flach und nicht steil ansetzt (diesen feinen Unterschied bekommen Grobmotoriker allerdings nicht hin). Weder stark aufgedrückter Bleistift noch stark aufgedrückter Buntstift lässt sich gut radieren, schon allein, weil er Rillen ins Papier gräbt, in die das Radiergummi gar nicht vordringen kann. Stark aufgedrücktes Radiergummi hinterlässt Löcher im Papier, vor allem, wenn man nicht mit den gespreizten Fingern der anderen Hand die bearbeitete Stelle gespannt hält.

Ich erwähne diese Trivialitäten deswegen, weil es außerdem noch Filzstifte gibt. Filzstiftfarbe muss konstruktionsbedingt fließen und arbeitet daher mit einem feuchten Farbmedium, Buntstifte arbeiten trocken. Filzstifte gibt es dünn und dick, manchmal sogar in einem Stift vereinigt, aber es gibt sie nicht zart und kräftig. Meistens weicht die Farbe bis zur Rückseite des Papiers durch, im Extremfall sogar noch bis auf die darunter liegende Seite. Das sieht dann richtig widerlich aus.

Verbannen Sie Filzstifte aus den Federtaschen Ihrer Kinder und schaffen Sie dafür Buntstifte an! Jedenfalls, was den Mathematikunterricht betrifft; im Kunstunterricht mag das gern anderes sein. Textmarker sind in dieser Beziehung grenzwertig; es spricht nichts gegen sie, solange sie zum Textmarkern benutzt werden.

## Definitionsbereich (Definitionsmenge)

Umfasst alle Zahlen, die für $x$ in eine Funktionsgleichung (siehe Funktion und Funktionsgleichung) eingesetzt werden können, ohne eine Katastrophe auszulösen. Beispiel: In

$$f(x) = \frac{1}{x}$$

dürfen Sie für $x$ alle Zahlen einsetzen außer $x = 0$. Bei $x = 0$ würde man durch 0 dividieren, was zu den mathematischen No-Gos gehört (siehe unter Grundrechenarten). Der Definitionsbereich $D$ der Funktion $f(x) = \frac{1}{x}$ umfasst also alle (reellen) Zahlen außer 0. Man sagt: „Für 0 ist die Funktion nicht definiert". Als Menge geschrieben am einfachsten als

$D = R \setminus \{ 0 \}$.

R ist die Menge der reellen Zahlen (siehe Zahlenbereiche), den Backslash „\" (englisch für Rückwärtshieb, der heißt wirklich so) liest man als „ohne", und dann kommt die Menge, deren Zahlen eben ausgenommen sind, hier einzig und allein die 0.

$$f(x) = \frac{1}{x^2 - 4}$$

führt an zwei Stellen ins Nirwana: bei $x = 2$ und bei $x = -2$. Folglich ist die Definitionsmenge

$D = R \setminus \{ -2 ; 2 \}$.

Spannend wird es bei Wurzeln. Da fallen unter Umständen gleich riesige Löcher an, nämlich überall wo der Radikand (aka der Wert unter der Wurzel) negativ wird. Bei

$$f(x) = \sqrt{x}$$

sind das alle negativen Zahlen. Da man die nicht alle aufzählen kann, um sie auszuschließen, schreibt man

$$D = \{\, x \mid x \geq 0 \,\},$$

in Worten: Menge aller x mit der Eigenschaft, dass sie größer oder gleich 0 sind. Das „|" wird gelesen als „mit der Eigenschaft". Bisweilen auch in der Form $D = \{\, x \in R \mid x \geq 0 \,\}$, gelesen „Menge aller $x$ aus den reellen Zahlen mit usw.".

Bei Funktionen oder Termen wird manchmal ausdrücklich die Aufgabe gestellt, den Definitionsbereich anzugeben. Je nach Kompliziertheit des Terms kann das in kniffeligen Denksport ausarten; eine Wertetabelle (siehe dort) kann helfen:

Für $f(x) = \sqrt{x^2 - 4}$ ist $D = \{\, x \mid x \geq 2 \text{ oder } x \leq -2 \,\}$;

für $f(x) = \sqrt{x^2 + 4}$ ist $D = R$;

für $f(x) = \sqrt{4 - x^2}$ ist $D = \{\, x \mid x \geq -2 \text{ und } x \leq 2 \,\}$.

Das „oder" kann man mathematisch noch mit „∨" und das „und" mit „∧" abkürzen. Wenn man denn möchte.

Als Erkenntnis sollte wenigstens hängen bleiben, dass es so etwas wie einen Definitionsbereich gibt, und dass die Funktion bei Zahlen außerhalb dieses Bereiches versagt. Dann trifft es einen nicht so überraschend, wenn es passiert (und der Taschenrechner ERROR anzeigt, siehe Error).

## Determinante

Rechenschema, um die Multiplikationen und Additionen beim Lösen eines Gleichungssystems in die richtige Reihenfolge zu kriegen ohne nachzudenken. Die Zahlen werden im Karree angeordnet und dann zuerst von links oben nach rechts unten multipliziert, danach von links unten nach rechts oben. Das Ganze wird sodann voneinander subtrahiert.

Beispiel:

$$\begin{vmatrix} 3 & 7 \\ 2 & 5 \end{vmatrix} = 3 \cdot 5 - 2 \cdot 7 = 15 - 14 = 1 \ .$$

Je nach Größe nennt man sie 2x2-Determinante (sprich „zwei mal zwei") oder 3x3-Determinante. Das geht im Prinzip beliebig weiter, aber noch größere kommen im Schulunterricht nicht vor. Beim 3x3-Typ gibt es sechs Summanden, drei schräg von links oben nach rechts unten, davon zu subtrahieren drei schräg von links unten nach rechts oben. Dazu schreibt oder denkt man die ersten zwei Spalten noch einmal rechts daneben (auch als die „Sarrus-Regel" bekannt):

$$\begin{vmatrix} 1 & 3 & 2 \\ 3 & 4 & 1 \\ 5 & 1 & 7 \end{vmatrix} = \begin{matrix} 1 & 3 & 2 & 1 & 3 \\ 3 & 4 & 1 & 3 & 4 \\ 5 & 1 & 7 & 5 & 1 \end{matrix}$$

$$= 1 \cdot 4 \cdot 7 + 3 \cdot 1 \cdot 5 + 2 \cdot 3 \cdot 1 - 5 \cdot 4 \cdot 2 - 1 \cdot 1 \cdot 1 - 7 \cdot 3 \cdot 3$$

$$= 28 + 15 + 6 - 40 - 1 - 63 = \text{-}55 \ .$$

Wie immer gilt, dass negative Zahlen nichts an der Formel ändern, sondern einfach als negative Zahlen in die Formel eingehen:

$$\begin{vmatrix} 2 & \text{-}6 \\ 3 & \text{-}4 \end{vmatrix} = 2 \cdot (\text{-}4) - 3 \cdot (\text{-}6) = \text{-}8 + 18 = 10 \ .$$

Eine *Determinante* ist keine *Diskriminante*, auch wenn sie so ähnlich klingt. Determinanten determinieren (= bestimmen) die Lösungen von Gleichungssystemen. Diskriminanten diskriminieren (= unterscheiden) die Anzahl der Lösungen bei quadratischen Gleichungen (siehe dort).

Moderne Taschenrechner können Determinanten berechnen (read manual), allerdings können die Taschenrechner, die das können, normalerweise auch Gleichungssysteme lösen, so dass man die Determinanten dann gar nicht mehr braucht.

# Diagramme

Sie haben es anlässlich von Umfrageergebnissen, Sitzverteilungen und Preisentwicklungen bis in die Tagespresse geschafft. Ihre Sprösslinge sollten sie daher verstehen und interpretieren, im Idealfall sogar selbst anfertigen können.

Die wichtigsten Typen sind Säulendiagramme (Werte werden senkrecht dargestellt), Balkendiagramme (Werte werden waagerecht dargestellt), Kreisdiagramme (Werte werden als „Tortenstücke" dargestellt) und Streifendiagramme (wie Balken, die aber nebeneinander aufgereiht sind).

Kreisdiagramme werden gern verwendet, wenn die Werte eine Gesamtheit von 100 Prozent ergeben, die Anteile werden dann durch entsprechende Sektoren gekennzeichnet.

| Prozent | Winkel |
|---------|--------|
| 100 | 360° |
| 1 | 3,6° |
| 15 | 54° |

Die Umrechnungen von Prozent in Winkel erfolgen mittels Dreisatz (siehe dort), wie z.B. hier für 15%.

Will man eine waagerechte oder senkrechte Skala von 100 Prozent darstellen, so empfiehlt es sich, sie 10 cm lang zu machen, denn dann entspricht ein Prozent einem Millimeter.

Werte, die zusammen nicht 100 Prozent ergeben, eignen sich nicht für ein Kreisdiagramm, können aber als Balken, Säulen oder Streifen dargestellt werden. Nachfolgend am Beispiel:

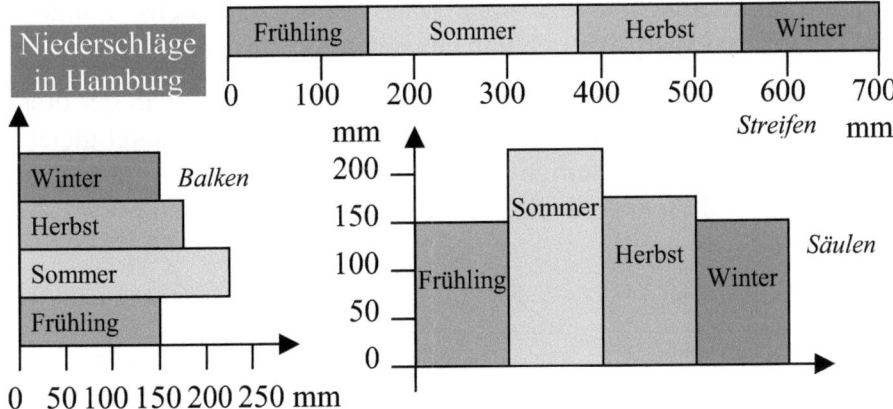

*35*

Die Balken, Säulen oder Kreisausschnitte sollten so markiert oder beschriftet sein, dass man erkennt, welche Größe gemeint ist. Beschriften mit dem zugehörigen Zahlenwert ist hingegen nicht zielführend; er sollte an der Skala ablesbar sein. Farben (siehe Buntstifte) sind dabei nicht notwendig, aber hilfreich. Aus ästhetischen Gründen sollten alle Säulen oder Balken die gleiche Breite haben, der Wert wird jeweils durch ihre Länge veranschaulicht. Für die Anfertigung von Säulen- und Balkendiagrammen ist Millimeterpapier hilfreich, allerdings vergleichsweise teuer. Wo der Zeichenstift selbst schon 2 mm breit ist, ist Millimeterpapier rausgeworfenes Geld.

Sie können anhand von Diagrammen in der Tagespresse das Interpretieren solcher Grafiken mit Ihren Lieben selbst üben.

## Dreieck

Die einfachste und grundlegendste geometrische Figur mit drei Ecken. Mit noch weniger Ecken geht nicht. Normalerweise erkennen Sie ein Dreieck, wenn Sie es sehen. Es gibt Dreiecke ohne rechten Winkel, das sind die nicht-rechtwinkligen Dreiecke; außerdem gibt es Dreiecke mit einem rechten Winkel, das sind die rechtwinkligen Dreiecke.

Dreiecke mit mehr als einem rechten Winkel gibt es auch, aber nur in nicht-euklidischen Geometrien (siehe Euklid). Sollten Sie dennoch so etwas bemerken, befinden Sie sich wahrscheinlich in der Nähe eines Schwarzen Lochs. Zünden Sie Ihren Warp-Antrieb und gewinnen Sie Abstand!

Des Weiteren gibt es gleichschenklige Dreiecke (zwei der drei Seiten sind gleich lang, zugleich sind auch zwei Winkel gleich groß) und gleichseitige Dreiecke (alle drei Seiten sind gleich lang. In diesem sind alle Winkel gleich groß, nämlich 60°).

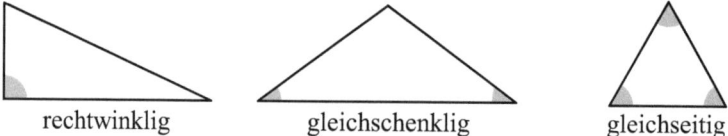

rechtwinklig        gleichschenklig        gleichseitig

Ferner gibt es noch allgemeine Dreiecke, die keine speziellen Eigenschaften haben (Mathematikerwitz: die drei Winkel in einem allgemeinen Dreieck müssen 45°, 60° und 75° betragen, damit es auch wie ein allgemeines Dreieck aussieht).

Die Summe aller drei (inneren) Winkel in einem Dreieck (außer in der Nähe Schwarzer Löcher) sollte 180° betragen. Daneben gibt es noch eine Reihe von Außenwinkeln. Diese erhält man, wenn man das Geodreieck falsch anlegt. Außer in eigens dafür erfundenen Aufgaben spielen sie kaum eine Rolle.

Neben den auf den ersten Blick erkennbaren Dreiecken gibt es auch noch verborgene Dreiecke (also eine Art Okkultismus), die man erst durch Einzeichnen von Hilfslinien findet. Meistens versucht man, durch Einzeichnen solcher Hilfslinien rechtwinklige Dreiecke zu finden, weil diese eine ganze Reihe benutzerfreundlicher Eigenschaften besitzen.

So zerlegt z.B. das Einzeichnen einer Diagonalen ein Rechteck in zwei rechtwinklige Dreiecke. Da in diesen der Satz von Pythagoras (siehe Pythagoras) anwendbar ist, kann man dann die Länge der Diagonalen berechnen. Falls sie einen interessiert.

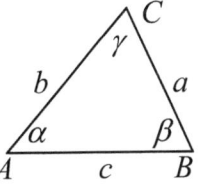

Da offenbar jedes Dreiecks ein halbes Rechteck ist, gilt für seinen Flächeninhalt: $A = \frac{1}{2} \cdot$ Grundseite $\cdot$ Höhe; kurz $A = \frac{1}{2} \cdot g \cdot h$.

Namen sind Schall und Rauch, aber traditionsgemäß werden die Eckpunkte eines Dreiecks $A$, $B$, $C$ bezeichnet, seine Seiten $a$, $b$, $c$ (Seite $a$ liegt Punkt $A$ gegenüber, Seite $b$ liegt Punkt $B$ gegenüber, Seite $c$ liegt Punkt $C$ gegenüber).

Die Winkel nennt man $\alpha$ (alpha, bei $A$), $\beta$ (beta, bei $B$) und $\gamma$ (gamma, bei $C$. Gamma ist der dritte Buchstabe des griechischen Alphabets, ein camma gibt es leider nicht). Die Reihenfolge $A$, $B$, $C$ der Punkte sollte gegen den Uhrzeigersinn verlaufen. Was im Zeitalter der Digitaluhren nur schwer zu vermitteln ist, aber vielleicht haben Sie ja noch irgendwo einen alten Wecker von Oma.

In Dreiecken gibt es, zumindest wenn man sie einzeichnet, ein paar besondere Hilfslinien. Die Seitenhalbierenden $s_a$, $s_b$, $s_c$ gehen durch einen Eckpunkt und die Mitte der gegenüberliegenden Seite. Die Winkelhalbierenden $w_\alpha$, $w_\beta$, $w_\gamma$ halbieren, wer hätte das gedacht, die Winkel. Die Mittelsenkrechten $m_a$, $m_b$, $m_c$ stehen jeweils auf den Seiten senkrecht (orthogonal) in deren Mittelpunkt. Die Höhen $h_a$, $h_b$, $h_c$ stehen auch auf den Seiten senkrecht (orthogonal), aber so, dass sie durch den gegenüberliegenden Eckpunkt gehen.

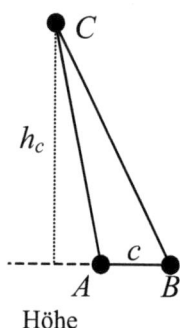

Höhe

Wenn das Dreieck besonders schief ist, muss man die Seiten eventuell mit gestrichelten Linien verlängern, um die Höhe überhaupt zeichnen zu können (siehe Bild links). Die Seitenhalbierenden und die Winkelhalbierenden schneiden sich immer innerhalb des Dreiecks, die Höhen und Mittelsenkrechten nicht unbedingt. Aber immerhin schneiden sie sich, und zwar jeweils alle in einem Punkt. Wenn nicht, ist die Zeichnung ungenau.

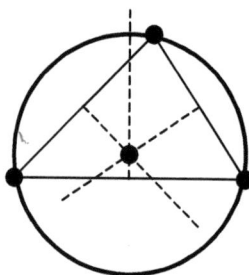

Mittelsenkrechten

Wenn man in den gemeinsamen Schnittpunkt der Mittelsenkrechten (linkes Bild) eine Zirkelspitze piekt, kann man die Zirkelweite so einstellen, dass ein Kreis genau durch alle Eckpunkte des Dreiecks geht, das ist der so genannte „Umkreis".

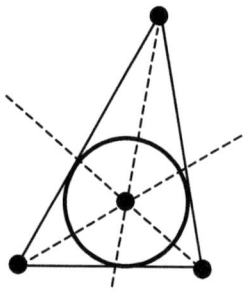

Winkelhalbierende

Macht man gleiches mit dem gemeinsamen Schnittpunkt der Winkelhalbierenden (rechtes Bild oben), so kann man einen Kreis zeichnen, der alle Dreiecksseiten von innen berührt, den so genannten „Inkreis". Mit dem Schnittpunkt der Seitenhalbierenden kann man so etwas Tolles nicht machen, dafür ist er aber der Schwerpunkt des Dreiecks (Bild rechts).

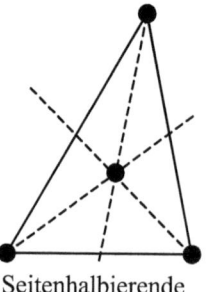

Seitenhalbierende

## Dreieckskonstruktionen

Die Kunst, aus Angaben von Winkeln bzw. Seitenlängen ein ganz bestimmtes Dreieck zu zeichnen. Dazu muss man natürlich genug Informationen (Seitenlängen oder Winkel oder gemischt) haben, üblicherweise drei. Nur mit allein drei Winkeln geht es nicht. Drei Winkel sind eigentlich nur zwei Informationen, da der dritte Winkel sich aus der Winkelsumme im Dreieck (180°, siehe Winkelsätze) automatisch ergibt.

Mit welchen Angaben sich ein Dreieck eindeutig zeichnen lässt, ergibt sich aus den Kongruenzsätzen (siehe Kongruenz). Wenn man aufgrund eines Kongruenzsatzes (z.B. WSW; spätestens jetzt sollten Sie *wirklich* unter Kongruenz nachlesen, was das bedeutet) erkannt hat, dass man aus diesen Angaben immer nur Kopien eines einzigen Dreiecks erhält, sollte es billigerweise möglich sein, aus genau diesen Angaben genau so ein Dreieck auch tatsächlich zu zeichnen. Das führt zu den beliebten Dreieckskonstruktionsaufgaben, wie z.B.

„Zeichne ein Dreieck aus $\alpha = 30°$, $\beta = 40°$ und $c = 7$ cm."

Die Lösung beginnt mit einer Planskizze (siehe dort), um sich während der Konstruktion ständig darüber klar zu sein, welche Größen man hat und wo im Dreieck sie liegen. Am besten malt man in der Planskizze die gegebenen Größen dick oder farbig. In diesem Falle etwa so wie hier:

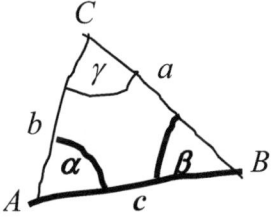

Bei dieser Aufgabe ist es am zweckmäßigsten, mit dem Zeichnen der Strecke $c$ zu beginnen und die Endpunkte gleich mit $A$ und $B$ zu beschriften. Dann legt man das Geodreieck bei $A$ an und zeichnet einen 30°-Winkel (siehe Geodreieck). Anschließend legt man das Geodreieck bei $B$ an und zeichnet einen 40°-Winkel. Dann ist man auch schon fertig, denn die beiden eingezeichneten Schenkel der Winkel („freie Schenkel" genannt, hat aber nichts mit Minikleidern zu tun) schneiden sich automatisch im Punkt $C$, den man dann noch beschriftet.

Nach erfolgreicher Konstruktion wird normalerweise noch eine „Konstruktionsbeschreibung" erwartet. Also das, was ich gerade erzählt habe. Man darf es aber etwas kompakter fassen: „Zeichne $c = 7$ cm mit den Endpunkten $A$ und $B$. Trage an $c$ in $A$ den Winkel $\alpha = 30°$ an. Trage an $c$ in $B$ den Winkel $\beta = 40°$ an. Die freien Schenkel schneiden sich in $C$."

Anwendungsgebiet für den Zirkel (siehe dort), wenn man von einer Strecke zwar ihre Länge $l$ kennt, aber nur einen Endpunkt. Der zweite liegt dann irgendwo auf dem Kreis mit Radius $l$ um den ersten. Vermutlich am Schnittpunkt mit einer anderen Linie.

Faustregel: Eine Konstruktionsbeschreibung muss sich mündlich am Telefon oder schriftlich per SMS so übermitteln lassen, dass das Gegenüber sie danach fehlerfrei durchführen kann. Angaben wie „hier" und „da drüben" verbieten sich also.

Lehrkräfte machten sich früher bisweilen einen Spaß daraus, eine mangelhafte Konstruktionsbeschreibung an der Tafel wörtlich so zu befolgen, dass ein völlig falsches Dreieck dabei herauskam. Heute fehlt ihnen meist die Zeit für sowas.

Dreieckskonstruktionen spielen eine prominente Rolle bei der Seenavigation. Wenn Sie die Gelegenheit haben, nehmen Sie Ihre Lieben auf einen Segeltörn mit und üben Sie mit ihnen die Navigation mit Kompass, Sextant und Seekarte. Dabei lernen sie mehr über Geometrie als in der kompletten Sekundarstufe I.

## Dreisatz

Inbegriff der Höheren Mathematik für Mathephobiker. Erfordert, dass man bis 3 zählen kann, da er in drei Sätzen durchgeführt wird. Löst alle Probleme des mathematischen Alltags, sogar die, auf die er gar nicht anwendbar ist, diese dann allerdings falsch. Er funktioniert nämlich nur, wenn der Zusammenhang proportional (siehe dort) ist.

Anwendbar ist er also z.B. in Fällen wie: „5 kg Kartoffeln kosten 2,45 Euro; was kosten 8 kg Kartoffeln?"

Die drei Sätze lauten in diesem Beispiel:

| kg | € |
|----|-----|
| 5 | 2,45 |
| 1 | 0,49 |
| 8 | 3,92 |

1. 5 kg Kartoffeln kosten 2,45 Euro.   :5   :5
2. 1 kg Kartoffeln kostet 0,49 Euro.   ·8   ·8
3. 8 kg Kartoffeln kosten 3,92 Euro.

Der Trick besteht darin, dass man von 5 kg auf 1 kg kommt, indem man durch 5 teilt (aka dividiert). Von 1 kg kommt man auf 8 kg, indem man mit 8 malnimmt (aka multipliziert). Mit den Euro macht man dann einfach das Gleiche: erst durch 5, dann mal 8; notfalls mittels eines Taschenrechners.

Obacht: Man rechnet jeweils auf *der* Seite auf 1 herunter und dann wieder hoch, auf der man sämtliche Zahlen schon kennt.

Wird auch „direkter" Dreisatz genannt, der „indirekte" kommt bei *anti*proportionalen Beziehungen (siehe dort) zum Einsatz.

Je nach pädagogischer Schule wird das gleiche Rechenschema auf ca. fünf verschiedene Weisen unterrichtet, also Vorsicht bei der Hausaufgabenbetreuung! Gegebenenfalls auf der Elternversammlung thematisieren und erklären lassen.

## Dreitafelprojektion

Kennt jeder Häuslebauer, der von seinem Architekten das geplante Eigenheim als Grundriss, Aufriss und Seitenriss vorgelegt bekommen hat. Ist im Prinzip eine Art Schattenwurf des jeweiligen Körpers bei Beleuchtung von oben (ergibt den Grundriss), von vorn (Aufriss) und von der Seite (Seitenriss) auf eine dahinter befindliche Ebene.

Damit sich nicht die hintereinander liegenden Flächen verdecken, werden oft nur die Kanten abgebildet (Kantenmodell des Körpers). Nebenstehend als Beispiel die Dreitafelprojektion einer Dorfkirche mit Glockenturm.

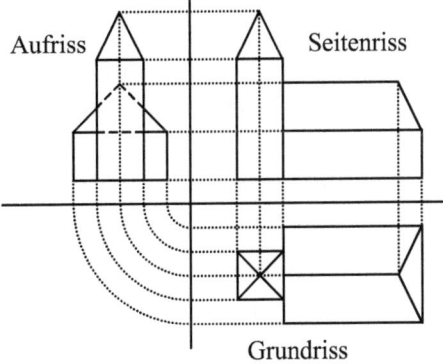

Aufriss   Seitenriss

Grundriss

*41*

# e – eulersche Zahl

Auch die hat ein Schweizer erfunden. Nach dem Schweizer Mathematiker Leonhard Euler (1707 - 1783) benannte unhandliche Zahl, mit der Exponentialfunktionen (siehe dort) ziemlich handlich gemacht werden können. Abgekürzt „e". Sie ist eine „transzendente Zahl" (siehe transzendent) und hat den ungefähren Wert

2,7182818284590452353602874713526624977572470937...

Moderne Taschenrechner haben meist eine Taste $e^x$; wenn man damit $e^1$ berechnet (read manual!), bekommt man diese Zahl zu sehen (wenn auch wohl nicht in dieser Länge).

Was diese krumme Zahl vor allen anderen krummen Zahlen auszeichnet, lässt sich an einem dem schnöden Mammon gewidmeten Beispiel demonstrieren. In Zeiten der Niedrigzinspolitik sollten Sie misstrauisch werden, wenn Ihnen jemand eine Kapitalanlage mit 100 % Verzinsung anbietet. Genau das möchte ich jetzt aber tun.

Angenommen, Sie legen 1000 € zu 100 % p.a. (= per anno = Jahreszins) an. Meinetwegen auch eine Million; da es nur ein Gedankenspiel ist, ist mir das egal. Dann bekommen Sie nach einem Jahr 100% Zinsen, also noch mal 1000 € dazu. Ihr Kapital hat sich dann verdoppelt.

Angenommen, sie kriegen Ihre Zinsen schon nach einem halben Jahr gutgeschrieben (dann natürlich nur die halben 100%, sprich 50%, also 500 €), so haben Sie nach einem halben Jahr 1500 €. Lassen Sie die Anlage weiterlaufen, so bekommen Sie am Jahresende noch einmal 50%, jetzt aber von den 1500 €. Das sind 750 €. Dann verfügen Sie am Jahresende über 2250 €. Klar so weit? Es lohnt sich also, wenn das Geldinstitut mitmacht, den Zinszeitraum zu verkürzen, damit man in den Genuss von (immer mehr) Zinseszinsen kommt.

Bei monatlicher Verzinsung bekommen Sie jeden Monat $^1/_{12}$ der Jahreszinsen dazu, das aber 12 mal hintereinander.

Jährliche Verzinsung: 1000 € · 2 = 2000€

Halbjährliche Verzinsung: 1000 € · $1\frac{1}{2}$ · $1\frac{1}{2}$ = 2250 €.

Monatliche Verzinsung: 1000 € · $1\frac{1}{12}$ · $1\frac{1}{12}$ ... · $1\frac{1}{12}$ = ?

Um das auszurechnen, müssen Sie aber nicht zwölf mal mit $1\frac{1}{12}$ multiplizieren (ist andererseits auch nicht verboten, wenn Sie die Tipparbeit nicht scheuen). Wiederholtes Multiplizieren kann man auch durch Potenzieren (siehe Potenzen) ersetzen:

Halbjährliche Verzinsung: 1000 € · $(1\frac{1}{2})^2$ = 2250 €.

Monatliche Verzinsung: 1000 € · $(1\frac{1}{12})^{12}$ = 2613,04 €.

Tägliche Verzinsung: 1000 € · $(1\frac{1}{360})^{360}$ = 2714,52 €.

(Man beachte: ein Bankjahr hat 360 Tage, siehe Zinsrechnung).

Spätestens ab jetzt wird es pathologisch: Ein (Bank-)Jahr hat 8640 Stunden.

Stündliche Verzinsung: 1000 € · $(1\frac{1}{8640})^{8640}$ = 2718,12 €.

Ein (Bank-)Jahr hat 31 104 000 Sekunden:

Sekundliche Verzinsung: 1000 € · $(1\frac{1}{31\,104\,000})^{31\,104\,000}$
= 2718,28 €.

Sie sehen, wenn man die Zinsintervalle ins Abstruse verkürzt, hat man am Jahresende das 2,71828-fache des Anfangskapitals, also hat man es mit der eulerschen Zahl e multipliziert.

e ist also die absolute Obergrenze für Geldgierige. Die Schweizer hatten ja schon immer eine Affinität zum Geldwesen. Der Logarithmus (siehe dort) zur Basis e wird konsequenterweise als der „natürliche" Logarithmus bezeichnet. Weil das Geldraffen in dieser Welt wohl als völlig natürlich angesehen werden muss (vgl. Matthäus 6, 19).

Die Zahl e ist nicht nur für traumhafte Zinssätze von 100% zuständig, sondern auch für kleinere. Bei 5% Jahreszins (okay, heutzutage ebenfalls traumhaft) stünde anstelle der Zahl e die Zahl $e^{0,05}$ (weil 5% = 0,05 ist).

## Eins

Die kleinste natürliche Zahl, falls man nicht die Null auch noch mit hinzunimmt. Euklid (siehe Euklid) nannte sie Ursprung und Gebärerin der Vielzahl, betrachtete sie selbst aber gar nicht als richtige Zahl, weil die Notwendigkeit des Zählens erst bei zwei beginne. So ändern sich die Zeiten.

Mathematisch hat sie durchaus ein paar Besonderheiten aufzuweisen. Multiplizieren mit 1 ändert nichts am Wert einer Zahl. Dividieren auch nicht: $42 \cdot 1 = 42$; $42 : 1 = 42$.

Wichtige Anwendung dieser Eigenschaft beim Erweitern von Brüchen (Stichwort Hauptnenner, siehe auch unter kgV):

$$\frac{1}{3} = \frac{1}{3} \cdot 1 = \frac{1}{3} \cdot \frac{5}{5} = \frac{5}{15}.$$

$$\frac{2}{5} = \frac{2}{5} \cdot 1 = \frac{2}{5} \cdot \frac{3}{3} = \frac{6}{15}.$$

Das ermöglicht dann die Berechnung: $\frac{1}{3} + \frac{2}{5} = \frac{5}{15} + \frac{6}{15} = \frac{11}{15}$.

Auch Potenzieren mit 1 ändert nichts am Wert einer Zahl: $42^1$ = 42. Beliebiges Potenzieren der 1 macht sie nicht größer: $1 = 1$; $1^2 = 1$; $1^3 = 1$...

Der Logarithmus (siehe dort) von 1 zu jeder beliebigen Basis ist 0, weil jede beliebige Basis hoch 0 gleich 1 ist: $\ln(1) = 0$; $\lg(1) = 0$; $\operatorname{ld}(1) = 0$; $\log_{42}(1) = 0$. Der Logarithmus der Basis selbst ist immer 1: $\ln(e) = 1$; $\lg(10) = 1$; $\operatorname{ld}(2) = 1$; $\log_{42}(42) = 1$. Unterhalb von 1 werden die Logarithmen übrigens negativ, aber das nur nebenbei für Logarithmus-Freaks.

1 ist die einzige Zahl mit nur einem Teiler: Die Teilermenge (siehe Teiler) von 1 ist $T_1 = \{1\}$. Jede andere Zahl hat mehr, selbst Primzahlen haben zumindest zwei Teiler: $T_2 = \{ 1; 2 \}$, $T_7 = \{ 1; 7 \}$. Irgendwie hatte Euklid wohl doch Recht.

## Eratosthenes

Griechischer Universalgelehrter (ca. 284 - 200 v.Chr.). Er bestimmte den Erdumfang, erfand das Gradnetz für Landkarten und gab ein Verfahren an, um lückenlos alle Primzahlen zu finden, das „Sieb des Eratosthenes". Funktioniert so ähnlich wie eine Folge von Rüttelsieben, mit denen man verschieden feinen Kies voneinander trennt. Man kippt alle ganzen Zahlen, die größer als 1 sind, auf das erste Sieb und lässt alle Vielfachen von 2 (bis auf 2 selbst) durchfallen (also 4, 6, 8, 10...). Die kleinste der restlichen Zahlen ist 3. Nun ändert man die Maschengröße und lässt alle Vielfachen von 3 (bis auf die 3 selbst) durchfallen. Einige sind schon vorhin durchgefallen (6, 12, 18...), weil sie auch Vielfache von 2 sind. Die restlichen (9, 15, 21...) verschwinden jetzt auch. Die kleinste noch übrige Zahl ist 5 (die 4 ist schon weg, da sie Vielfaches von 2 ist). Neue Maschengröße, alle Vielfachen von 5 (so noch vorhanden) aussieben. Die 6 ist schon längst weg, also nun alle Vielfache von 7 aussieben. Und so weiter. Schematisch:

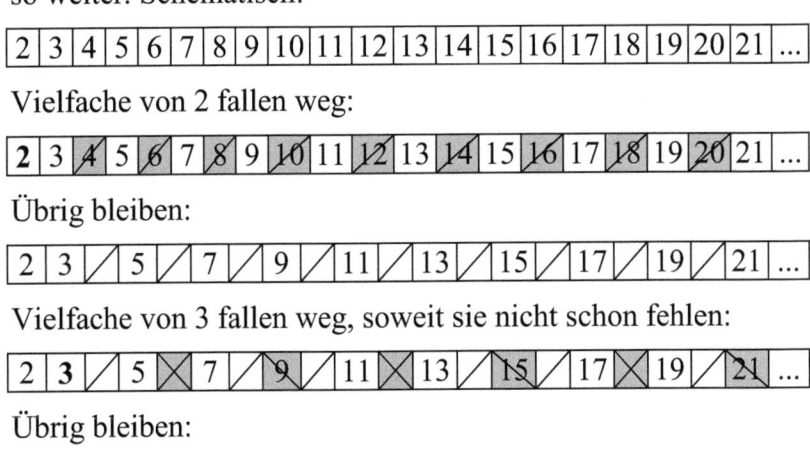

Am Ende sind nur noch die Primzahlen übrig. Allerdings wird man das Ende nie erreichen, weil es so verdammt viele Zahlen gibt. Das macht aber nichts; spätestens wenn man bei den

Vielfachen z.B. von 173 angekommen ist, kann man sicher sein, dass man die Primzahlen bis 173 lückenlos erfasst hat. Tatsächlich (wie man am obigen Ausschnitt sieht) sogar schon viel eher.

## Error

Sowas wie Horror, aber für Taschenrechner. Tatsächlich gibt es auch in der Mathematik einige No-Go-Areas oder Tabuzonen. Das Teilen durch 0 ist eine davon, die Wurzel aus einer negativen Zahl (vulgo Minuszahl) ist auch eine. Jedenfalls in der Sekundarstufe I (vulgo Mittelstufe). Wenn man so etwas Unanständiges von Taschenrechnern verlangt, verfallen Sie in Depression und können nur noch einen Fehler anzeigen. Je nach Modell erscheint dann im Display ein E oder ein ERROR oder dergleichen. Das ist nicht etwa das Ergebnis der Rechnung, das doppelt unterstrichen werden kann (5 : 0 = ERROR), sondern die Information „geht nicht". In der Mathematik gibt's „geht nicht" eben doch. Allerdings nennt man es nicht so, sondern schreibt „keine Lösung" oder „nicht definiert" oder bei Lösungsmengen $L = \{ \}$ (leere Menge, siehe Mengen).

Um den Taschenrechner aus seinem Schmollwinkel wieder rauszuholen, muss man ihn resetten, normalerweise mittels einer Taste, die mit C (clear) oder AC (all clear) oder so ähnlich beschriftet ist. Was übrigens wiederum nicht „alles klar" bedeutet, sondern „alles löschen".

Achtung: Taschenrechner sind keine Alleskönner, sondern nur Fastalleskönner. Manchmal verfallen sie daher bereits in die ERROR-Depression, wenn mathematisch gesehen noch was ginge. Beispielsweise bei Zahlen größer als $10^{100}$. Da es oberhalb von $10^{100}$ viel mehr Zahlen gibt als unterhalb von $10^{100}$ (ja, die mathematische Fragwürdigkeit dieser Behauptung ist mir bewusst), sind Taschenrechner eigentlich sogar Fastnichtskönner. Im Normalbetrieb fällt das nur nicht so auf.

# Euklid

Griechischer Mathematiker (ca. 365 - 300 v.Chr.), systematisierte und ergänzte das mathematische Wissen seiner Zeit in 13 dicken Büchern („Elemente des Euklid"), woraus man schließen kann, dass alles Wesentliche damals schon bekannt war. Er entwickelte ein Rechenverfahren („Algorithmus") zur Bestimmung des ggT zweier Zahlen (siehe ggT). Er entwickelte die Technik des Beweisens (siehe Beweis) und leitete aus dem Satz von Pythagoras weitere Sätze (Kathetensatz, Höhensatz) ab, die heute aus Zeitgründen oft nicht mehr unterrichtet werden. Was beim Kathetensatz kein echter Verlust ist, um den Höhensatz (siehe dort) ist es schade.

Nach ihm benannt: die euklidische Geometrie. Das ist die Geometrie, wie man sie auf der ebenen Fläche eines Schulheftes oder einer Tafel (sogar einer interaktiven) betreibt. Jedenfalls im Prinzip. Euklids Ebene war unendlich groß, dafür reicht der Platz im Heft leider nicht. Geraden, die sich bei Euklid nicht schneiden, sind parallel. Geraden, die sich im Heft nicht schneiden, schneiden sich vielleicht irgendwo auf der Tischplatte, wenn man sie nur bis dorthin verlängert. Wovon übrigens abzuraten ist; das Malen auf Tischplatten wird in der Schule nicht gern gesehen und erfüllt bei pingeliger Auslegung den Straftatbestand der Sachbeschädigung.

Die Geometrie auf einer gekrümmten Fläche (wie z.B. dem Globus) nennt man nicht-euklidisch.

# Exponentialfunktion

Eine Funktion, bei der die Variable $x$ im Exponenten einer Potenz (siehe Potenzen) steht, wie z.B.

$y = f(x) = 2^x$.

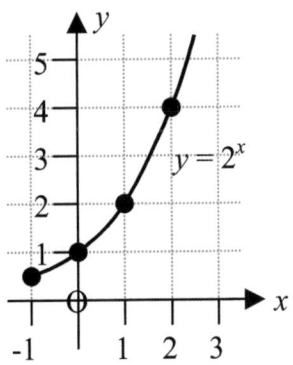

Exponentialfunktionen wachsen mit steigendem $x$ dramatisch an, im Beispiel:

47

| $x =$ | 0 | 1 | 2 | 3 | 4 | 5 | 6 | 7 | 8 | 9 | 10 |
|---|---|---|---|---|---|---|---|---|---|---|---|
| $f(x) = 2^x$ | 1 | 2 | 4 | 8 | 16 | 32 | 64 | 128 | 256 | 512 | 1024 |

Ist die Basis kleiner als 1 oder der Exponent negativ, sacken sie ebenso dramatisch gegen 0. Man beachte: $2^{-x} = \frac{1}{2^x} = (\frac{1}{2})^x$.

| $x =$ | 0 | 1 | 2 | 3 | 4 | 5 | 6 | 7 | 8 | 9 | 10 |
|---|---|---|---|---|---|---|---|---|---|---|---|
| $f(x) = 2^{-x}$ | 1 | $\frac{1}{2}$ | $\frac{1}{4}$ | $\frac{1}{8}$ | $\frac{1}{16}$ | $\frac{1}{32}$ | $\frac{1}{64}$ | $\frac{1}{128}$ | $\frac{1}{256}$ | $\frac{1}{512}$ | $\frac{1}{1024}$ |

Exponentialfunktionen spielen eine Rolle bei Wachstums- oder Zerfallsprozessen. $f(x) = 2^x$ beschreibt etwa die Ausbreitung einer Epidemie, bei der jeder Kranke pro Tag eine weitere Person ansteckt. Exponentialfunktionen findet man ebenso auch bei der Zinsrechnung (siehe dort), wenn Zinsen weiter verzinst werden (Zinseszins): Je mehr Geld schon da ist, desto mehr kommt jeweils noch dazu (vgl. Matthäus 25, 29).

Bei 3 % Jahreszins wachsen 1000 € nach einem Jahr auf

$$1000 \cdot (1 + \frac{3}{100}) = 1000 \cdot 1{,}03 = 1030 \text{ €}.$$

Nach zwei Jahren auf:

$$1030 \cdot 1{,}03 = 1000 \cdot 1{,}03 \cdot 1{,}03 = 1000 \cdot 1{,}03^2 = 1060{,}90 \text{ €}.$$

Nach drei Jahren auf: $1000 \cdot 1{,}03^3 = 1092{,}727$ € (wobei die Zehntelcent dann gerundet werden, siehe Runden). Das Kapital nach $x$ Jahren ist somit $1000 \cdot 1{,}03^x$, es folgt also einer Exponentialfunktion.

Die Lieblingsbasis der Mathematiker ist die eulersche Zahl e (siehe dort) = 2,718281828459045235360287471352662 49...

Man kann jede Exponentialfunktion auf die Basis e umrechnen, weshalb Mathematiker eigentlich gar keine andere brauchen.

Zum Beispiel ist $2 = e^{0{,}693147180559945309417232121458176568 0755001344...}$ und daher $2^x = e^{x \cdot 0{,}6931471805599453094172321214581765680755001344...}$ Das sieht unhandlich aus, aber wenn man es als $2^x = e^{x \cdot \ln(2)}$ schreibt, kennt es jeder Taschenrechner. $e^{\ln(2)}$ ist nun einmal 2, so ist der Logarithmus (siehe dort) ja gerade definiert.

## Fakultät

Vermutlich von der mathematischen Fakultät einer Uni entwickelte Funktion, die einer (natürlichen) Zahl das Produkt zuweist, das beim Multiplizieren von dieser Zahl abwärts bis 1 entsteht. In Mathe-Steno wird diese Funktion mit einem Ausrufezeichen abgekürzt. 4! (in Worten: „vier Fakultät") steht also für $4 \cdot 3 \cdot 2 \cdot 1$ und ergibt 24. Per Ordre de Mufti festgelegt sind zudem 1! = 1 und 0! = 1. Überschreitet recht zügig die Kapazität normaler Taschenrechner, auf denen dafür übrigens die Taste $x!$ vorgesehen ist; 69! ist das höchste der Gefühle.

Die Funktion wird vor allem in der Kombinatorik (siehe dort) und in der Wahrscheinlichkeitsrechnung benötigt.

## Formelsammlung

Formelsammlungen hießen früher Logarithmentafeln und enthielten Tabellen von Logarithmen und anderen unsympathischen Dingen. Da das heute der Taschenrechner erledigt, enthalten sie jetzt tatsächlich Formeln, und zwar normalerweise zu allen naturwissenschaftlichen Disziplinen (Mathematik, Physik, Chemie, Biologie, Astronomie, Informatik). Gegenüber den Logarithmentafeln sind sie zunehmend bunter geworden und enthalten zunehmend Druckfehler. Ob eine infolge eines Druckfehlers in der Formelsammlung falsch gelöste Aufgabe als richtig gewertet werden muss, ist meines Wissens juristisch noch nicht geklärt.

Tipp: Die Formelsammlung nicht erst anlässlich der Klassenarbeit erstmalig aufschlagen, sondern bereits parallel zum Unterricht benutzen. Diskrepanzen sollten dann beizeiten auffallen. Zugleich weiß man dann schon, wo die relevanten Formeln zu finden sind und verliert in der Klassenarbeit keine wertvolle Zeit mit verzweifeltem Blättern. Selbst für diesen Notfall pflegt es allerdings hinten noch ein alphabetisches Stichwortverzeichnis (aka Register) zu geben.

Formelsammlungen eignen sich auch als Bettlektüre. Sie sind handlicher als Lexika, und man erfährt nebenbei so spannende Dinge wie die Entfernung von der Erde zur Sonne oder welche Elemente radioaktiv sind. Gucken Sie gerne selber mal rein.

Formelsammlungen werden wegen der Chancengleichheit in Arbeiten schuleinheitlich vorgeschrieben. Erkundigen Sie sich ggf. auf der Elternversammlung. Kaufen müssen Sie sie selbst, eine Sammelbestellung durch die Schule ist bei Büchern (im Gegensatz z.B. zum Taschenrechner) aus juristischen Gründen nicht möglich.

## Funktion

In der Schule gibt es verschiedene Funktionsträger, übergeordnete (wie z.b. Hausmeister) und untergeordnete (wie z.b. Schulleiter). In der Mathematik gibt es noch viel mehr Funktionen. Wurzelfunktionen, lineare und quadratische Funktionen, Winkelfunktionen u.v.a.m. Siehe auch Zuordnung.

Gemeint ist eine Rechenvorschrift, mit der man aus einer Größe (z.B. der getankten Benzinmenge) eine andere (z.B. den für den Sprit zu zahlenden Betrag) berechnen kann.

Da beide Größen variabel sind, nennt man sie Variablen. Normalerweise gibt es eine unabhängige Variable (die kann man sich aussuchen, nämlich wie viel man tankt) und eine abhängige Variable (die kann man sich dann nicht mehr aussuchen, nämlich wie viel man dafür zahlt). Ich weiß, an einigen Zapfsäulen kann man es umgekehrt machen: man gibt den Betrag ein, für den man tanken will, und erhält dann die entsprechende Spritmenge. Dann ist der Betrag die unabhängige und die Spritmenge die abhängige Variable. Diesen kontraintuitiven Fall ignorieren wir jetzt aber mal.

Natürlich hängt das Ganze auch noch vom Literpreis ab. Der kann sich auch ändern, aber nicht während eines einzelnen Tankvorgangs. Der Literpreis ist also auch variabel, aber nicht ganz so variabel wie die Benzinmenge. Eine solche Größe nennt man einen Parameter.

Wenn einem nichts Besseres einfällt, bezeichnet man die unabhängige Variable mit $x$ und die abhängige mit $y$. Im Beispiel des Tankens kann man sie natürlich auch $M$ (wie Menge) und $B$ (wie Betrag) nennen. Den für die Rechnung noch benötigten Literpreis könnte man $P$ (Preis pro Liter) nennen. Die Rechenvorschrift wäre dann: $B = P \cdot M$ (siehe auch unter Buchstaben). In Worten: Man erhält den zu zahlenden Betrag, indem man den Literpreis mit der getankten Menge multipliziert. Falls man die übliche Schreibweise mit $x$ und $y$ bevorzugt, heißt es $y = P \cdot x$.

So oder so ist es die „Funktionsgleichung" für die Funktion „Betrag in Abhängigkeit von der Menge".

Die unabhängige Variable nennt man auch das „Argument" der Funktion (auch wenn es hierfür kein einleuchtendes Argument gibt), die abhängige Variable nennt man den „Wert" der Funktion. Ein Merkmal einer Funktion ist, dass es zu *einem* Argument wirklich nur *einen* Wert gibt (siehe Zuordnung).

Je nach pädagogischer Schule gibt es leider sehr verschiedene kreative Schreibweisen für Funktionen:

$y = P \cdot x$ ist die eine. Gemeint ist: Berechne den Betrag $y$, indem du den Literpreis $P$ mit der Menge $x$ multiplizierst.

$x \to P \cdot x$ ist eine weitere. Gemeint ist: Der getankten Menge $x$ wird der Betrag $P \cdot x$ zugeordnet.

Außerdem lebt ja leider auch immer noch die $x \to \boxed{\cdot P} \to y$ Operatorschreibweise: Schicke die getankte Menge $x$ in den Operator „$\cdot P$", und der Preis $y$ kommt raus.

$y(x) = P \cdot x$ ist eine vierte Schreibweise. Gemeint ist: Der Betrag $y$ hängt von der getankten Menge $x$ ab, und zwar, indem man $P$ mit $x$ multipliziert. $y(x)$ spricht man kurz „$y$ von $x$".

Eine Variante hiervon ist: $f(x) = P \cdot x$. Den Betrag berechnet man als eine Funktion $f$ der getankten Menge $x$, nämlich $P \cdot x$.

$f(x)$ spricht man kurz „$f$ von $x$". Die Mischform $f : x \rightarrow P \cdot x$ tauchte jüngst im Zentralabitur auf. Man ist vor nichts sicher.

Alle drücken absolut das Gleiche aus. Im Hinblick auf die Zukunftsfähigkeit im Studium ist die Schreibweise mit $f(x)$ die zweckmäßigste; in der Oberstufe sollten Funktionen eigentlich nur noch so geschrieben werden. Werden sie nur leider nicht.

Manche Lehrbücher schämen sich zudem nicht, alle Varianten gleichzeitig zu bedienen und verwenden sogar auf ein und derselben Seite alle Schreibweisen, was leider sehr zur Verwirrung der Lernenden beiträgt. Da Sie die für das Buch Verantwortlichen nicht steinigen können, versuchen Sie wenigstens, auf der Fachkonferenz Einfluss auf das anzuschaffende Buch zu nehmen. Nicht alles was bunt ist, ist gut. Das gilt auch umgekehrt, aber der Konkurrenzkampf sorgt dafür, dass alle Bücher immer bunter werden (statt besser). Siehe übrigens auch unter Mathematikbuch.

In einem konkreten Beispiel könnte etwa der aktuelle Literpreis $P = 1{,}389 \, \frac{€}{l}$ (lies: „Euro pro Liter") betragen. Dann lautet die Benzinpreisfunktion: $f(x) = 1{,}389 \, \frac{€}{l} \cdot x$. Tankt man z.B. 40 l, so berechnet man den Betrag, indem man für $x$ den Wert 40 l in die Funktion einsetzt: $f(40 \, l) = 1{,}389 \, \frac{€}{l} \cdot 40 \, l = 55{,}56 \, €$.

Wenn Sie jetzt sagen, das können Sie auch ohne Funktionen und kryptische Hieroglyphen berechnen, dann haben Sie Recht. Und wenn Sie sagen, Sie müssen gar nichts rechnen, weil die Zapfsäule es ja anzeigt, dann haben Sie auch Recht. Aber dann ist es keine Mathematik.

Man kann so einen Zusammenhang zwischen $x$ und $y$ („funktionaler Zusammenhang" - klingt gut, nicht?) auch grafisch darstellen. Das nennt man dann einen Funktionsgraphen (siehe dort). Der Funktionsgraph hat auch in der reformierten Rechtschreibung sein „ph" behalten, weil er nicht, wie der Graf von Luxemburg, dem Adel angehört.

## Funktionsgraph

Grafische Darstellung eines funktionalen Zusammenhangs (siehe Funktion, bitte ggf. vorher lesen) in einem Koordinatensystem (siehe Koordinatensystem, bitte ggf. auch vorher lesen).

Um zu wissen, wo in dem Koordinatensystem denn nun der Graph verläuft, hilft eine Wertetabelle. Darin listet man den interessierenden Bereich der $x$-Werte (aka Rechtswerte, Argumente) auf und berechnet zu jedem den $y$-Wert (aka Hochwert, Funktionswert) mittels der Funktionsgleichung.

Beispiel: Taxifahrt mit 3,60 € Grundgebühr und 0,80 € pro Minute. $x$ sind die Minuten, $y$ oder $f(x)$ die zur Fahrzeit $x$ gehörigen Kosten.

Funktionsgleichung: $f(x) = 3,60 + 0,80 \cdot x$.

| $x$ (Minuten) | $f(x)$ (Rechenvorschrift) | $y$ (Euro) |
|---|---|---|
| 0 | $3,60 + 0,80 \cdot 0$ | 3,60 |
| 1 | $3,60 + 0,80 \cdot 1$ | 4,40 |
| 2 | $3,60 + 0,80 \cdot 2$ | 5,20 |
| 3 | $3,60 + 0,80 \cdot 3$ | 6,00 |
| 4 | $3,60 + 0,80 \cdot 4$ | 6,80 |
| 5 | $3,60 + 0,80 \cdot 5$ | 7,60 |
| 6 | $3,60 + 0,80 \cdot 6$ | 8,40 |
| 7 | $3,60 + 0,80 \cdot 7$ | 9,20 |
| 8 | $3,60 + 0,80 \cdot 8$ | 10,00 |
| 9 | $3,60 + 0,80 \cdot 9$ | 10,80 |
| 10 | $3,60 + 0,80 \cdot 10$ | 11,60 |

In der mittleren Spalte habe ich zur Verdeutlichung die jeweilige Rechnung notiert, die schreibt man normalerweise nicht mit, sondern tippt sie nur in den Taschenrechner (oder in den Kopf) ein.

Zählt man nun für jede Tabellenzeile waagerecht $x$ und senkrecht $y$ an den Kästchen ab, so kann man jeweils einen

Punkt markieren. In diesem Beispiel sollten die Punkte auf einer Geraden liegen. So etwas nennt man dann eine *lineare* Funktion: man kann den Graph mit einem Lineal zeichnen.

Übrigens darf man die Tabelle auch waagerecht statt senkrecht schreiben, das spart etwas Platz:

| $x$ (Minuten) | 0 | 1 | 2 | 3 | 4 | 5 | 6 | ... |
|---|---|---|---|---|---|---|---|---|
| $y = 3{,}60 + 0{,}80 \cdot x$ (Euro) | 3,60 | 4,40 | 5,20 | 6,00 | 6,80 | 7,60 | 8,40 | ... |

Am Funktionsgraphen ändert das gar nichts. Die Gerade geht natürlich ein wenig an der Realität vorbei, weil der Taxameter nur stufenweise weiterzählt und nicht fortlaufend (was mathematisch „kontinuierlich" hieße). Die Zwischenwerte sind daher nicht realistisch. Man sollte die Gerade also nicht allzu dick zeichnen.

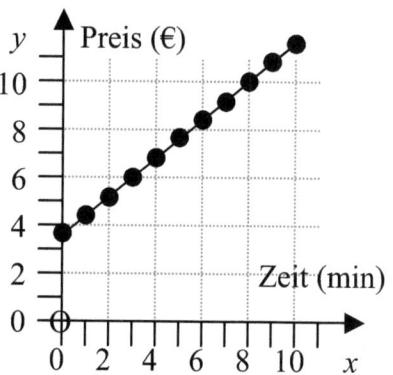

Bei Zusammenhängen ohne Grundgebühr fällt natürlich $x = 0$ mit $y = 0$ zusammen, d.h. die Gerade geht durch den Koordinatenursprung. Das ist auch eine lineare Funktion, aber sie ist sogar proportional. Die Benzinkosten beim Tanken sind ein Beispiel dafür. Wenn z.B. der Spritpreis 1,389 €/l beträgt, wären

$$f(x) = 1{,}389 \cdot x$$

die Kosten beim Tanken von $x$ Litern. Die Tabelle in Einerschritten anzulegen wäre in diesem Fall ein wenig zeit- und platzintensiv, wir beschränken uns auf Zehnerschritte. Auch bei der Grafik empfiehlt sich dann eine etwas sparsamere Einteilung der Achsen.

Faustregel: Achseneinteilung so anlegen, dass der größte und kleinste Wert der Tabelle noch hineinpasst. Wenn das gar nicht geht, überlegen, auf welche Werte man verzichten kann.

| x (Liter) | 0 | 10 | 20 | 30 | 40 | 50 | 60 |
|---|---|---|---|---|---|---|---|
| y = 1,389·x (Euro) | 0,00 | 13,89 | 27,28 | 41,67 | 55,56 | 69,45 | 83,34 |

Da man, wenn man sonst nichts zu tun hat und hinter einem keine Schlange wartet, an der Zapfsäule notfalls auch tropfenweise zirkeln kann, sind in diesem Falle auch die Zwischenwerte zwischen den Punkten realistisch. Gerade ganz fett einzeichnen!

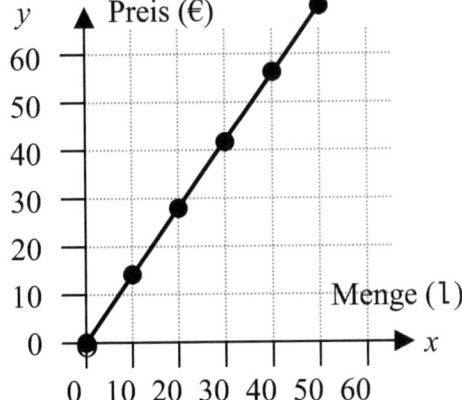

Dazu übrigens ein Tipp: Moderne Taschenrechner können komplette Wertetabellen auf einmal berechnen (read manual).

Es gibt andere Funktionen, bei denen ergibt sich *keine* Gerade. Solche Funktionen nennt man billigerweise *nicht*linear.

Beispiel: Die Faustregel für den Bremsweg eines Autos in Abhängigkeit von der Geschwindigkeit haben Sie bestimmt mal in der Fahrschule gelernt und dann wieder vergessen:

Bremsweg in Meter = Tachowert in $\frac{km}{h}$ durch 10 mal sich selbst.

(Unter guten Bedingungen und mit ABS ist er kürzer). Wenn $x$ die Geschwindigkeit in $\frac{km}{h}$ ist, dann bedeutet das mathematisch für den Bremsweg (mal sich selbst ist so viel wie hoch 2):

$$y = f(x) = \left(\frac{x}{10}\right) \cdot \left(\frac{x}{10}\right) = \left(\frac{x}{10}\right)^2.$$

Demnach sieht die Wertetabelle so aus:

| $x$ in $\frac{km}{h}$ | 0 | 10 | 20 | 30 | 40 | 50 | 60 | 70 | 80 | 90 | 100 |
|---|---|---|---|---|---|---|---|---|---|---|---|
| $f(x) = \left(\frac{x}{10}\right)^2$ in m | 0 | 1 | 4 | 9 | 16 | 25 | 36 | 49 | 64 | 81 | 100 |

Wegen des „hoch 2" (aka: zum Quadrat) nennt man so eine Funktion eine *quadratische* Funktion. Man trägt wieder die Punkte in eine passend dimensionierte Grafik ein.

Man verbindet die Punkte aber jetzt nicht mit einem Lineal, weil der Graph auch zwischen zwei Punkten gekrümmt und nicht linear ist. Den Kurventyp in diesem Beispiel nennt man eine Parabel (siehe dort). Ein Kurvenlineal könnte hilfreich sein, ist aber nicht zwingend erforderlich. Freihand ist bei nichtlinearen Funktionen auch keine Schande.

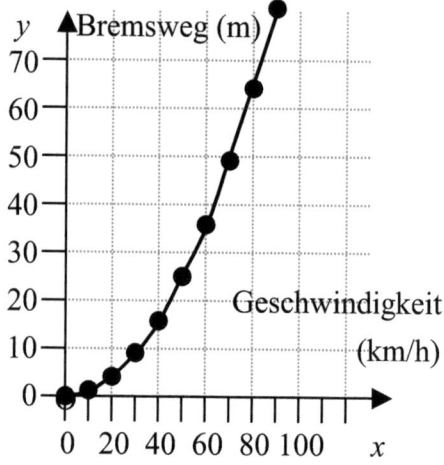

Tipp: Das Papier so herum drehen, dass man mit dem Stift der Kurvenkrümmung folgen kann, wenn man das aufgestützte Handgelenk als Mittelpunkt und die Hand als Zirkel benutzt.

## Geodreieck

Zeichenwerkzeug in Gestalt eines Kunststoffdreiecks mit diversen Skalen für Zentimeter und Winkelgrade sowie zum Zeichnen von Parallelen. Kann mittels eines Kugelschreibers oder Füllers, dessen Clip man daraufsteckt, in einen Kampfjet verwandelt werden (siehe Titelbild). Die damit ausgetragenen Luftschlachten führen im Laufe der Zeit zum Verlust einer oder mehrerer Ecken. Ab unter 50 % Restmasse im Gebrauchswert sowohl als Zeichengerät wie auch als Flugzeug ernsthaft eingeschränkt.

Die sachgerechte Benutzung ermöglicht das Zeichnen oder Messen von Strecken (Zentimeterskala mit 0 in der Mitte und je 7 cm an den beiden Seiten; ermöglicht mit etwas Kopfrechnen einen Messbereich bis 14 cm) oder Winkeln (von 0 bis 180 Grad). Zur Winkelmessung wird die Zentimeterskala so auf den einen Schenkel des Winkels gelegt, dass die Null auf dessen Scheitelpunkt liegt. Der zweite Schenkel schneidet irgendwo die Winkelskala, außer er ist zu kurz; in diesem Falle muss er verlängert werden. Wenn das auch nicht hilft, liegt das Geodreieck verkehrt herum. Am Schnittpunkt kann der Winkel abgelesen werden. Achtung: Es gibt zwei gegenläufige Skalen. Ablesung auf der falschen ergibt z.b. 110° statt 70° oder umgekehrt. Um dies zu vermeiden, ausgehend vom ersten Schenkel längs der Winkelskala bis zum Schnittpunkt vorwärts zählen; am besten erst in Zehnerschritten, am Ende in Einerschritten. Dies vermeidet zugleich die fälschliche Ablesung z.B. von 62° (= 2 hinter 60) statt 58° (= 2 vor 60) oder umgekehrt. Ausprobieren!

Um einen Winkel bestimmter Größe zu zeichnen, gibt es eine elegante Methode, die niemand kapiert, und eine unelegante, die auch funktioniert. Letztere arbeitet praktisch genau wie die eben beschriebene Messung, nur umgekehrt. Man zeichnet den Scheitelpunkt und den ersten Schenkel, legt das Geodreieck an wie eben, dann zählt man auf der Winkelskala bis zum gewünschten Wert vorwärts.

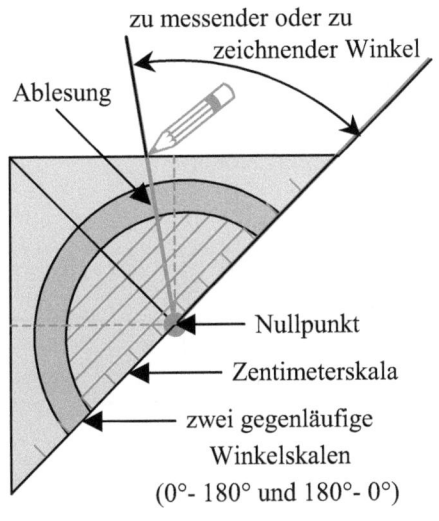

Hier markiert man einen Bleistiftpunkt. Hinterher verbindet man diesen mit dem Scheitelpunkt und erhält so den zweiten Schenkel. Gerne an etlichen Beispielen üben!

Bisweilen werden Geodreiecke in Sets von drei oder mehr Plastikdreiecken verschiedener Form und Größe angeboten. Rausgeworfenes Geld, man wird sie nie benötigen! Sie eignen sich nicht einmal als Flugzeug.

# Geradengleichung

Eigentlich nur die Funktionsgleichung einer Geraden. Also die Rechenvorschrift, wie man aus dem $x$-Wert den $y$-Wert berechnet, wenn im Koordinatensystem eine Gerade entstehen soll. Meist geschrieben als

$y = f(x) = m \cdot x + n$

oder

$y = f(x) = n + m \cdot x.$

Die Buchstaben können variieren; vielleicht steht da auch $y = a \cdot x + b$. Jedenfalls irgendwas mal $x$ plus irgendwas anderes. Da es anscheinend eines der schwierigsten Kapitel der Mathematik überhaupt ist, erläutere ich es lieber genauer.

Beispiel: Taxifahrt mit 3,60 € Grundgebühr und 0,80 € pro Minute. $x$ sind die Minuten, $y$ oder $f(x)$ die zur Fahrzeit $x$ gehörigen Kosten.

Funktionsgleichung: $f(x) = 3,60 + 0,80 \cdot x.$

| $x$ (Minuten) | $f(x)$ (Rechenvorschrift) | $y$ (Euro) |
|---|---|---|
| 0 | $3,60 + 0,80 \cdot 0$ | 3,60 |
| 1 | $3,60 + 0,80 \cdot 1$ | 4,40 |
| 2 | $3,60 + 0,80 \cdot 2$ | 5,20 |
| 3 | $3,60 + 0,80 \cdot 3$ | 6,00 |
| 4 | $3,60 + 0,80 \cdot 4$ | 6,80 |
| 5 | $3,60 + 0,80 \cdot 5$ | 7,60 |
| 6 | $3,60 + 0,80 \cdot 6$ | 8,40 |
| 7 | $3,60 + 0,80 \cdot 7$ | 9,20 |
| 8 | $3,60 + 0,80 \cdot 8$ | 10,00 |
| 9 | $3,60 + 0,80 \cdot 9$ | 10,80 |
| 10 | $3,60 + 0,80 \cdot 10$ | 11,60 |

(Falls Sie alphabetisch vorgehen, haben Sie das gleiche Beispiel unter „Funktionsgraph" schon einmal gesehen, man nennt das Recycling). Wenn man den Zusammenhang grafisch darstellt, sollte auffallen, dass die 3,60 den Wert darstellen, an dem die Gerade die $y$-Achse trifft bzw. bei ihr startet. Das ist das „$n$" in der Geradengleichung. Die 0,80 sind der Wert, um den die Gerade jeweils ansteigt, wenn man $x$ (die Minuten) um 1 erhöht. Das ist das „$m$" in der Geradengleichung.

Konsequenterweise nennt man $m$ die Steigung und $n$ den Achsenabschnitt der Geraden. Die allgemeine Form

$$y = f(x) = m \cdot x + n$$

wird in diesem Beispiel also zu

$$y = f(x) = 0,80 \cdot x + 3,60$$

oder, wenn einem das lieber ist:

$$y = f(x) = 3,60 + 0,80 \cdot x.$$

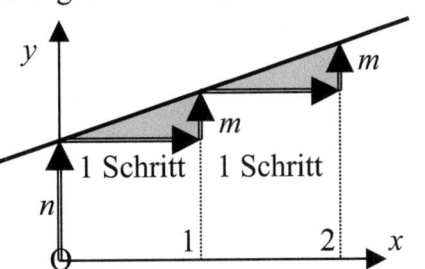

Die Reihenfolge beim Addieren ist bekanntlich egal. Man darf sich nur *nicht* merken, das vordere ist die Steigung und das hintere der Achsenabschnitt, denn das gilt nur bei

$$y = f(x) = 0,80 \cdot x + 3,60.$$

Bei der Schreibweise

$$y = f(x) = 3,60 + 0,80 \cdot x$$

ist der Achsenabschnitt vorn und die Steigung hinten. Statt dessen (und das ist bei den Lernenden ein Problem) muss man sich - etwas abstrakter - merken: Das *mit x* ist die Steigung und das *ohne x* ist der Achsenabschnitt.

Wenn man das im Griff hat, kann man zu jeder Geraden sofort die Funktionsgleichung ablesen oder zu jeder Geradengleichung sofort den Graphen zeichnen (Bilder oben bzw. rechts):

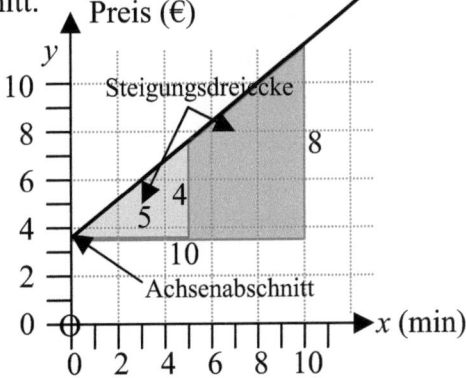

59

Man zählt sich auf der $y$-Achse zum Achsenabschnitt hoch, das ist $n$, und dann zählt man sich längs der $x$-Achse schrittweise nach rechts (in Pfeilrichtung der Achse!), und um wie viel die Gerade dabei je Schritt ansteigt, das ist die Steigung $m$. Wenn man während des Abzählens der Steigung den Bleistift auf dem Papier behält, entsteht ein „Steigungsdreieck".

Ein weiteres Problem entsteht, wenn die Gerade gar nicht ansteigt, sondern fällt. Man könnte die Steigung dann Gefälle nennen, aber mathematisch heißt sie immer noch Steigung, nur ist sie dann negativ. Auch wenn Sie das doof finden. Wäre

$$y = f(x) = 3{,}60 - 0{,}80 \cdot x$$

(was Sie beim Taxi eher nicht erleben werden), so träfe die Gerade zwar immer noch bei 3,60 die $y$-Achse, käme dann aber je Rechtsschritt um 0,80 *herunter*. Achtung: Die Geradengleichung lautet dann *immer noch*

$$y = f(x) = m \cdot x + n \quad \text{oder} \quad y = f(x) = n + m \cdot x,$$

nur dass $m$ jetzt eine negative Zahl ist. Ich erinnere daran, dass mathematische Formeln mit negativen und positiven Zahlen gleich gut funktionieren, solange man sie in Ruhe lässt und nicht panikerfüllt an ihnen herumbastelt, nur weil irgendwo ein Minus vorkommt. Cool bleiben, einfach weiterrechnen, klappt.

Sollte die Zeichnung ein genaues Ablesen von $m$ nicht zulassen, weil der Wert zu fitzelig oder zu krumm ist, spricht nichts dagegen, die Schrittweite in $x$-Richtung sinnvoll zu ändern. Bei $m = 0{,}8$ z.B. statt Anstieg 0,8 bei Schrittweite 1 geht auch Anstieg 8 bei Schrittweite 10. Oder Anstieg 4 bei Schrittweite 5. Die Steigung $m$ ist dann einfach das Verhältnis aus $y$-Änderung zu $x$-Änderung: $0{,}8 = \dfrac{0{,}8}{1} = \dfrac{4}{5} = \dfrac{8}{10}$.

Ebenso würde man bei $m = \dfrac{3}{7}$ nicht verkrampft versuchen, auf einen $x$-Schritt in $y$-Richtung $\dfrac{3}{7}$ abzuzählen, sondern man zählt 7 Schritte in $x$-Richtung und 3 in $y$-Richtung. Die so gezeichneten Punkte der Geraden liegen dann auch weiter auseinander, was ein genaueres Anlegen des Lineals (Lineal? Ja, Lineal!) ermöglicht. Siehe auch unter Steigung.

## ggT – größter gemeinsamer Teiler

Der ggT zu zwei (natürlichen) Zahlen ist die größte Zahl, durch die sich beide ohne Rest teilen (aka dividieren) lassen. Beispiel:

Teiler von 18 sind 1, 2, 3, 6, 9, 18.
Teiler von 24 sind 1, 2, 3, 4, 6, 8, 12, 24.

Vergleichen Sie die beiden Listen, und Sie erkennen, dass 6 die größte Zahl ist, die in beiden Listen vorkommt. Also ist 6 der größte gemeinsame Teiler von 12 und 18.

Schreibweise: ggT(18;24) = 6.

Mathematiker lesen die Klammern als „von", also steht da:

Der ggT von 18 und 24 ist gleich 6.

Man braucht das Ding zum Kürzen von Brüchen. Teilt man sowohl den Zähler als auch den Nenner eines Bruchs durch den ggT der beiden Zahlen (kürzt also mit diesem), so erhält man einen gleichwertigen Bruch, aber in der handlichsten Form:

$$\frac{18}{24} = \frac{2 \cdot 3 \cdot 3}{2 \cdot 2 \cdot 2 \cdot 3} = \frac{\cancel{2} \cdot \cancel{3} \cdot 3}{2 \cdot 2 \cdot \cancel{2} \cdot \cancel{3}} = \frac{3}{2 \cdot 2} = \frac{3}{4} \text{ oder } \frac{18}{24} = \frac{18:6}{24:6} = \frac{3}{4}.$$

Man berechnet den ggT als Produkt aller Primfaktoren, die in beiden Zahlen gemeinsam auftreten, wie im obigen Beispiel zu erkennen: ggT(18;24) = 2 · 3 = 6. Alternativ gibt es noch den so genannten „euklidischen Algorithmus".

Letzterer ist eine hübsche Beschäftigungstherapie ohne wirklichen Erkenntnisgewinn, aus Zeitgründen manchmal noch unterrichtet, aber kaum noch geübt. Darf nach der Klassenarbeit getrost vergessen werden. Falls Sie es unbedingt wissen wollen: Im Mathebuch Ihrer Kinder oder in einem seriöseren Mathelexikon (als diesem) ist er bestimmt erklärt.

## Gleichheitszeichen

Sieht aus wie ein Gleichheitszeichen: „=". Hat aber unterschiedliche Bedeutungen. Auf dem *Taschenrechner* heißt es: „Rechne nun das Ergebnis aus". Man tippt „944 – 317 =" und bekommt im Display 627 angezeigt. Hoffentlich.

In der *Mathematik* heißt es, dass das, was links davon steht, gleich dem ist, was rechts davon steht. Das Ganze nennt man dann eine Gleichung. Zum Beispiel $0{,}75 = \frac{3}{4}$. Mit dem mathematischen Gleichheitszeichen kann man auch lügen: $0{,}75 = 0{,}57$. Das ist zwar auch eine Gleichung, aber eine falsche.

Da Lügen nicht zu den Lernzielen des Mathematikunterrichts gehört, sollte man so etwas aber tunlichst vermeiden.

Leider denken die Kids manchmal wie ein Taschenrechner. Schlimmer: und schreiben auch so. Um etwa eine Aufgabe wie ( 944 – 317 ) : 3 zu berechnen, kann man (vor allem, wenn man nicht weiß, dass man bei modernen Taschenrechnern auch Klammern eintippen darf) so vorgehen:

944 – 317 =

Im Display erscheint das Zwischenergebnis 627. Da man das noch durch 3 teilen (dividieren) soll, tippt man nun weiter

: 3 =

und bekommt angezeigt: 209.

Korrekt ist also die Rechnung: ( 944 – 317 ) : 3 = 209.

Wer die Rechnung aber schrittweise aufschreibt, wie man sie in den Taschenrechner eintippt (und das ist leider recht verbreitet), würde notieren (unsichtbare Atempause hinter 627):

944 – 317 = 627 : 3 = 209.

Und das ist falsch, da in der Mathematik links und rechts des Gleichheitszeichens das Gleiche stehen soll. Was aber nicht der Fall ist. Links vom ersten Gleichheitszeichen steht 944 – 317, was 627 ist. Rechts davon steht 627 : 3, was 209 ist. Diese Gleichung behauptet also mit unverfrorener Dreistigkeit, es sei 627 = 209. Das ist aber offensichtlich mathematischer Unfug, wird konsequenterweise als Fehler angestrichen und kann in der Klassenarbeit zu Punktabzügen führen. Fachbegriff: „Missbrauch des Gleichheitszeichens". Fast so schlimm wie Missbrauch geistiger Getränke. Da hilft auch kein Gejammer, die Rechnung sei doch richtig. Eine Rechnung, in der links und rechts des Gleichheitszeichens nicht das Gleiche steht, *ist nicht richtig*! Und da pädagogischer Ethos etwas Falsches nicht stehen lassen kann, muss er es anstreichen.

## Gleichung

Erkennt man daran, dass sie ein Gleichheitszeichen enthält. Beispiel: 5 + 3 = 8. Links und rechts vom Gleichheitszeichen sollte der gleiche Wert stehen. Da 5 + 3 tatsächlich gleich 8 ist, ist die Gleichung richtig (mathematisch: eine wahre Aussage). 5 + 3 = 7 ist auch eine Gleichung (bzw. Aussage), aber eine falsche. 5 + 3 = $x$ ist ebenfalls eine Gleichung, aber richtig oder falsch wird sie erst dadurch, dass man für $x$ eine Zahl einsetzt.

Achtung, noch einmal in aller Deutlichkeit: 5 + 3 = $x$ ist eine *Gleichung*, keine *Rechenaufgabe*! 5 + 3 = ? wäre eine.

Wenn man die Zahl gefunden hat, die man für $x$ einsetzen kann, so dass es eine richtige Gleichung (wahre Aussage) wird, hat man die Gleichung „gelöst".

Im heutigen Mathematikverständnis schreibt man dann auch nicht mehr $x = 8$ (doppelt unterstrichen!) als Lösung hin, denn das ist ja auch nur eine Gleichung (die man immer noch falsch machen kann, indem man für $x$ eine 7 einsetzt), sondern man gibt eine „Lösungsmenge" an (siehe Mengen). Die Lösungsmenge ist die Liste aller Zahlen, die man für $x$ einsetzen kann, um eine wahre Aussage zu erhalten. In diesem Falle geht es nur mit der 8, also ist die Lösungsmenge $L = \{8\}$. Die geschweiften Klammern sagen dem Mathematiker, dass es sich um eine Menge handelt, und das $L$, dass diese Menge die Lösungsmenge ist.

Wenn Ihnen das jetzt wie Haarspalterei vorkommt, mögen Sie Recht haben. Gleichungen in der Algebra sehen allerdings meistens auch etwas komplizierter aus, z.B.

$7 + 6 \cdot x = 19 + 2 \cdot x.$

Erwartet wird natürlich, dass man die Gleichung „löst", d.h. den richtigen Wert für $x$ findet (im Neusprech: Die Lösungsmenge der Gleichung findet). Dazu bedient man sich so genannter Äquivalenzumformungen. Das ist lateinisch für gleichwertig und bedeutet Umformungen, die den Wert von $x$ nicht gefährden: $x$ behält dabei den gleichen Wert.

Am besten stellt man sich dazu vor, dass die beiden Seiten der Gleichung (links und rechts des Gleichheitszeichens) auf Waagschalen liegen, und die Waage ist im Gleichgewicht. Alles, was eine Äquivalenzumformung ist, darf die Waage nicht aus der Balance bringen. Erlaubt ist also z.B., von beiden Waagschalen 7 herunterzunehmen. Dann steht links nur noch $6 \cdot x$ und rechts nur noch $12 + 2 \cdot x$:

$6 \cdot x = 12 + 2 \cdot x.$

Erlaubt wäre jetzt z.B. auch, auf beiden Seiten 18 hinzuzufügen. Dann erhielte man:

$18 + 6 \cdot x = 30 + 2 \cdot x.$

Das ist aber wenig hilfreich, da die Gleichung dadurch nicht einfacher geworden ist. Ziel der Umformungen muss es sein, die Gleichung so lange zu vereinfachen, bis das $x$ auf einer Seite allein steht. Bleiben wir also beim oben schon erreichten

$6 \cdot x = 12 + 2 \cdot x.$

Um das $x$ weiter in die Enge zu treiben, könnte man jetzt auf beiden Seiten $2 \cdot x$ subtrahieren, dann gibt es die Unbekannte $x$ nur noch auf einer Seite:

$4 \cdot x = 12$.

Zuletzt kann man durch 4 teilen (dividieren). Das macht aus $4 \cdot x$ ein einzelnes $x$ und aus 12 eine 3.

$x = 3$,

also $L = \{ 3 \}$. Der ganze Vorgang hier noch einmal als Abfolge von Operationen auf einer Waage demonstriert:

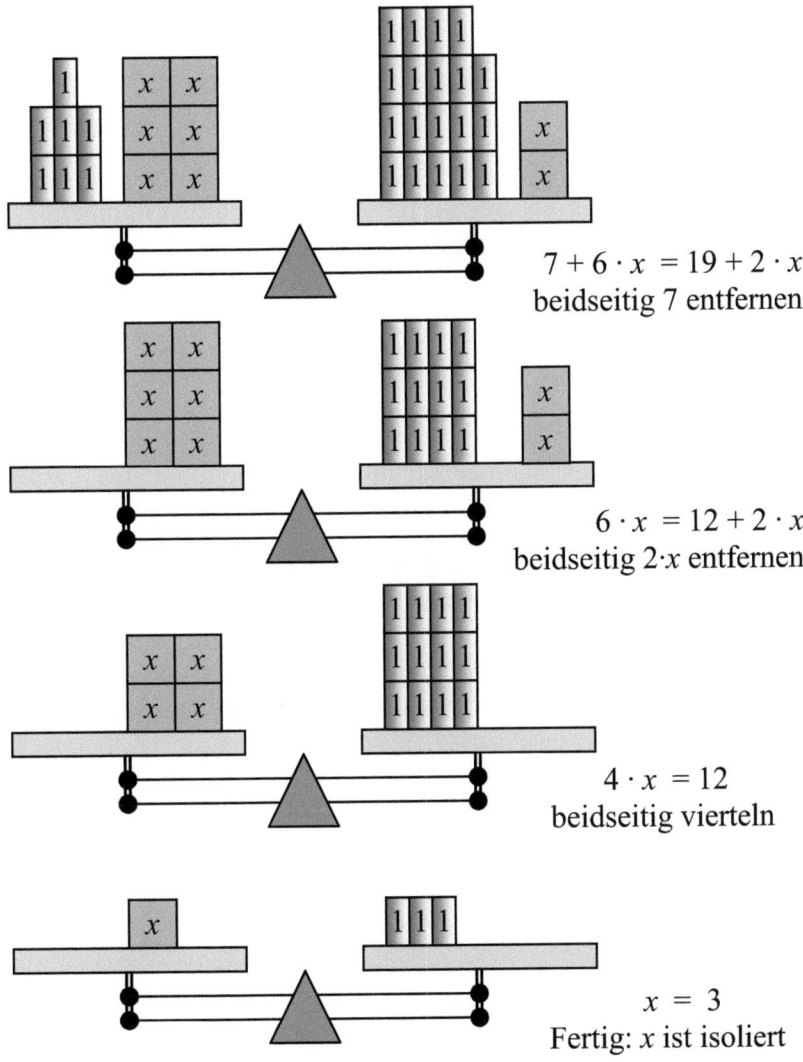

$$7 + 6 \cdot x = 19 + 2 \cdot x$$
beidseitig 7 entfernen

$$6 \cdot x = 12 + 2 \cdot x$$
beidseitig $2 \cdot x$ entfernen

$$4 \cdot x = 12$$
beidseitig vierteln

$$x = 3$$
Fertig: $x$ ist isoliert

Am Ende der Schrittfolge von Äquivalenzumformungen hat man $x$ isoliert und kann mit bloßem Auge erkennen, dass nur die Zahl 3 für $x$ eingesetzt zu einer richtigen Aussage führt.

Und nun noch mal zum Mitschreiben (was für eine Äquivalenzumformung man jeweils zu machen gedenkt, notiert man üblicherweise rechts hinter einem senkrechten Strich):

$$
\begin{aligned}
7 + 6 \cdot x &= 19 + 2 \cdot x && | -7 \\
6 \cdot x &= 12 + 2 \cdot x && | -2 \cdot x \\
4 \cdot x &= 12 && | : 4 \\
x &= 3 \, .
\end{aligned}
$$

Lösungsmenge: $L = \{\, 3 \,\}$.

Manche Lehrkräfte verlangen, für Äquivalenzumformungen $\Leftrightarrow$ zu schreiben. Obiger Lösungsweg liest sich dann so:

$$
\begin{aligned}
& 7 + 6 \cdot x &&= 19 + 2 \cdot x && | -7 \\
\Leftrightarrow \quad & 6 \cdot x &&= 12 + 2 \cdot x && | -2 \cdot x \\
\Leftrightarrow \quad & 4 \cdot x &&= 12 && | : 4 \\
\Leftrightarrow \quad & x &&= 3 \, .
\end{aligned}
$$

Es ist dann am besten, man tut ihnen den Gefallen. Das „$\Leftrightarrow$" kann man dabei als „ist gleichwertig mit" aussprechen.

Mit etwas Einfühlungsvermögen erkennt man, welche Äquivalenzumformung jeweils Erfolg verspricht (und welche nicht). Und noch ein wichtiger Tipp: Jeden Umformungsschritt *einzeln* durchführen, auch wenn es mehr Schreibarbeit ist! Mehrere auf einmal ist nur für Meister, nicht für Lehrlinge.

Noch ein Beispiel gefällig?

$$
\begin{aligned}
& 3 \cdot x + 417 = 7 \cdot x - 290 && | +290 \\
\Leftrightarrow \quad & 3 \cdot x + 707 = 7 \cdot x && | -3 \cdot x \\
\Leftrightarrow \quad & \phantom{3 \cdot x + } 707 = 4 \cdot x && | : 4 \\
\Leftrightarrow \quad & \phantom{3 \cdot x + } 176\tfrac{3}{4} = \phantom{4 \cdot } x
\end{aligned}
$$

Lösungsmenge: $L = \{\, 176\tfrac{3}{4} \,\}$.

Ob das $x$ am Ende links oder rechts steht, ist egal, Hauptsache, es steht allein. Auch $x$ kann gefahrlos addiert oder subtrahiert werden; wenn man von sieben $x$-en drei $x$-e wegnimmt, bleiben eben vier $x$-e übrig, was auch immer $x$ sein mag. Alternativ wäre auch der folgende Lösungsweg zulässig:

$$3 \cdot x + 417 = 7 \cdot x - 290 \quad | -417$$

$$\Leftrightarrow 3 \cdot x \quad\quad = 7 \cdot x - 707 \quad | -7 \cdot x$$

$$\Leftrightarrow -4 \cdot x \quad\quad = -707 \quad\quad\quad | :(-4)$$

$$\Leftrightarrow \quad x \quad\quad = 176\tfrac{3}{4}$$

Lösungsmenge: $L = \{\ 176\tfrac{3}{4}\ \}$.

Wem allerdings das Rechnen mit negativen Zahlen (minus durch minus ist plus und solcher Schweinkram) ein Gräuel ist, der sollte von diesem Lösungsweg lieber die Finger lassen und den anderen vorziehen.

Es kann durchaus vorkommen, dass es mehrere Lösungen einer Gleichung gibt. Lesen Sie unter „quadratische Gleichung" nach und/oder folgen Sie mir bei der nachstehenden kleinen Demonstration:

$$7 \cdot x - x^2 = 10.$$

Lösen durch Ausprobieren ist zwar eigentlich verpönt, geht aber auch (wenn man viel Zeit hat). Wir setzen der Reihe nach verschiedene Zahlen für $x$ ein und gucken, was passiert:

| $x$ | eingesetzt in $7 \cdot x - x^2 = 10$ | ausgerechnet | wahr? |
|---|---|---|---|
| 0 | $7 \cdot 0 - 0^2 = 10$ | $0 = 10$ | nein |
| 1 | $7 \cdot 1 - 1^2 = 10$ | $6 = 10$ | nein |
| 2 | $7 \cdot 2 - 2^2 = 10$ | $10 = 10$ | ja |
| 3 | $7 \cdot 3 - 3^2 = 10$ | $12 = 10$ | nein |
| 4 | $7 \cdot 4 - 4^2 = 10$ | $12 = 10$ | nein |
| 5 | $7 \cdot 5 - 5^2 = 10$ | $10 = 10$ | ja |
| 6 | $7 \cdot 6 - 6^2 = 10$ | $6 = 10$ | nein |
| 7 | $7 \cdot 7 - 7^2 = 10$ | $0 = 10$ | nein |

Damit haben wir zwei Lösungen gefunden: Mit 2 und mit 5 an der Stelle von $x$ wird die Gleichung richtig, also sind 2 und 5 Lösungen. Weitere gibt es übrigens nicht, das müssen Sie jetzt mal glauben (oder eine Nacht lang weiterprobieren). Man notiert dann:

Lösungsmenge: $L = \{ 2 ; 5 \}$.

Ja, bitte mit Semikolon! In der Schreibweise $L = \{ 2 , 5 \}$ könnte der Irrtum aufkommen, es gäbe nur *eine* Lösung, nämlich 2,5.

Es kann auch vorkommen, dass eine Gleichung gar keine Lösung hat. Beispielsweise: $0 \cdot x = 7$.

Da können Sie sich auf den Kopf stellen, was auch immer Sie für $x$ einsetzen, es wird links eine Null stehen und rechts eine 7, das wird nie eine wahre Aussage. Also gibt es keine Lösung. Kultiviert aufgeschrieben heißt das dann nicht „geht nicht" (denn wie ein Baumarkt sagt: geht nicht gibt's nicht), sondern:

Lösungsmenge: $L = \{ \}$.

Man erinnert sich: Die Lösungsmenge ist die Liste aller Zahlen, die man für $x$ einsetzen kann, um eine wahre Aussage zu erhalten. Da es solche Zahlen aber in diesem Falle nicht gibt, kann man keine in die Liste schreiben. Also steht in den geschweiften Klammern eben nichts drin. Die Klammern stehen trotzdem da, denn es ja ist nichtsdestoweniger eine Menge. Allerdings eine leere. So wie ein Portemonnaie ohne Geld immer noch ein Portemonnaie ist. Nur eben ein leeres.

## Gleichungssystem

Wie Gleichung, nur schlimmer. Hat man es bei einer normalen Gleichung mit einer Unbekannten (meist $x$ genannt) zu tun, so sind es bei einem Gleichungssystem gleich mehrere ($x$ und $y$, oder, wenn es ganz schlimm kommt, $x$, $y$ und $z$). Faustregel: Um die Lösung zu finden, braucht man ebenso viele Gleichungen wie Unbekannte.

Das klappt nicht immer, manchmal sehen die Gleichungen mehr aus als sie sind. $x + y = 2$ und $2 \cdot x + 2 \cdot y = 4$ sind nicht wirklich zwei Gleichungen, sondern nur eine, weil die zweite nur die erste verdoppelt und somit keine neuen Erkenntnisse bringt.

Die Gleichungen werden mit römischen Zahlen nummeriert oder mit eckigen Klammern umgeben, um sie als zusammengehöriges Gleichungssystem zu kennzeichnen. Beispiel:

I $\quad y = 7 - x$
II $\quad y = x + 3$
$\qquad$ oder $\qquad$
$$\left[ \begin{array}{c} y = 7 - x \\ y = x + 3 \end{array} \right]$$

Im Unterricht spielen nur *lineare* Gleichungssysteme (wie dieses hier) eine Rolle; bei nichtlinearen kämen auch noch so schreckliche Dinge wie $x^2$ darin vor.

Es gibt (mindestens) vier verschiedene Lösungsverfahren für lineare Gleichungssysteme, von denen jedes seine Stärken und Schwächen hat. Oft werden gar nicht alle unterrichtet. Sie heißen

> Gleichsetzungsverfahren,
> Einsetzungsverfahren,
> Additionsverfahren,
> Determinantenverfahren.

Wie auch bei den quadratischen Gleichungen (siehe dort) kann man sich durch geschickte Wahl des Verfahrens manchmal das Leben vereinfachen.

*1. Gleichsetzungsverfahren:*

Am besten anwendbar, wenn beide Gleichungen schon nach $x$ oder $y$ aufgelöst dastehen.

I $\qquad y = 7 - x$
II $\qquad y = x + 3$

Beide sind nach $y$ aufgelöst. Da im Falle der richtigen Lösung das $y$ aus I gleich dem $y$ aus II ist, sind dann auch die rechten Seiten gleich. Das führt zu

$7 - x = x + 3$.

Jetzt ist es nur noch *eine* Gleichung mit nur noch *einer* Unbekannten und wird gelöst wie eine Gleichung eben gelöst wird (siehe Gleichung):

$$7 - x = x + 3 \qquad | -3$$
$$4 - x = x \qquad | +x$$
$$4 = 2 \cdot x \qquad | :2$$
$$2 = x$$

Jetzt vor lauter Freude über die gefundene Lösung bitte nicht vergessen, dass auch noch $y$ gesucht war. Dazu einfach das gefundene $x$ in eine der ursprünglichen Gleichungen einsetzen:

in I: $y = 7 - x = 7 - 2 = 5$.

Wenn alles mit rechten Dingen zugeht, ergibt die zweite Gleichung dieselbe Lösung. Kann als Probe dienen.

in II: $y = x + 3 = 2 + 3 = 5$.

Gleichungen haben Lösungsmengen. Gleichungssysteme auch. Es wäre doch sehr schade, nach erfolgreicher Rechnung durch Schlamperei an dieser Stelle noch Punktabzüge zu riskieren. Also aufgepasst: Da die *eine* Lösung aus *zwei* Zahlen besteht, gehört in die Lösungsmenge das aus ihnen gebildete *Paar*:

$L = \{ ( 2 ; 5 ) \}$ .

Die äußeren - geschweiften - Klammern { } stehen dafür, dass es eine Menge ist (siehe Mengen). Die inneren - runden - Klammern ( ) umschließen das Zahlenpaar, das die Lösung darstellt. Die Zahlen stehen in der Reihenfolge des Alphabets: $x$ zuerst, dann $y$.

$L = ( 2 ; 5 )$ wäre falsch, denn es ist keine Menge. $L = \{ 2 ; 5 \}$ wäre auch falsch, denn es ist zwar eine Menge, enthält aber zwei einzelne Zahlen und kein Zahlenpaar.

*2. Einsetzungsverfahren:*

Empfiehlt sich, wenn wenigstens eine der Gleichungen nach $x$ oder $y$ aufgelöst dasteht.

I $\quad\quad 2 \cdot x + 3 \cdot y = 32$

II $\quad\quad\quad\quad\quad x = y - 4$

Da im Falle der richtigen Lösung das $x$ aus I gleich dem $x$ aus II ist, kann das $x$ aus II für das $x$ aus I eingesetzt werden. Das $x$ aus II ist aber gleich $y - 4$. Also in I:

$2 \cdot (y - 4) + 3 \cdot y = 32.$

Jetzt ist es nur noch *eine* Gleichung mit nur noch *einer* Unbekannten und wird gelöst wie eine Gleichung eben gelöst wird (siehe Gleichung, T = Termumformung, siehe dort):

$2 \cdot (y - 4) \quad + 3 \cdot y = 32 \quad$ | T (Klammer ausmultiplizieren)

$2 \cdot y - 2 \cdot 4 + 3 \cdot y = 32 \quad$ | T ($2 \cdot 4$ ausrechnen)

$2 \cdot y - 8 \quad + 3 \cdot y = 32 \quad$ | T ($2 \cdot y + 3 \cdot y$ zusammenfassen)

$5 \cdot y - 8 \quad\quad\quad\quad = 32 \quad$ | +8

$5 \cdot y \quad\quad\quad\quad\quad = 40 \quad$ | :5

$y \quad\quad\quad\quad\quad\quad = 8.$

Jetzt wiederum vor lauter Freude über die gefundene Lösung bitte nicht vergessen, dass auch noch $x$ gesucht war. Dazu den gefundenen $y$-Wert in die Gleichung einsetzen, die den schnellsten Erfolg verspricht, in diesem Falle in II (in I ginge zwar auch, wäre aber höchst ungeschickt, da man dann ja *noch* eine Gleichung auflösen müsste):

in II: $x = y - 4 = 8 - 4 = 4.$

Lösungsmenge also: $L = \{\ (\ 4\ ;\ 8\ )\ \}.$

Falls überhaupt keine Gleichung nach $x$ oder $y$ aufgelöst ist, kann man sich die Mühe machen, zumindest eine von ihnen in Handarbeit aufzulösen, und dann wie oben. Alternativ gibt es aber noch die beiden anderen erwähnten Methoden.

*3. Additionsverfahren:*

Das Universalverfahren für alle übrigen Fälle. Leider auch das fehlerträchtigste. Ich erspare es Ihnen und zeige Ihnen gleich das (hierauf beruhende, aber gebrauchsfertig schematisierte)...

*4. Determinantenverfahren:*

Das ist ebenfalls universell, aber „instant, zum Aufgießen" wie Tütensuppe. Somit kann man kaum etwas falsch machen, wenn man sich nur getreulich an Schritt 1 bis 4 der Gebrauchsanweisung hält (vgl. Reinhard Mey: Das Geheimnis im Hefeteig). Vertrauen Sie mir, tun Sie's einfach. Lesen Sie aber vorher den Abschnitt über „Determinanten". Beispiel:

| I | $x + 9 \cdot y$ | $= 21$ |
|---|---|---|
| II | $y - 3 \cdot x - 14 =$ | $0$ |

Schritt 1: Sortieren. $x$- und $y$-Terme nach links, reine Zahlen ohne $x$ und $y$ (aka Konstanten) nach rechts sortieren. Im Beispiel steht I schon richtig, II wird noch umgeformt:

| II | $y - 3 \cdot x - 14 =$ | $0$ | $\mid +14$ |
|---|---|---|---|
| II | $y - 3 \cdot x$ | $= 14$ | |

Jetzt links die $x$- und $y$-Terme nach dem Alphabet sortieren. I steht zufällig schon wieder richtig, II wird umsortiert (Achtung: gegebenenfalls Minuszeichen beim Sortieren mitnehmen!)

| I | $x + 9 \cdot y$ | $= 21$ |
|---|---|---|
| II | $-3 \cdot x +\quad y$ | $= 14$ |

Schritt 2: Koeffizienten. Jetzt die puren Zahlen (ohne die dranhängenden $x$ und $y$; man nennt sie Koeffizienten, in Worten: Ko-ef-fi-zi-en-ten) im Karree rausschreiben. Achtung: Wo scheinbar keine Zahl steht, steht eine 1. $x$ ist so viel wie $1 \cdot x$, $y$ ist so viel wie $1 \cdot y$; eventuelle Minuszeichen mitnehmen:

| 1 | 9 | 21 |
|---|---|---|
| -3 | 1 | 14 |

Schritt 3: Determinanten. Aus den *linken zwei* Spalten die Determinante D berechnen („Nennerdeterminante"):

$$D = \begin{vmatrix} 1 & 9 \\ -3 & 1 \end{vmatrix} = 1 \cdot 1 \ - \ (-3) \cdot 9 = 1 + 27 = 28 \ .$$

Es folgt die Berechnung der „Zählerdeterminanten". *Erste* Spalte durch *rechte* Spalte ersetzen. Die erste Spalte stammte von den $x$-Termen, daher ergibt dies die Determinante $D_x$:

$$D_x = \begin{vmatrix} 21 & 9 \\ 14 & 1 \end{vmatrix} = 21 \cdot 1 - 14 \cdot 9 = 21 - 126 = -105.$$

*Zweite* Spalte durch *rechte* Spalte ersetzen. Die zweite Spalte stammte von den $y$-Termen, dies ergibt die Determinante $D_y$:

$$D_y = \begin{vmatrix} 1 & 21 \\ -3 & 14 \end{vmatrix} = 1 \cdot 14 - (-3) \cdot 21 = 14 + 63 = 77.$$

Schritt 4: $x$ und $y$ berechnen. Das ist jetzt nur noch ein kleiner Schritt für einen Menschen, aber ein großer für die Menschheit:

$$x = \frac{D_x}{D} = \frac{-105}{28} = -3{,}75;$$

$$y = \frac{D_y}{D} = \frac{77}{28} = 2{,}75.$$

Lösungsmenge: $L = \{\, (\, -3{,}75 \,;\, 2{,}75 \,) \,\}$. Fertig.

Da sich jedes Gleichungssystem nach obigen Regeln sortieren lässt, kann auch jedes Gleichungssystem nach dem Determinantenverfahren gelöst werden. Die Kanone unter den Lösungsverfahren. Wenn einem gar nichts anderes einfällt, holt es zur Not auch Spatzen runter. Dazu noch einmal das Anfangsbeispiel:

I $\quad y = 7 - x$
II $\quad y = x + 3$

Sortieren ($x$ und $y$ nach links, Konstanten nach rechts):

I $\quad y = 7 - x \qquad | + x$
II $\quad y = x + 3 \qquad | - x$

I $\quad y + x = 7$
II $\quad y - x = 3$

Sortieren (nach Alphabet, dabei Minuszeichen mitnehmen):

I $\quad y + x = 7 \qquad | \,T$ (= Termumformung: Reihenfolge)
II $\quad y - x = 3 \qquad | \,T$

Ergibt:

I $\quad x + y = 7$

II $\quad -x + y = 3$

Koeffizienten:

$$
\begin{array}{ccc}
1 & 1 & 7 \\
-1 & 1 & 3
\end{array}
$$

Determinanten:

$$D = \begin{vmatrix} 1 & 1 \\ -1 & 1 \end{vmatrix} = 1 \cdot 1 - (-1) \cdot 1 = 1 + 1 = 2 \; ;$$

$$D_x = \begin{vmatrix} 7 & 1 \\ 3 & 1 \end{vmatrix} = 7 \cdot 1 - 3 \cdot 1 = 7 - 3 = 4 \; ;$$

$$D_y = \begin{vmatrix} 1 & 7 \\ -1 & 3 \end{vmatrix} = 1 \cdot 3 - (-1) \cdot 7 = 3 + 7 = 10 \; .$$

Lösung:

$$x = \frac{D_x}{D} = \frac{4}{2} = 2; \qquad y = \frac{D_y}{D} = \frac{10}{2} = 5.$$

$L = \{ \, ( \, 2 \, ; 5 \, ) \, \}.$

Führt auch zur Lösung, aber vergleichen Sie den Aufwand!

Ab drei Gleichungen mit drei Unbekannten würde ich mich allerdings auf keine Diskussion einlassen, sondern gleich das Determinantenverfahren wählen.

Hinweis: Falls das Gleichungssystem fies ist, hat es keine ordentliche Lösung (Tatsächlich, das kommt vor; mehr hierzu unter dem Stichwort „Schnittpunkte"), Sie merken das daran, dass $D = 0$ ist. Da man durch 0 nicht dividieren kann, lassen sich $x = \dfrac{D_x}{D}$ und $y = \dfrac{D_y}{D}$ in dem Falle nicht berechnen. Wenn dann $D_x$ und $D_y$ *auch noch* gleich 0 sind, ist die Lösung „unbestimmt" (Es gibt unendlich viele; mehr hierzu ebenfalls unter dem Stichwort „Schnittpunkte"). Ist hingegen $D = 0$, aber

$D_x$ und $D_y$ ungleich 0, dann gibt es gar keine. Dann ist natürlich $L = \{\ \}$. Zur Demonstration:

I $\qquad x + \quad y = 2$

II $\qquad 2 \cdot x + 2 \cdot y = 4$

Koeffizienten:

$$\begin{array}{ccc} 1 & 1 & 2 \\ 2 & 2 & 4 \end{array}$$

Determinanten:

$$D = \begin{vmatrix} 1 & 1 \\ 2 & 2 \end{vmatrix} = 1 \cdot 2 - 2 \cdot 1 = 2 - 2 = 0\ ;$$

$$D_x = \begin{vmatrix} 2 & 1 \\ 4 & 2 \end{vmatrix} = 2 \cdot 2 - 4 \cdot 1 = 4 - 4 = 0\ ;$$

$$D_y = \begin{vmatrix} 1 & 2 \\ 2 & 4 \end{vmatrix} = 1 \cdot 4 - 2 \cdot 2 = 4 - 4 = 0\ .$$

Also unbestimmt, unendlich viele Lösungen. Sie können ja mal versuchen, ein paar davon zu finden.

Vorschlag: $x = 1$ und $y = 1$. Oder $x = 0$ und $y = 2$. Oder...

Und übrigens nicht erschrecken: $D_x$ oder $D_y$ können durchaus 0 werden, ohne dass das schlimm wäre. Dann ist eben die Lösung für $x$ bzw. für $y$ gleich $\frac{0}{D}$, also gleich 0. Das ist ja nicht verboten. Solange nur $D$ nicht *auch noch* 0 ist.

### Größe

Eine Größe ist in der Mathematik alles, was man irgendwie messen kann: Länge, Breite, Höhe, Fläche, Gewicht, Geschwindigkeit, Benzinverbrauch, Body Mass Index. Eine Größe heißt auch dann Größe, wenn sie ganz klein ist, wie z.B. die Größe eines Atoms.

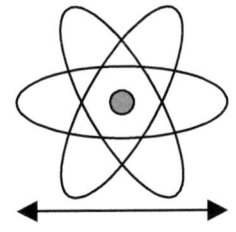

Mathematiker kürzen Größen mit einem Buchstaben ab: $h$ statt Höhe, $b$ statt Breite, $l$ statt Länge. Vorzugsweise mit wirklich nur *einem* Buchstaben. *BMI* für Body Mass Index ist eigentlich schon kritisch. Der Grund hierfür ist, dass Mathematiker in einer fachinternen Verschwörung vereinbart haben, überflüssige Multiplikationszeichen wegzulassen. Sie schreiben also für Länge mal Breite mal Höhe gern „$l\ b\ h$" statt „$l \cdot b \cdot h$". Das führt dazu, dass „$BMI$" versehentlich als Multiplikation „$B \cdot M \cdot I$" missverstanden werden könnte.

Sollten sich mehrere Buchstaben nicht vermeiden lassen, z.B. wenn die Breite eines Dachstuhls oben eine andere ist als unten, so schreibt man für Breite oben und Breite unten nicht $bo$ und $bu$, sondern legt den zweiten (und ggf. alle folgenden) Buchstaben tiefer: $b_o$ und $b_u$. So einen tiefergelegten Buchstaben (oder auch eine tiefergelegte Zahl, wie etwa bei $x_1$ und $x_2$) nennt man dann einen Index (Plural: Indizes).

Wie groß eine Größe nun wirklich ist („der Wert" der Größe) wird mit Maßzahl und Maßeinheit angegeben: $b_o = 3$ m, $b_u =$ 5 m heißt, dass der Dachstuhl oben 3 m und unten 5 m breit ist. 3 und 5 sind die Maß*zahlen*, m (= Meter) ist die Maß*einheit*.

Da es sowohl mehr Größen als auch mehr Maßeinheiten gibt, als das Alphabet Buchstaben hat, weicht man ggf. auf griechische Buchstaben aus. Zudem kommt es vor, dass der gleiche Buchstabe als Größe eine andere Bedeutung hat denn als Maßeinheit. Ein t kann für die Größe Zeit (Tempus) stehen, aber auch für die Maßeinheit Tonne. Ein m kann für die Größe Masse (vulgo Gewicht) stehen, aber auch für die Maßeinheit Meter. Ein s kann für die Größe Strecke stehen, aber auch für die Maßeinheit Sekunde. Zur Unterscheidung achte man darauf, ob es eine Maßzahl gibt. Wenn ja, ist es eine Maßeinheit. $t = 5$ s bedeutet demnach, dass die Zeit (welche auch immer) 5 Sekunden lang ist, denn bei dem s steht eine 5 als Maßzahl, also ist das s eine Maßeinheit.

Probieren Sie es mal selbst: $s = 7$ m; $m = 28$ t; $t = 19$ s.

Lösung (in dieser Reihenfolge): Strecke gleich 7 Meter; Masse gleich 28 Tonnen; Zeit gleich 19 Sekunden. Sie sehen: es ist gar nicht so schwer (In diesem Buch ist es *noch* einfacher, da sind Größen *kursiv* gesetzt, Maßeinheiten dagegen gerade).

Pingelige Mathematiklehrkräfte bestehen darauf, dass bei einer Rechnung mit Größen sowohl die Maßzahlen als auch die Maßeinheiten mitgeführt werden, z.B. beim Rauminhalt (*V* wie Volumen) eines Quaders, das ja aus Länge mal Breite mal Höhe berechnet wird, sei $l = 3$ m, $b = 4$ m und $h = 5$ m; dann ist $V = l \cdot b \cdot h = 3$ m $\cdot 4$ m $\cdot 5$ m $= 60$ m³. Und nicht $V = 3 \cdot 4 \cdot 5 = 60$. Im Prinzip nicht unschlau, denn eine Volumenangabe von 60 kann 60 Kubikmeter oder 60 Liter oder 60 Kubikzentimeter bedeuten. Ohne die Maßeinheit wäre man daher so unwissend, als habe man gar nicht gerechnet, und dann war die ganze Mühe für die Katz. Natürlich ist das Mitschleppen der Maßeinheiten lästig. Ein Tipp dazu siehe unter Maßeinheiten.

## Grundrechenarten

Sie sollten in der Grundschule gelernt werden, daher vermutlich der Name. Es gibt derer vier Stück:

> > *Plus* (Addition), Taste + auf dem Taschenrechner.

> > *Minus* (Subtraktion), Taste – auf dem Taschenrechner.

> > *Mal* (Multiplikation), Taste x auf dem Taschenrechner, Taste * beim Computer, im deutschen Sprachraum aber normalerweise mit · bezeichnet.

> > *Geteilt* (Division), Taste ÷ auf dem Taschenrechner, Taste / beim Computer, im deutschen Sprachraum aber normalerweise mit : bezeichnet.

Das schriftliche Rechnen in den Grundrechenarten gehörte mal (wie die Currywurst) zu den Kulturgütern dieses Planeten. Und kostet kein Geld, braucht keinen Kurator und kann nicht von Terroristen in die Luft gesprengt werden. Sie erinnern sich noch?

*1. Schriftliche Addition:*

Zum schriftlichen Addieren und Subtrahieren sollte man im Zahlenraum bis 20 sicher im Kopf rechnen können.

$$
\begin{array}{r}
4\,3\,6 \\
+\,3\,9\,1 \\
\hline
{\scriptstyle 1} \\
\hline
8\,2\,7
\end{array}
$$

Man addiert die Stellen einzeln von hinten nach vorn. Wird dabei 10 überschritten, so gibt es eine 1 als Übertrag in die nächste Stelle. Früher war die 1 „im Sinn", heute schreibt man sie hin.

$6+1 \quad = 7$

$3+9 \quad = \underline{1}2 \quad$ (Übertrag $\underline{1}$)

$4+3+\underline{1}= 8$

Übrigens: Hierbei ist kariertes Papier *echt* hilfreich, um mit den Stellen nicht zu verrutschen...

*2. Schriftliche Subtraktion:*

Dito (Vor 100 Jahren hieß der Übertrag noch „geborgt").

$$
\begin{array}{r}
9\,4\,1 \\
-\,5\,2\,2 \\
\hline
{\scriptstyle 1} \\
\hline
4\,1\,9
\end{array}
$$

Man subtrahiert die Stellen einzeln von hinten nach vorn. Ist die obere Zahl zu klein, stellt man eine 1 als Übertrag voran, die man in der nächsten Stelle mit subtrahiert.

$\underline{1}1-2 \quad = 9 \quad$ (oder $2+9=\underline{1}1$) (Übertrag $\underline{1}$)

$4-2-\underline{1}=1 \quad$ (oder $\underline{1}+2+1= 4$)

$9-5 \quad = 4 \quad$ (oder $5+4= 9$)

*3. Schriftliche Multiplikation:*

Kann auf die schriftliche Addition zurückgeführt werden. Und (lachen Sie nicht) wird von verzweifelten Kids auch:

$$
7 \cdot 32 = ?
$$

$$
\begin{array}{r}
32 \\
+\,32 \\
+\,32 \\
+\,32 \\
+\,32 \\
+\,32 \\
+\,32 \\
\hline
224
\end{array}
$$

Die offizielle Methode bedient sich der Kunst des Klammerauflösens (siehe auch unter Terme ausmultiplizieren):

$7 \cdot 32 = 7 \cdot (30 + 2) = 7 \cdot 30 + 7 \cdot 2 = 210 + 14 = 224.$

Das erfordert allerdings die Beherrschung des kleinen Einmaleins und wird in verkürzter Form beispielsweise (je nach pädagogischer Schule) wie folgt notiert:

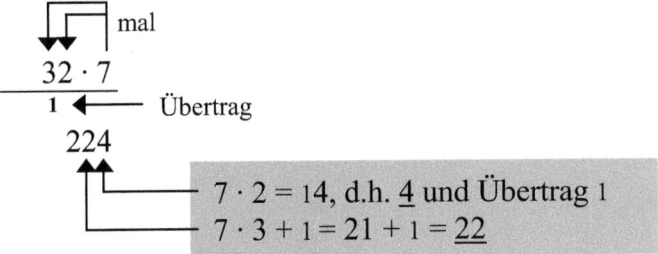

$$\frac{\begin{array}{r} 7 \cdot 32 \\ 21 \\ + \quad 14 \end{array}}{224}$$

$3 \cdot 7 = 21,$ eigentlich $30 \cdot 7 = 210$
$2 \cdot 7 = 14$

Sie dürfen statt dessen natürlich auch $32 \cdot 7$ rechnen:

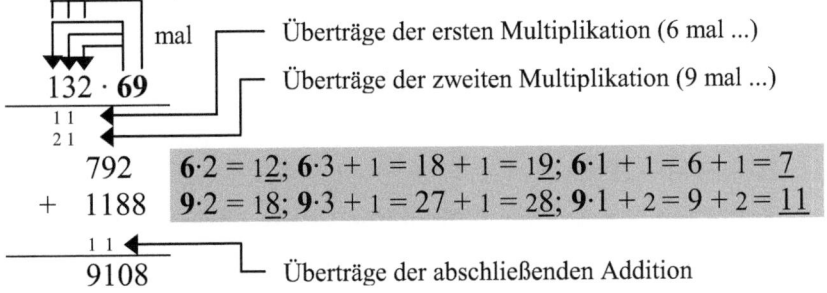

mal

$$\frac{32 \cdot 7}{1} \quad \longleftarrow \quad \text{Übertrag}$$

$$224$$

$7 \cdot 2 = 14,$ d.h. $\underline{4}$ und Übertrag 1
$7 \cdot 3 + 1 = 21 + 1 = \underline{22}$

Das Notieren des Übertrags ist in der Schule verpönt, man soll ihn eigentlich nur im Kopf behalten (also nun doch „im Sinn"). In der Tat wird der Platz für den Übertrag eng, wenn der zweite Faktor mehrstellig ist. Scheuen Sie sich nicht, ihn trotzdem hinzuschreiben; lassen Sie nur hinreichend Platz dafür, z.B.:

mal ⌐ Überträge der ersten Multiplikation (6 mal ...)
⌐ Überträge der zweiten Multiplikation (9 mal ...)

$$132 \cdot \mathbf{69}$$
$$\begin{array}{r} 1\ 1 \\ 2\ 1 \end{array}$$

$$\begin{array}{r} 792 \\ + \quad 1188 \end{array}$$

$6 \cdot 2 = 1\underline{2};\ 6 \cdot 3 + 1 = 18 + 1 = 1\underline{9};\ 6 \cdot 1 + 1 = 6 + 1 = \underline{7}$
$9 \cdot 2 = 1\underline{8};\ 9 \cdot 3 + 1 = 27 + 1 = 2\underline{8};\ 9 \cdot 1 + 2 = 9 + 2 = \underline{11}$

$$\frac{\begin{array}{r} 1\ 1 \end{array}}{9108}$$

└ Überträge der abschließenden Addition

Die Rechnung erfolgt jeweils von rechts nach links. Da dies ein gedrucktes Buch ist, kann ich Ihnen leider nicht durch bewegte Bilder und farbiges Aufleuchten zeigen, welche Rechnung in welcher Reihenfolge zu geschehen hat und welche Zahlen zusammengehören. Ich kann nur appellieren, dass Sie sich die Zeit nehmen, die Rechnung konzentriert nachzuvollziehen.

Bei Kommazahlen ignorieren Sie das Komma zunächst und setzen es im Ergebnis so, dass es so viele Nachkommastellen gibt, wie die Faktoren insgesamt haben. Beispiel:

1,32 (zwei Nachkommastellen) · 6,9 (eine Nachkommastelle) = 9,108 (zwei + eins = drei Nachkommastellen).

Denn $1{,}32 = \dfrac{132}{100}$ und $6{,}9 = \dfrac{69}{10}$, also $\dfrac{132}{100} \cdot \dfrac{69}{10} = \dfrac{9108}{1000} = 9{,}108$.

Obacht: Eine eventuelle Null am Ende wird dabei mitgezählt! Es ist 195 · 34 = 6630. Also ist 19,5 · 0,34 = 6,630.

*4. Schriftliche Division:*

Kann in der verzweifelten Notfallvariante auf die schriftliche Subtraktion zurückgeführt werden. In dieser Form übrigens trotz allem ganz nützlich (siehe weiter unten):

| 980 : 196 = ? | | |
|---|---|---|
| | 980 | |
| | − 196 | 1 mal |
| | 784 | |
| | − 196 | 2 mal |
| | 588 | |
| | − 196 | 3 mal |
| | 392 | |
| | − 196 | 4 mal |
| | 196 | |
| | − 196 | 5 mal |
| | 0 | Fertig, ging 5 mal. |

Also 980 : 196 = 5.

Sollte bei der letzten Subtraktion etwas übrig bleiben, nennt man es den Divisionsrest.

Die offizielle Methode setzt etwas mehr Kopfrechnen voraus und kommt bisweilen nicht ohne Probieren aus (weitere erläuterte Beispiele übrigens unter: periodisch):

980 : 196 = ?     Überschlagsrechnung 1000 : 200 = 5
(siehe auch unter Überschlagsrechnung)

$$980 : 196 = \underline{5}$$
$$-\underline{980}$$
$$0$$

980 : 196 geht **5** mal.
5 · 196 ist 980. Wird subtrahiert.
Rest 0. Division geht auf. Fertig.

Also 980 : 196 = 5.

775 : 195 = ?  Überschlagsrechnung 800 : 200 = 4

$$775 : 195 = \underline{4}$$
$$-\underline{780}$$
zu groß

775 : 195 geht **4** mal.
4 · 195 = 780. Wird subtrahiert.
Geht nicht. 780 ist größer als 775.

775 : 195 ging *doch nicht* 4 mal. Neuer Versuch, jetzt mit 3 statt 4:

$$775 : 195 = \underline{3}$$
$$-\underline{585}$$
$$190$$

775 : 195 geht **3** mal.
3 · 195 ist 585. Wird subtrahiert.
Rest 190.

Also 775 : 195 = 3 Rest 190.

Statt einen Divisionsrest hinzuschreiben, kann man hinter der 3 ein Komma setzen und dann mit den Nachkommastellen (hier also mit den Nullen von 775,00...) weiterrechnen.

$$775 : 195 = \underline{3,97...}$$
$$-585$$
$$1900$$
$$-1755$$
$$1450$$
$$-1365$$
$$850 \quad \text{usw.}$$

775 : 195 geht **3** mal.
3 · 195 ist 585. Wird subtrahiert.
Rest 190. Nächste Stelle 0. **Komma setzen**. 1900:195 geht **9** mal.
9 · 195 ist 1755. Wird subtrahiert.
Rest 145. Nächste Stelle 0. 1450 : 195 geht **7** mal.
7 · 195 ist 1365. Wird subtrahiert.
Rest 85. Nächste Stelle 0. 850 : 195 und so weiter...

Sowie das Komma überschritten wird, setzt man es im Ergebnis.

$$293,4 : 6 = \underline{48,9}$$
$$-24$$
$$53$$
$$-48$$
$$54$$
$$-54$$
$$0$$

29 : 6 geht **4** mal.
4 · 6 ist 24. Wird subtrahiert.
Rest 5. Nächste Stelle 3. 53 : 6 geht **8** mal.
8 · 6 ist 48. Wird subtrahiert.
Rest 5. Nächste Stelle 4. **Komma setzen**. 54 : 6 geht **9** mal.
9 · 6 = 54. Wird subtrahiert.
Rest 0. Division geht auf. Fertig.

Position des Kommas

Wenn Sie das Komma nicht mögen, können Sie *beide* Zahlen mit 10, 100, 1000... vervielfachen, bis sie kein Komma mehr enthalten. Aus 293,4:6 wird dann 2934:60. Aus 16,25:1,3 wird 1625:130. Volkstümlich: Sie verschieben in beiden Zahlen synchron das Komma nach rechts, bis in beiden Zahlen nichts mehr hinter dem Komma steht. Dann haben Sie ganze Zahlen. Am Ergebnis ändert das nichts, weil Zähler und Nenner mit der gleichen Zahl multipliziert wurden, d.h. es wurde erweitert:

$$\frac{16,25}{1,3} = \frac{16,25 \cdot 100}{1,3 \cdot 100} = \frac{1625}{130}.$$

Durch Erweitern (oder Kürzen) ändert sich der Wert eines Bruches (und somit einer Division) nicht, siehe Bruchrechnung.

| | |
|---|---|
| 1625 : 130 = 12,5 | 162 : 130 geht **1** mal. |
| − 130 | 1 · 130 ist 130. Wird subtrahiert. |
| 325 | Rest 32. Nächste Stelle 5. 325 : 130 geht **2** mal. |
| − 260 | 2 · 130 ist 260. Wird subtrahiert. |
| 650 | Rest 65. Nächste Stelle 0. **Komma setzen.** 650 : 130 geht **5** mal. |
| − 650 | 5 · 130 ist 650. Wird subtrahiert. |
| 0 | Rest 0. Division geht auf. Fertig. |

*Division durch Null:*

Die anfänglich gezeigte inoffizielle Notfallmethode zum Dividieren lehrt auch sehr anschaulich, warum durch 0 nicht dividiert werden kann:

$$
\begin{array}{rl}
15 : 0 = ? \qquad & 15 \\
& \underline{-\ 0} \quad\ \ 1 \text{ mal} \\
& 15 \\
& \underline{-\ 0} \quad\ \ 2 \text{ mal} \\
& 15 \\
& \underline{-\ 0} \quad\ \ 3 \text{ mal} \\
& 15 \\
& \underline{-\ 0} \quad\ \ 4 \text{ mal} \\
& 15 \\
& \underline{-\ 0} \quad\ \ 5 \text{ mal}
\end{array}
$$

Merken Sie was? Ansonsten: Auf Wiedersehen in der Ewigkeit.

Bei dieser Gelegenheit gleich noch: *Division mit Bruchzahlen:*

$2 : \frac{2}{3} = ?$

$$
\begin{array}{r}
2 \\
-\frac{2}{3} \quad \text{1 mal} \\
\hline
1\frac{1}{3} \\
-\frac{2}{3} \quad \text{2 mal} \\
\hline
\frac{2}{3} \\
-\frac{2}{3} \quad \text{3 mal} \\
\hline
0 \quad \text{Fertig, ging 3 mal.}
\end{array}
$$

Also $2 : \frac{2}{3} = 3$. Anders gesagt: $\frac{2}{3}$ ist 3 mal in 2 enthalten. Wobei 3 zugleich auch so viel ist wie $2 \cdot \frac{3}{2}$. Durch einen Bruch wird nämlich dividiert, indem man mit dem Kehrbruch multipliziert! Und deshalb ist $10 : \frac{1}{2}$ auch nicht 5, sondern 20. Selbst wenn manch einer menschlich ebenso wenig darüber hinwegkommt wie darüber, dass minus minus gleich plus ist (siehe Minus).

Die Zahlen, mit denen bei den Grundrechenarten gerechnet wird, haben eigene originelle Namen: Beim Addieren (plus) heißen die zu addierenden Zahlen die Summanden; das Ergebnis nennt man die Summe. Beim Multiplizieren (mal) heißen die einzelnen Zahlen die Faktoren; das Ergebnis nennt man Produkt (z.B. ist 21 das Produkt der Faktoren 3 und 7).

Das Ergebnis beim Subtrahieren (minus) ist die Differenz, das Ergebnis beim Dividieren (geteilt) ist der Quotient. Bei den Bezeichnungen für die einzelnen Zahlen reicht es hier, wenn die Mathelehrkraft sie kennt, die kann sich ohnehin keiner merken.

## Höhensatz

Handelt von der Höhe in einem rechtwinkligen Dreieck. Gehört (zusammen mit einem im Schulunterricht kaum noch vorkommenden so genannten Kathetensatz) zur „Satzgruppe des Pythagoras", wurde durch Euklid aus dem Satz von Pythagoras (zuweilen auch Hypotenusensatz genannt) abgeleitet. Auch der Höhensatz spielt im Schulunterricht kaum noch eine Rolle, könnte aber gern zum Allgemeinwissen gehören.

Der Höhensatz (des Euklid) besagt, dass im rechtwinkligen Dreieck das Quadrat der Höhe den gleichen Flächeninhalt hat wie das Rechteck aus den beiden Hypotenusenabschnitten, in die diese Höhe die Hypotenuse zerteilt: $h^2 = p \cdot q$.

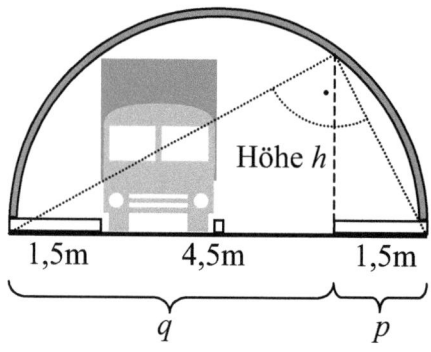

Höhe $h$

1,5m    4,5m    1,5m

$q$         $p$

Berechnet z.B. die maximale Durchfahrtshöhe in einer Unterführung mit einem halbkreisförmigem Querschnitt, siehe Abbildung. Das Dreieck ist rechtwinklig (siehe Thaleskreis), also gilt der Höhensatz. Die Fahrbahn sei 4,5 m breit, daneben je 1,5 m Fußweg.

Gesamtbreite also 4,5 m + 1,5 m + 1,5 m = 7,5 m, davon 6 m links der Höhe und 1,5 m rechts davon; das sind die Hypotenusenabschnitte. Das Rechteck mit diesen Maßen ist $p \cdot q = 1{,}5$ m $\cdot$ 6 m = 9 m$^2$ = $h^2$. Also ist $h = 3$ m ($= \sqrt{9\ \text{m}^2}$ ).

## interaktive Tafel

Sie kennen sicherlich auch den Handelsnamen, den ich hier aber nicht nenne, um nicht in den Verdacht von Schleichwerbung zu geraten. Modernes Medium in modernen Klassenzimmern, bestehend aus einer berührungsempfindlichen Leinwand, auf der man mit einem Griffel herumfährt, einem Computer und einem Beamer. Die Leinwand registriert die Berührung, der Computer errechnet daraus einen Bildpunkt, der mit dem Beamer auf die Leinwand projiziert wird. Im Idealfall erscheint dann ein Punkt an der Stelle, an der der Griffel die Leinwand berührt. Auf diese

Weise hinterlässt der Griffel eine Spur auf der Leinwand, und es entsteht die Illusion, dass man damit schreibt. Da es nur auf die Berührung ankommt, funktioniert es notfalls auch mit dem Finger (Gut zu wissen, falls der Griffel geklaut oder von einer zerstreuten Lehrkraft am Ende der Stunde eingepackt worden ist).

Im Nicht-Idealfall ist die Anlage dejustiert (z.b. weil sich durch Tischerücken im Geschoss darüber der an der Decke befestigte Beamer verdreht hat). Die Schrift erscheint dann nicht da, wo man schreibt, sondern 10 cm daneben. Mit äußerster Konzentration und geschlossenen Augen kann man dann zwar immer noch schreiben, aber z.B. das nachträgliche Unterstreichen eines Wortes wird zur Lachnummer.

Es folgt eine Justierungsprozedur, die Beamer, Computer und Leinwand wieder miteinander synchronisiert. Hochfahren des Computers, Suche nach den Griffeln und Justierungsprozedur füllen ungefähr ein Drittel der Unterrichtsstunde, so dass für die Klasse höchst willkommene Erholungspausen entstehen. Dafür kann man das fertige Kunstwerk am Ende der Stunde abspeichern und hat es beim nächsten Mal wieder zur Hand, so dass man die verlorene Zeit wieder aufholen kann. Außer, wenn der Server des Schulnetzes gerade down ist.

Achtung: Das Schreiben mit Filz- oder Tintenstiften auf der interaktiven Tafel erfordert zwar keinen Computer, keinen Beamer und keine Justierung, nicht einmal Strom, dafür aber hinterher eine verdammt teure Reinigung der Leinwand.


**irrational**

So nennt man Zahlen, die sich nicht als Bruchzahl darstellen lassen, d.h. sie sind kein Verhältnis (ratio = Verhältnis) ganzer Zahlen. Das bedeutet nicht, dass sie „unvernünftig" (ratio = Vernunft) sind, da gibt es ganz andere. Sie sind gewissermaßen nur „unverhältnismäßig". $\sqrt{2}$ oder $\pi$ sind Beispiele für irrationale Zahlen.

Zusammen mit den rationalen Zahlen (als Bruchzahl darstellbaren Zahlen) ergeben die irrationalen Zahlen das volle Programm, mit dem sich der Matheunterricht der Sekundarstufe I (aka Mittelstufe) auseinandersetzt: die reellen Zahlen (siehe Zahlenbereiche).

Die reellen Zahlen kann man noch anders aufteilen; nämlich in solche, die algebraisch sind (wie 5 oder $\sqrt{2}$ ) und solche, die transzendent - nein, *nicht* transzendental! - sind (wie $\pi$).

Alle algebraischen Zahlen sind Lösungen von algebraischen Gleichungen. Das sind Gleichungen der Art $2 \cdot x^3 + 3 \cdot x^2 = 28$ oder $x^2 + 3 \cdot x = 4$ oder so ähnlich (Potenzen von $x$ mit Faktoren davor). $\sqrt{2}$ ist z.B. Lösung der Gleichung $x^2 = 2$. Die rationalen Zahlen sind allesamt auch algebraisch. $\frac{1}{2}$ ist z.B. Lösung der Gleichung $2 \cdot x = 1$. Volkstümlich: Algebraische Zahlen sind rational oder aber irgendwie (in einem recht allgemeinen Sinne) Wurzeln.

Transzendente Zahlen sind gewissermaßen noch etwas irrationaler als Wurzeln, sie sind eben *nicht* Lösungen solcher Gleichungen. Im Rahmen des Mittelstufenunterrichts kann man diesen Unterschied allerdings nicht plausibel machen und versucht es auch gar nicht erst.

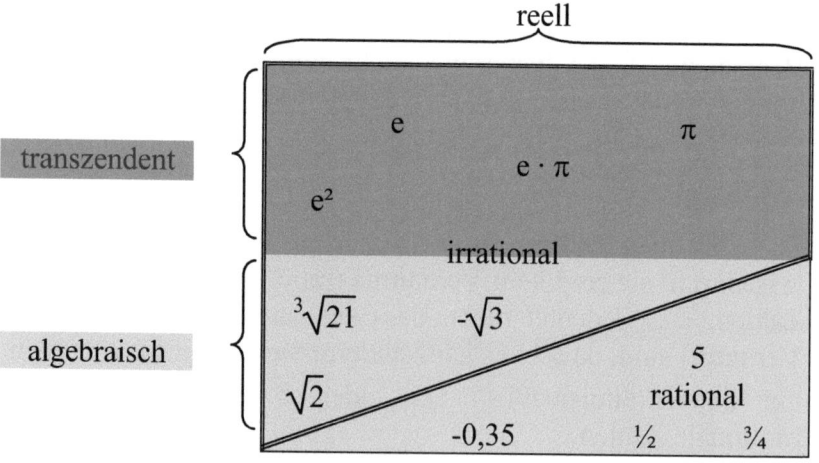

## je - desto

Ein einfaches Modell zur groben Einteilung von Funktionen (siehe Funktion). Man betrachtet die Änderung von $y$ bei Änderung von $x$.

Fall 1: Je größer $x$, desto größer $y$. D.h. wenn $x$ steigt, steigt auch $y$. Der Fachbegriff wäre „monoton steigende Funktion" (siehe Monotonie). Das kann eine lineare Funktion sein, das kann sogar eine proportionale Funktion sein, muss aber nicht. Immerhin: Wenn „je größer $x$, desto größer $y$" *nicht* gilt, ist es auf keinen Fall eine proportionale Funktion.

Beispiele für Fall 1:

| $x =$ | -3 | -2 | -1 | 0 | 1 | 2 | 3 |
|---|---|---|---|---|---|---|---|
| $y = f(x) = 1{,}6 \cdot x$ | -4,8 | -3,2 | -1,6 | 0 | 1,6 | 3,2 | 4,8 |

| $x =$ | -3 | -2 | -1 | 0 | 1 | 2 | 3 |
|---|---|---|---|---|---|---|---|
| $y = f(x) = 2 \cdot x + 1$ | -5 | -3 | -1 | 1 | 3 | 5 | 7 |

| $x =$ | 0 | 1 | 2 | 3 | 4 | 5 | 6 |
|---|---|---|---|---|---|---|---|
| $y = f(x) = \sqrt{x}$ | 0 | 1 | 1,414 | 1,732 | 2 | 2,236 | 2,449 |

Fall 2: Je größer $x$, desto kleiner $y$. D.h. wenn $x$ steigt, sinkt dafür $y$. Der Fachbegriff wäre „monoton fallende Funktion". Das kann eine antiproportionale Funktion (für $x > 0$) sein, muss aber nicht. Immerhin: Wenn „je größer $x$, desto kleiner $y$" *nicht* gilt, ist es auf keinen Fall eine antiproportionale Funktion.

Beispiele für Fall 2:

| $x =$ | 0 | 1 | 2 | 3 | 4 | 5 | 6 |
|---|---|---|---|---|---|---|---|
| $y = f(x) = \dfrac{1}{x}$ | - | 1 | $\dfrac{1}{2}$ | $\dfrac{1}{3}$ | $\dfrac{1}{4}$ | $\dfrac{1}{5}$ | $\dfrac{1}{6}$ |

| $x =$ | -3 | -2 | -1 | 0 | 1 | 2 | 3 |
|---|---|---|---|---|---|---|---|
| $y = f(x) = 3 - x$ | 6 | 5 | 4 | 3 | 2 | 1 | 0 |

Zur Sprechweise: Es heißt „Je größer das eine, desto größer (oder kleiner) das andere". Es heißt *nicht*: „Je desto größer das eine, umso größer (oder kleiner) das andere."

# Kantenmodell

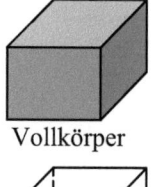

Vollkörper

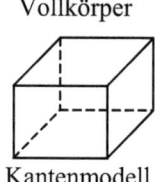

Kantenmodell

Modell eines Körpers (siehe Körper), bei dem nur seine Kanten abgebildet werden. Geht immer, solange die Oberfläche nicht gekrümmt ist. Also z.B. bei Quader und Pyramide, aber nicht beim Zylinder (aka Konservendose). In Mathebüchern sind Körper fast immer als Kantenmodelle abgebildet, da andernfalls die Wände den Blick auf den hinteren Teil verstellen würden. Häufig werden dann die Kanten, die eigentlich verdeckt wären, gestrichelt dargestellt.

Wirkliche räumliche Kantenmodelle kann man aus Papierstreifen anfertigen, die man einmal der Länge nach knickt, um sie stabil zu machen, und die man dann an den Enden geeignet miteinander verklebt. Wenn gut gelungen, auch als Deko für den Weihnachtsbaum geeignet. In diesem Falle am besten gleich farbiges Tonpapier nehmen. Hübsche Freizeitbeschäftigung, um bei sich und den Kiddies das räumliche Vorstellungsvermögen zu schulen. Zum Beispiel wenn das Handy gerade kein Netz hat. Was unter diesem Aspekt viel häufiger vorkommen sollte. Weitere Tipps zum Basteln siehe Netze (aber nicht Handynetze).

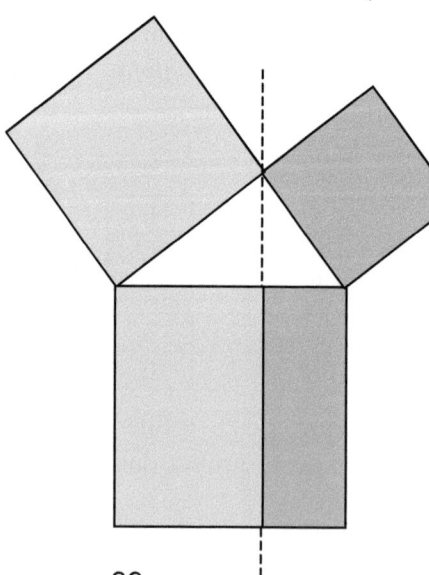

## Kathetensatz

Wie der Höhensatz (siehe dort) eine Errungenschaft des Euklid. Machen wir's kurz: Die Pythagoras-Figur (ein rechtwinkliges Dreieck mit Quadraten über Katheten und Hypotenuse) wird längs der Höhe durchgeschnitten. In den beiden Teilfiguren gilt dann immer noch die Flächengleichheit der Teilflächen. Mehr gibt es dazu nicht zu sagen, und auch das darf man gern wieder vergessen.

# Kegel

Die Form ist nicht die vom Halma oder Bowling bekannte, eher die eines „Lübecker Hütchens", wie es für die Verkehrsführung in Baustellen benutzt wird und auch (warum auch immer) als Icon eines Mediaplayers vorkommt. Ist sowas wie eine Pyramide (siehe dort), nur rund. Oben spitz, also Volumen gleich $\frac{1}{3}$ mal Grundfläche mal Höhe. Die Grundfläche ist ein Kreis ($\pi \cdot r^2$), folglich $V = \frac{1}{3} \cdot \pi \cdot r^2 \cdot h$. Die Oberfläche besteht aus dem Kreis unten und dem gebogenen „Mantel". Wenn Sie den aufschneiden und platt walzen, werden Sie feststellen, dass es ein Teilstück (Ausschnitt) eines Kreises ist. Von dem Kreis wird so viel gebraucht, dass es unten um die Grundfläche passt. Umgekehrt können Sie einen Kegel basteln, indem Sie einen Kreis ausscheiden, ihn einmal vom Rand zur Mitte einschneiden, und ihn dann zusammenbiegen. Was vom Mantel nicht gebraucht wird, schieben Sie übereinander und kleben es ggf. fest. Sie (und Ihre Kinder, mit denen Sie das basteln) bekommen dann ein Gefühl für den Zusammenhang zwischen der Spitzigkeit des Kegels und dem dafür benötigten Anteil des Kreises.

Aus Grundkreisradius $r$ und Höhe $h$ kann man (nach Pythagoras, siehe dort) die „Mantellinie" $m$ errechnen, die vom Grundkreis zur Spitze führt:

$m = \sqrt{r^2 + h^2}$ , denn $m^2 = r^2 + h^2$.

Sie ist zugleich der Radius des Kreises, den man für den Mantel ausschneiden muss. Aus Ihren Experimenten sollten Sie gelernt haben: Je länger $m$ im Vergleich zu $r$ ist, desto spitzer wird der Kegel und desto mehr müssen Sie von dem für den Mantel ausgeschnittenen Kreis wegwerfen oder übereinander kleben. Der Bruchteil, den Sie vom ganzen ausgeschnittenen Kreis für den Mantel benötigen, ist dann ganz einfach $\frac{r}{m}$.

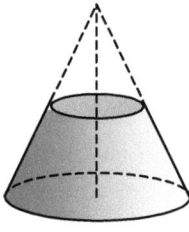

Dann gibt es noch den „Kegelstumpf". Das ist ein Kegel mit abgeschnittener Spitze. Also, eigentlich *ohne* die abgeschnittene Spitze, denn die fehlt ja. Zur Volumenberechnung einfach den ganzen Kegel berechnen und die Spitze (die ja auch ein Kegel ist, nur kleiner) subtrahieren.

## Kehrbruch (Kehrwert)

Wie man weiß, wird beim Auskehren das Unterste zuoberst gekehrt. Beim Kehrbruch macht man genau das mit Zähler und Nenner von Brüchen: Was unten steht (Nenner), kommt nach oben, was oben steht (Zähler) nach unten. Für den Kehrbruch gibt es auf Taschenrechnern die Taste $^1/_x$. Eins geteilt durch eine Zahl $x$ ergibt den Kehrbruch von $x$, denn man teilt durch einen Bruch, indem man mit dessen Kehrbruch multipliziert. Der Kehrbruch von $\frac{2}{5}$ ist also z.B. $\frac{5}{2}$, oder $\frac{1}{\frac{2}{5}} = 1 \cdot \frac{5}{2} = \frac{5}{2}$. Ein anderes schönes Wort für den Kehrwert ist „reziproker Wert".

## kgV – kleinstes gemeinsames Vielfaches

Das kgV zu zwei (natürlichen) Zahlen ist die kleinste Zahl, die ein Vielfaches beider Zahlen ist. Beispiel:

Vielfache von 18 sind 18, 36, 54, 72, 90, 108, 126, 144 ...

Vielfache von 24 sind 24, 48, 72, 96, 120, 144, 168, 192 ...

Vergleichen Sie die beiden Listen, und Sie erkennen, dass 72 die kleinste Zahl ist, die in beiden Listen vorkommt. Also ist 72 das kleinste gemeinsame Vierfache von 18 und 24.

Schreibweise: kgV(18;24) = 72.

Mathematiker lesen die Klammern als „von", also steht da:

Das kgV von 18 und 24 ist gleich 72.

Man braucht das Ding zum Erweitern von Brüchen, mit dem Ziel, sie auf einen gemeinsamen Nenner („Hauptnenner") zu bringen, vor allem zum Zwecke des Addierens. „Der kleinste gemeinsame Nenner" hat es ja sogar zur Redewendung in der Sprache von Politikern gebracht.

Beispiel: $\frac{5}{18} + \frac{7}{24}$.

Man kann $\frac{5}{18}$ und $\frac{7}{24}$ so erweitern, dass beide den gleichen Nenner haben. Einen gemeinsamen Nenner findet man *immer*, indem man die beiden vorliegenden Nenner miteinander multipliziert (die Zahl zum Erweitern ist dann jeweils der andere Nenner; „indische Methode"). Die Zahlen werden aber oftmals handlicher, wenn man nur bis zum kgV erweitert.

Es gibt ein geniales Verfahren zur Bestimmung des kgV mittels Primfaktorzerlegung; am Beispiel kurz demonstriert:

$$18 = 2 \qquad \cdot 3 \cdot 3$$
$$24 = \underline{2 \cdot 2 \cdot 2 \cdot 3}$$
$$\text{kgV}(18;24) = 2 \cdot 2 \cdot 2 \cdot 3 \cdot 3 = 72$$

Damit wird $\frac{5}{18} = \frac{5 \cdot 4}{18 \cdot 4} = \frac{20}{72}$ sowie $\frac{7}{24} = \frac{7 \cdot 3}{24 \cdot 3} = \frac{21}{72}$.

Dann ist $\frac{5}{18} + \frac{7}{24} = \frac{20}{72} + \frac{21}{72} = \frac{41}{72}$. Fertig.

Die Zahlen zum Erweitern (also die 4 bei 18 und die 3 bei 24) erkennt man an den Lücken in den Primfaktorzerlegungen. Bei 18 fehlt noch eine 4 (= 2·2) und bei 24 fehlt noch eine 3 zur 72.

Ist eigentlich Kulturgut, nach Einführung des Taschenrechners darf das Ganze aber getrost vergessen werden - zumal gute Taschenrechner auch Primfaktorzerlegungen beherrschen.

## Klammern

Klammern klammern: ein, aus oder zusammen. Die letzteren heißen Heftklammern und kommen aus einem Tacker. In der Mathematik klammern sie ein, was zusammengehört; insbesondere, wenn von der Rechenreihenfolge „Punkt vor Strich" abgewichen werden soll.

$5 + 4 \cdot 3 = 5 + 12 = 17$;

$4 \cdot 3$ ist Punktrechnung und wird daher zuerst ausgeführt.

$(5 + 4) \cdot 3 = 9 \cdot 3 = 27;$

Die Klammern erzwingen, dass die Strichrechung $5 + 4$ zuerst ausgeführt wird. Klammern können auch das zu einer Zahl gehörige Vorzeichen als mit der Zahl zusammengehörig kennzeichnen und vom Rechenzeichen abgrenzen.

$7 + (-4) = 7 - 4 = 3$ (Rechenzeichen +, Vorzeichen -);

$7 - (-4) = 7 + 4 = 11$ (Rechenzeichen –, Vorzeichen -).

Man kann Klammern „auflösen", wenn auch nicht in einem Lösungsmittel wie Azeton und auch nicht in Wohlgefallen:

$(5 + 4) \cdot 3 = 5 \cdot 3 + 4 \cdot 3 = 15 + 12 = 27.$

Siehe auch unter „Terme ausmultiplizieren".

Ausklammern bedeutet, einen gemeinsamen Faktor aus der (hierzu gegebenenfalls erst anzulegenden) Klammer zu ziehen.

$300 + 400 = 3 \cdot 100 + 4 \cdot 100 = (3 + 4) \cdot 100 = 7 \cdot 100 = 700.$

Wenn Sie $300 + 400$ im Kopf rechnen, machen Sie eigentlich genau das, Sie merken es nur nicht, weil es so selbstverständlich ist. Siehe auch unter „Terme ausklammern".

Achtung: Billige Taschenrechner kennen die Regel „Punkt vor Strich" nicht. Die rechnen stur von links nach rechts in der Reihenfolge des Eintippens (wobei x statt $\cdot$ auf der Taste steht): $5 + 4 \cdot 3 = 27.$

Etwas bessere ermöglichen ersatzweise das Eintippen von Klammern: $5 + (4 \cdot 3) = 17.$

Die ganz edlen kennen auch „Punkt vor Strich": $5 + 4 \cdot 3 = 17.$

Und ermöglichen natürlich zusätzlich noch das Eintippen von Klammern: $(5 + 4) \cdot 3 = 27.$

Read manual oder probieren Sie es mit den obigen Beispielen aus. Und nochmal: Das $\cdot$ sieht auf der Tastatur wie x aus!

Da Klammern Terme und Rechnungen einklammern, gehört zu jeder öffnenden Klammer „(" auch eine schließende Klammer

„)". Sollte insgesamt die Anzahl der „(" von der Anzahl der „)"
abweichen, dann ist der Term fehlerhaft. Da Taschenrechner in
diesem Punkt leider ein wenig großzügig sind, wird der Term
möglicherweise trotzdem berechnet. Allerdings auf eigene
Gefahr und ohne Gewähr für Richtigkeit.

## Kombinatorik

Ja, sowas gibt es tatsächlich. Hat aber nur entfernt mit der
Kombinationsgabe eines Detektivs zu tun. Es handelt sich
vielmehr um das Zählen der Möglichkeiten, verschiedene
Dinge auf verschiedene Plätze zu verteilen.

Wenn man aus den Buchstaben O und T zweibuchstabige
Wörter bilden soll (sinnlose oder sinnvolle), dann gibt es dafür
nur zwei Möglichkeiten:

OT und TO.

Wenn man aus den Buchstaben O, R und T dreibuchstabige
Wörter bilden soll, dann gibt es dafür sechs Möglichkeiten:

ORT, OTR,
ROT, RTO,
TOR, TRO.

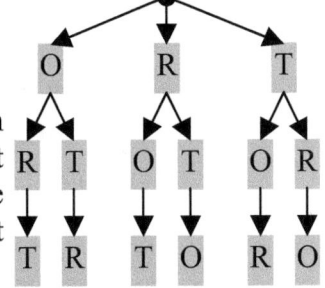

Um lückenlos alle zu finden, geht man
systematisch vor: Für die erste Stelle gibt
es drei Möglichkeiten, für die zweite
jeweils noch zwei, für die letzte Stelle ist
dann nur noch ein Buchstabe übrig.

Daher muss es bei drei Buchstaben insgesamt $3 \cdot 2 \cdot 1 = 6$
Möglichkeiten geben. Natürlich ist die 1 im Produkt
überflüssig, aber sie erweist dem letzten Buchstaben, der keine
Wahl mehr hatte, die Ehre, wenigstens erwähnt zu werden.

Kommt ein vierter Buchstabe hinzu, z.B. S, so kann jeder der
vier einmal vorn stehen, an zweiter Stelle jeweils noch drei
usw. Das ergibt $4 \cdot 3 \cdot 2 \cdot 1 = 24$ Möglichkeiten:

ORST, ORTS, OSTR, OSRT, OTRS, OTSR,
ROST, ROTS, RSOT, RSTO, RTOS, RTSO,
SORT, SOTR, SROT, SRTO, STOR, STRO,
TORS, TOSR, TROS, TRSO, TSOR, TSRO.

Um ein Gefühl für die Systematik zu bekommen, lesen Sie die Folge gern einmal laut (buchstabenweise: O-R-S-T, nicht Orst), dann werden Sie vielleicht einen Rhythmus entdecken, der hilfreich ist, um keine Kombination zu vergessen.

Dieses Produkt 4·3·2·1 hat einen eigenen Namen bekommen, man nennt es „die Fakultät" von 4, mathematisch kurz als „4!" geschrieben. Die verschiedenen Möglichkeiten der Anordnung von Dingen nennt man auch die „Permutationen" dieser Dinge. Hier sind es die Permutationen der Buchstaben O, R, S und T.

Die Anzahl der Möglichkeiten steigt dramatisch mit der Anzahl der Buchstaben, bei 26 gibt es 26! Möglichkeiten, das sind 403 291 461 126 605 635 584 000 000. Oder in Worten: 403 Quadrillionen 291 Trilliarden 461 Trillionen 126 Billiarden 605 Billionen 635 Milliarden 584 Millionen. Also deutlich mehr als Ernies Lieblingszahl (8 243 721, vgl. Sesamstraße). Bessere Taschenrechner haben hierfür eine Taste „$x!$".

Anders sieht es aus, wenn die Buchstaben mehrfach verwendet werden dürfen. Mit O, R und T gibt es dann die Varianten

OOO, OOR, OOT, ORO, ORR, ORT, OTO, OTR, OTT,
ROO, ROR, ROT, RRO, RRR, RRT, RTO, RTR, RTT,
TOO, TOR, TOT, TRO, TRR, TRT, TTO, TTR, TTT.

Auch hier bitte gern mal laut vorlesen, um die Systematik zu entdecken. Es sind 27 Möglichkeiten, nämlich drei für die erste Stelle, zu jeder davon drei für die zweite Stelle und dann noch je drei für die letzte. Ergibt 3·3·3 = $3^3$ = 27 Möglichkeiten.

Wenn Sie ein vierstelliges Zahlenschloss haben, auf dem Sie jede Kombination von 0000 bis 9999 einstellen können, dann gibt es aus dem gleichen Grunde 10000 Möglichkeiten, nämlich 10 Möglichkeiten für die erste, kombiniert mit je 10 für die zweite, dann je 10 für die dritte und für die vierte Stelle auch nochmals je 10. Ergibt $10^4 = 10000$. Was auch daraus folgt, dass man beim Durchprobieren aller Möglichkeiten von 1 bis 9999 zählt, plus die Kombination 0000.

Entsprechend zählt man in der Kombinatorik die Möglichkeiten, aus 32 Karten 10 zu ziehen (= 64 512 240), aus 49 Zahlen 6 anzukreuzen (= 13 983 816) oder 16 Socken auf 3 Schubladen zu verteilen (= 43 046 721). Die Frage, mit welcher Chance man danach wenigstens ein zusammengehöriges Paar in einer Schublade findet, gehört dann schon in die Wahrscheinlichkeitsrechnung (siehe Wahrscheinlichkeit). Sie beträgt übrigens $1 - \frac{(3 \cdot 2)^8}{3^{16}} = 1 - \frac{1\,679\,616}{43\,046\,721} \approx 0{,}961$ (also 96,1 %).

**Kongruenz**

Kongruenz ist verschärfte Ähnlichkeit (siehe dort), bei ihr müssen nicht nur die Proportionen übereinstimmen, sondern auch die Abmessungen. Zwei kongruente Figuren lassen sich also deckungsgleich übereinander legen. Ich hätte jetzt gern zwei 50-Euro-Scheine als Beispiel angeführt, aber das stimmt nicht exakt, da sie sich in der Seriennummer unterscheiden (falls sie es nicht tun, ist zumindest einer davon Falschgeld). Briefmarken der gleichen Serie gehen auch nicht, die kleben dabei aneinander fest, und Sie kriegen sie nicht mehr auseinander. Aber Sie verstehen hoffentlich, was ich meine.

In der Geometrie müssen kongruente Figuren in allen Abmessungen übereinstimmen (nicht wie bei Ähnlichkeit nur in deren Verhältnissen). Auch für die Kongruenz von Dreiecken gibt es Sätze, die denen bei der Ähnlichkeit ähnlich sind, nur dass eben noch auf übereinstimmende Seitenlängen bestanden wird. Sie werden mit einem geheimnisvollen Code abgekürzt.

„Zwei Dreiecke sind kongruent, wenn sie in allen Seiten übereinstimmen" (Code SSS).

„Zwei Dreiecke sind kongruent, wenn sie in zwei Winkeln und der Seite dazwischen übereinstimmen" (Code WSW).

Erkennen Sie die Logik des Codes? W steht für Winkel, S für Seite. SSS heißt drei Seiten. WSW heißt zwei Winkel und die Seite dazwischen.

Die Codes der übrigen Sätze sind SWW, SWS und SSW. SSW ist (nicht nur, weil es zugleich der Name einer Partei ist) heimtückisch, er klappt nicht immer, sondern nur wenn die Seite *gegenüber* dem Winkel die größere von beiden ist.

Ob Figuren als kongruent gelten, wenn sie Spiegelbilder voneinander sind, ist wiederum Geschmackssache. Man kann sich rausreden, indem man in dem Falle von gegensinniger Kongruenz spricht.


## Koordinatensystem

Es tritt meist als „kartesisches" Koordinatensystem auf (so benannt zu Ehren von René Descartes, 1596 - 1650, der es erfunden hat). Dazu nimmt man kariertes Papier (am besten das mit den kleinen Kästchen, bei dem zwei Kästchen zusammen 1 cm lang sind; im Handel als „Lineatur 38". (Früher auch Millimeterpapier, aber das überfordert heute die motorische Präzision der Generation Handy.) Dann zieht man waagerecht und senkrecht je eine der vorhanden Linien nach (mit einem Lineal!). Das sind die Koordinatenachsen. Die eine geht von links nach rechts und heißt daher Rechtsachse (oder $x$-Achse oder Abszissenachse; noch mal langsam: Abs-zis-sen-ach-se). Sie bekommt ans rechte Ende einen Pfeil. Die andere geht von unten nach oben hoch und heißt Hochachse (oder $y$-Achse oder Ordinatenachse. Or-di-na-ten-ach-se). Sie bekommt ans obere Ende einen Pfeil. Wo sich die Achsen schneiden, ist der Koordinatenursprung. Man kringelt ihn mit einem O ein, O wie origin (= Ursprung). An den Pfeilen stehen die Namen der Achsen ($x$ und $y$); gern auch auf das konkrete Problem bezogen

(Menge in Stück, Preis in €, Strecke in km, Benzinverbrauch in Liter - oder so ähnlich).

Beide Achsen versieht man mit einer Skala. Die Skala hat im Ursprung den Wert 0. Da dort ohnehin schon ein Kringel steht, muss man die Null nicht mehr unbedingt dranschreiben, aber die anderen Striche bekommen Zahlenwerte. Zum Beispiel alle 2 Kästchen (d.h. zentimeterweise): 1, 2, 3 usw. Links und unterhalb des Ursprungs liegen die negativen Zahlen (vulgo Minuszahlen). Je nachdem, was man zeichnen will, können auch Zehnerschritte oder Hunderterschritte sinnvoll sein. Die Abschnitte können auch auf der Rechtsachse anders sein als auf der Hochachse, das hängt immer von der konkreten Anwendung ab.

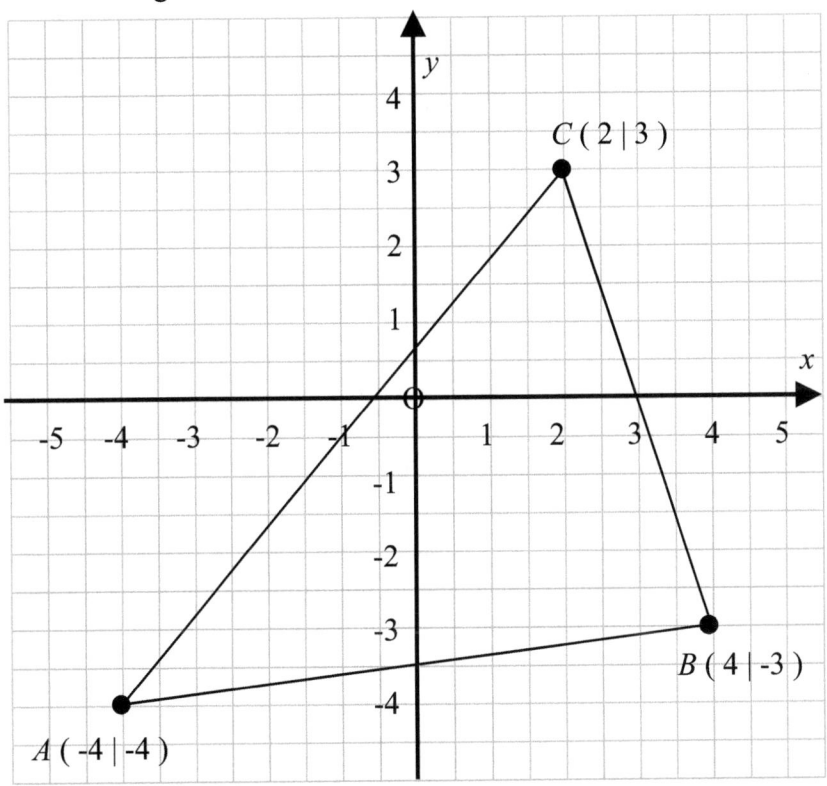

Achtung: Es gibt keine Linksachse und keine Runterachse. Pfeile stehen daher nur rechts und oben. Sie geben die Richtung an, in der die Zahlen größer werden. Pfeile links und unten sind *falsch*! In der Oberstufe gibt es aber dreidimensionale Koordinatensysteme, zu $x$ und $y$ kommt dann noch eine $z$-Achse, für die man eigentlich im Ursprung einen Schaschlikspieß senkrecht auf das Papier stellen müsste. Da man dann das Heft aber nicht mehr zu kriegt, behilft man sich mit einem Schrägbild (siehe dort) in der Zeichenebene. Aber, wie gesagt, das ist Oberstufe.

Das Koordinatensystem ermöglicht es nun, jeden Punkt des Papiers durch zwei Zahlen (ein „Zahlenpaar") festzulegen, den Rechtswert (oder $x$-Wert oder Abszisse) und den Hochwert (oder $y$-Wert oder Ordinate). Die beiden Zahlen geben an, wie weit man sich vom Ursprung ausgehend längs der Kästchen zählen muss, um den Punkt zu erreichen. Die Zahlenpaare werden in Klammern geschrieben, mit einem Strich „|" oder Semikolon „;" dazwischen. ( 2 | 3 ) oder ( 2 ; 3 ) bedeutet: gehe 2 Einheiten weit nach rechts und dann 3 Einheiten nach oben. Dort liegt der beschriebene Punkt. Negative Zahlen (vulgo Minuszahlen) bedeuten, dass man *gegen* die Pfeilrichtung zählt, positive Zahlen (vulgo Pluszahlen) zählen *mit* der Pfeilrichtung. Die übliche Schreibweise von Punkten ist: ein großer Buchstabe (der Name des Punktes), Klammer auf, erste Zahl (der Rechtswert), Strich, zweite Zahl (der Hochwert), Klammer zu. *A* ( -4 | -4 ); *B* ( 4 | -3 ); *C* ( 2 | 3 ) bilden zum Beispiel das auf der vorigen Seite abgebildete Dreieck.

Tipp: Wer sich die Reihenfolge von Rechtswert und Hochwert nicht merken kann, nennt sie besser $x$-Wert und $y$-Wert. Dann geht es nach dem Alphabet: $x$ zuerst, $y$ dahinter.

Ein Koordinatensystem ohne Achsenbeschriftung ist sinnlos und unbrauchbar. Wenn man nicht weiß, ob waagerecht der Preis oder die Stückzahl steht und ob die Skala 1, 2, 3... oder 10, 20, 30... zählt, ist es nicht das Papier wert, auf dem es steht.

Und erst recht keine Punkte bei der Benotung. Selbst wenn die Figur bunt angemalt und mit Herzchen dekoriert ist.

## Körper

In der Geometrie theoretisch räumliche Gebilde wie Quader, Prisma, Pyramide, Kegel, Zylinder und Kugel (siehe jeweils dort). Praktisch in Büchern und Heften ziemlich flach (siehe Schrägbild). Gerade aus diesem Grunde ist das Anfertigen von Modellen (siehe Netze; ein Netz einer Kugel gibt es allerdings nicht) eine sehr empfehlenswerte Freizeitbeschäftigung zur Schulung des räumlichen Vorstellungsvermögens. Letzteres ist dann auch beim Einparken von Kraftwagen recht hilfreich; ersatzweise den Einparkassistenten einschalten.

Volumenberechung: Wenn oben flach, prinzipiell Grundfläche mal Höhe. Wenn oben spitz, ein Drittel mal Grundfläche mal Höhe. Ausnahmen sind möglich (z.B. Kegelstumpf, siehe Kegel). Eine Kugel fällt aus dem Rahmen, sie ist weder flach noch spitz (siehe Kugel).

Zur Oberflächenberechung ein Netz (abermals siehe Netze) anfertigen (oder mit äußerster Konzentration geistig vorstellen), die Einzelflächen berechnen und dann addieren. Die Kugel fällt wiederum aus dem Rahmen, da sie kein Netz hat. Obacht: Nachdem sie gefallen ist, rollt sie leicht weg.

Es gibt in der Mathematik auch noch ganz andere Körper, nämlich in der Algebra. Da bestehen sie aus Zahlen und Rechenoperationen. Gehören aber nicht in die Sekundarstufe I.

## Kreis

Kommt in der Landwirtschaft als Rosenbeet und Feld mit künstlicher Beregnung vor, in der Technik als Rad.

Sie erkennen einen Kreis, wenn Sie ihn sehen. Das hat er mit einem Dreieck gemeinsam. Ist aber rund und kann mit einem Zirkel gezeichnet (oder „geschlagen") werden. Sollte der Zirkel unauffindbar irgendwo in der Schultasche vergraben sein, geht auch ein Plastikbecher (umweltfreundlicher: ein Trinkglas) oder eine Münze. Das Problem ist dann nur, dass die Auswahl der verfügbaren Durchmesser eingeschränkt ist und man den Mittelpunkt, falls man ihn für die Konstruktion braucht, nicht anhand des Loches erkennen kann, den die Zirkelspitze im Papier hinterlassen (oder dann eben nicht hinterlassen) hat.

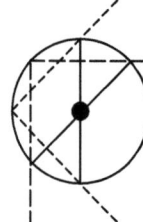 Letzteres Problem ist im Prinzip lösbar, indem man den Satz von Thales (siehe Thaleskreis) rückwärts benutzt: Beliebigen rechten Winkel am Kreis antragen, die beiden Schenkel schneiden den Kreis dann an den beiden Enden eines Durchmessers. Das Ganze zweimal, die Durchmesser schneiden sich im Kreismittelpunkt.

Einige Erbsenzähler unter den Mathelehrern legen Wert auf die Unterscheidung zwischen Kreisfläche und Kreislinie. Das könnten sie zwar auch bei Quadraten, Dreiecken und sonstigen Figuren, erstaunlicherweise tun sie es aber nur beim Kreis.

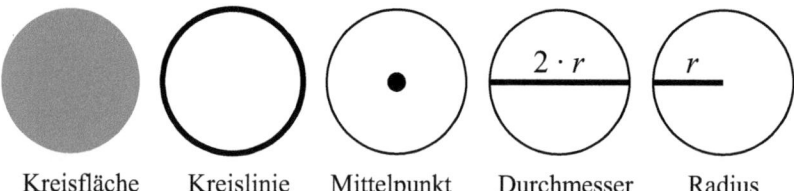

| Kreisfläche | Kreislinie | Mittelpunkt | Durchmesser | Radius |

Der Kreis hat etwas Mystisches an sich, weil er als ideale Figur gilt (siehe Zirkel und Lineal), und weil er die Menschheit erstmalig mit der transzendenten Zahl $\pi$ (pi, siehe dort) konfrontierte, die sich nicht mit Zirkel und Lineal konstruieren lässt: Umfang (Kreislinie) = $2 \cdot \pi \cdot r$, Flächeninhalt = $\pi \cdot r^2$.

Ein paar besondere Linien am Kreis wären noch zu erwähnen: Die „Sekante", die ihn schneidet, sowie die „Tangente", die ihn berührt. Geschlagen und geschnitten, wundert es wenig, dass er sich zur Wehr setzt: nämlich mit „Bogen" und „Sehne".

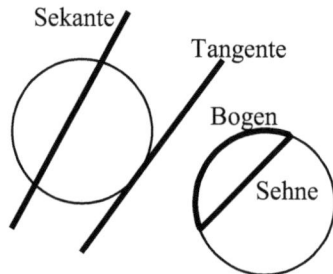

# Kugel

Gleichmäßig runder Körper, noch runder als ein Ei, das schon ganz schön rund ist. Nach Ansicht der Philosophen ist sie der vollkommene Körper, so wie der Kreis die vollkommene Figur in der Fläche ist. Nun gut, das gilt wohl nicht für Models. Kommt in der Praxis als Ball, Kugellager, Öltank oder Planet vor. Die Berechnung von Oberfläche und Volumen ist insofern auch von praktischem Interesse. Sie kann näherungsweise auch durch einen Apfel oder eine Orange modelliert werden.

Ein Schnitt mitten durch einen Apfel (am besten am Äquator, also mitten zwischen Blume und Stiel) enthüllt, dass die Schnittfläche ein Kreis ist. Dessen Radius $r$ ist auch der Radius der Kugel. Die Schnittfläche hat den Inhalt $A = \pi \cdot r^2$. Die Oberfläche der Kugel ist viermal so groß: $4 \cdot \pi \cdot r^2$.

In eine Halbkugel kann man einen Kegel (siehe Kegel) hineinstellen und das Ganze in einen Zylinder hinein. Zylinder und Kegel haben dabei ebenfalls den Radius $r$ und zugleich die Höhe $r$.

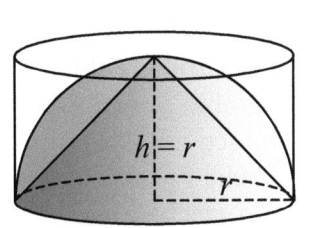

Damit hat der Kegel das Volumen

$$V = \frac{1}{3} \cdot A \cdot h = \frac{1}{3} \cdot \pi \cdot r^2 \cdot r = \frac{1}{3} \cdot \pi \cdot r^3.$$

Der Zylinder hat das Volumen $V = A \cdot h = \pi \cdot r^2 \cdot r = \pi \cdot r^3$.

Das Volumen der Halbkugel liegt einfach in der Mitte dazwischen: $\frac{2}{3} \cdot \pi \cdot r^3$. Das Volumen der Vollkugel ist davon das Doppelte, also $\frac{4}{3} \cdot \pi \cdot r^3$.

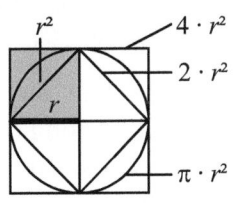

(Beim Kreis geht das *nicht*, der liegt *nicht* in der Mitte zwischen den Vierecken innen und außen - sonst wäre $\pi=3$ wie im Alten Testament; siehe pi).

Zusammengefasst:

Kugeloberfläche $A = 4 \cdot \pi \cdot r^2$, Kugelvolumen $V = \frac{4}{3} \cdot \pi \cdot r^3$.

Bei einer Hohlkugel (z.B. Öltank) ist das Volumen der Wand gleich der Außenkugel minus der Innenkugel (dem Hohlraum). Näherungsweise (bei nicht zu dicker Wand) kann man auch rechnen: Kugeloberfläche mal Wanddicke: $4 \cdot \pi \cdot r^2 \cdot d$.

## Kürzen

Vereinfachen von Bruchzahlen durch systematisches Verkleinern von Zähler (das was über dem Bruchstrich steht) und Nenner (das was unter dem Bruchstrich steht). Merkhilfe dazu übrigens: „Zähler zuerst, Nenner nachher". Die erwähnte Systematik besteht darin, dass man Zähler und Nenner durch die *gleiche* Zahl dividiert (vulgo: teilt); das sorgt dafür, dass der Bruch dabei seinen Wert beibehält.

$$\frac{24}{36} = \frac{24:12}{36:12} = \frac{2}{3}.$$

Die größte Zahl, durch die man noch dividieren kann, ist der „größte gemeinsame Teiler" (ggT, siehe dort). Da man, um diesen zu bestimmen, die Zahlen ohnehin in Primfaktoren (siehe Primzahlen) zerlegen muss, kann man es auch gleich vor Ort machen:

$$\frac{24}{36} = \frac{2 \cdot 2 \cdot 2 \cdot 3}{2 \cdot 2 \cdot 3 \cdot 3}$$

Kürzen besteht dann darin, gleiche Faktoren in Zähler und Nenner paarweise auszustreichen:

$$\frac{24}{36} = \frac{\cancel{2} \cdot \cancel{2} \cdot 2 \cdot \cancel{3}}{\cancel{2} \cdot \cancel{2} \cdot 3 \cdot \cancel{3}} = \frac{2}{3}.$$ Man hat dann mit dem ggT gekürzt, denn der war $2 \cdot 2 \cdot 3 = 12$. Übrig bleibt der „gekürzte" Bruch.

Sollten die Zahlen in Zähler und Nenner im Verlaufe einer Rechnung ohnehin durch Multiplikation zu Stande kommen, so ist es eine gute Idee, diese Multiplikation gar nicht erst auszuführen. Die Zahlen können dadurch nur unhandlicher werden und man muss sie hinterher wieder mühsam zerlegen. Also zum Beispiel:

$$\frac{3}{24} \cdot \frac{12}{7} = \frac{3 \cdot 12}{24 \cdot 7} = \frac{3 \cdot \cancel{12}}{2 \cdot \cancel{12} \cdot 7} = \frac{3}{2 \cdot 7} = \frac{3}{14}$$

statt

$$\frac{3}{24} \cdot \frac{12}{7} = \frac{3 \cdot 12}{24 \cdot 7} = \frac{36}{168} = \text{ach du meine Güte.}$$

Kürzen kann man nur in Produkte, nicht in Summen. Das ist Volksgut, und Sie erinnern sicherlich noch den Spruch dazu: „In Summen kürzen nur die Dummen". Das gilt auch, wenn es sich noch so verlockend anbiedert:

$$\frac{6+8}{2+8} = \frac{6+\cancel{8}}{2+\cancel{8}} = \frac{6}{2} = 3 \text{ ist } falsch, \text{ denn } \frac{6+8}{2+8} = \frac{14}{10} = \frac{7}{5}.$$

Und deshalb ist auch *nicht* $\frac{6+b}{2+b} = \frac{6+\cancel{b}}{2+\cancel{b}} = \frac{6}{2} = 3$.

Moderne Taschenrechner beherrschen Bruchrechnung und kürzen das Ergebnis automatisch. Allerdings ist die zulässige Stellenzahl von Zähler und Nenner dabei begrenzt. Eine fiese Lehrkraft könnte daher solche Aufgaben stellen, die die Kapazität des Taschenrechners übersteigen.

## Lehrplan

Von der zuständigen Kultusbehörde herausgegebener Katalog des in den einzelnen Klassenstufen zu behandelnden Stoffes. Über die Website der Kultusministerkonferenz (siehe unter Links) gelangen Sie zu allen regionalen Lehrplanfassungen. Blättern Sie sich dann zum mittleren Teil durch, der enthält die Unterrichtsthemen. Die Gemeinplätze am Anfang und Schluss sind für alle Fächer gleich, die können Sie getrost ignorieren. Falls Sie auf Begriffe wie „Kompetenzen" und „Lernziele" stoßen, zerbrechen Sie sich darüber nicht den Kopf; wenn Ihre Kinder Mathe lernen, lernen sie das alles automatisch mit.

Die Inhalte für eine Klassenstufe sind verbindlich festgelegt, die Reihenfolge und Unterrichtsmethode kann die Lehrkraft nach eigenem Ermessen wählen. Wobei sich die Reihenfolge oftmals von selbst aus dem logischen Aufbau ergibt.

In manchen Schulen wird in der Fachkonferenz ein schulinternes Curriculum (= Lehrgang) vereinbart, das die Gestaltung dieses Freiraums innerhalb der Schule regelt; z.B. in allen Klassen paralleler Unterricht oder versetzte Nutzung von Ressourcen (z.B. Computerraum), oder auch Fächer übergreifende Zusammenarbeit (ist eine gute Sache, weil man auf diese Weise erkennen kann, wie vernetzt die Welt ist; wird auch in den einführenden Euphemismen der Lehrpläne hoch gelobt, scheitert dann aber an der Inkompatibilität der Lehrpläne verschiedener Fächer. Klingt wie inkompetent und hat vermutlich auch damit zu tun). Paralleler Unterricht in allen Klassen einer Klassenstufe ermöglicht die allseits beliebten Vergleichsarbeiten, um den Leistungsstand der Klassen miteinander zu vergleichen. Dazu wird in der Fachkonferenz vereinbart, welcher Leistungsstand zum Zeitpunkt der Arbeit erwartet werden soll, und dann werden diese Arbeiten mit identischen Aufgaben parallel geschrieben. Sowas gibt es auch auf Landesebene und vergleicht dann alle Schulen des Landes miteinander. Die landesweiten **Ver**gleichs**a**rbeiten werden mit VERA abgekürzt. Deren Auswertung gibt sowohl den Lehrkräften als auch den Kindern wertvolle Rückmeldungen, wo es rund läuft und wo es hapert. Lassen Sie sich die Ergebnisse auf einer Elternversammlung erläutern. Allerdings sollten daraus dann auch Konsequenzen gezogen werden.

Eine andere Bezeichnung für Lehrpläne ist Fachanforderungen. Klingt irgendwie sportlicher, ändert aber nichts an der Sache.

## Lineal

Werkzeug zur Erzeugung gerader Linien, und im platonischen Sinne auch nicht mehr als das (siehe Zirkel und Lineal). Früher aus Holz, 30 cm lang, meist mit eingelassener Metallkante, die den Stift (Bleistift oder Füller) führt. Die Metallkante sitzt etwas erhöht, so dass die Tinte nicht darunter verschmiert werden kann. Als Zugabe normalerweise mit einer Zentimeter-Teilung (evtl. auf der anderen Seite mit einer Zoll-Teilung) versehen, um zugleich Strecken messen zu können.

Heute Bestandteil fertig bestückter Federtaschen, billigster Kunststoff, 20 cm lang, ebenfalls mit Skala, aber ohne gesonderte erhöhte Anlegekante. Beim Unterstreichen mit Füller Gefahr der Sauerei durch unter das Lineal laufende Tinte. Dafür als Musikinstrument geeignet, wenn man es an der Tischkante festhält und das überstehende Ende anzupft. Bricht dabei dann irgendwann ab. Kann zwar durch Umwickeln mit Klebestreifen geflickt werden, der dann aber den ursprünglichen Zweck konterkariert, weil die gerade Kante nun nicht mehr gerade ist, sondern holpert. Wegwerfen! Das Geodreieck (siehe dort) erfüllt den gleichen Zweck und ist nur unwesentlich kürzer. Jedenfalls, solange es noch heil ist. Auf der Unterseite eines Geodreiecks befinden sich kleine Noppen, die das Abheben vom Papier zumindest rudimentär bewirken. Die gesonderte Anschaffung eines 30 cm-Holzlineals (siehe oben) ist zu erwägen; liegt als Waffe für (Laser-) Schwertkämpfe auch viel besser in der Hand.

**lineare Optimierung**

Mathematische Entsprechung der menschlichen Gier, die als „Optimierung" natürlich viel besser zu verkaufen ist. Bei diesen Aufgaben geht es darum, unter etlichen möglichen Lösungen eines Problems diejenige zu finden, bei der man am wenigsten bezahlt bzw. am meisten einsacken kann. „Linear" bedeutet, dass die relevanten Zusammenhänge linear sind, also durch Geraden darstellbar. Die Zusammenhänge sind im wirklichen Leben zwar meist nicht linear, aber das ist nichts für den Matheunterricht in der Mittelstufe, sondern eher für Manager und Wirtschaftsmagnaten (und wenn die auch Probleme damit haben, hätte man zumindest ein plausibles Erklärungsmodell für die Wirtschaftskrise. Grüße nach Davos).

Man beschreibt das Problem zunächst durch Gleichungen und Ungleichungen (siehe dort) und grenzt die in Frage kommenden Möglichkeiten durch Geraden ab. Man erhält ein von Geraden umschlossenes Gebiet in der Zeichnung, genannt das Planungsvieleck (ja *Viel*eck, es kann vier oder fünf oder mehr Ecken haben). Statt Vieleck darf man auch Polygon sagen.

Dann formuliert man eine „Zielfunktion", die aus $x$ und $y$ den zu erwartenden Gewinn oder Verlust oder sonstwie zu optimierenden Wert berechnet. Und dann sucht man den Eckpunkt, bei dem das Ergebnis am sympathischsten ist.

Beispiel: Ein Pirat (ich wollte jetzt nicht Manager sagen) hat eine Schatzkarte gefunden. Danach liegen in einer Höhle auf einer Insel Krüge mit Gold- und Silbermünzen. Er landet mit einem Boot auf der Schatzinsel und steht vor folgendem Problem: Bis die Flut kommt und die Höhle unzugänglich macht, kann er 48 Krüge bergen. Ein Krug mit Gold wiegt 20 Pfund und ist 6000 Gulden wert, ein Krug mit Silber wiegt 10 Pfund und ist 3600 Gulden wert. Das Boot trägt (zusätzlich zu dem Menschen) maximal 800 Pfund. Wie viele Krüge Gold und wie viele Krüge Silber sollte er an sich raffen, um sich maximal zu bereichern?

Man bastelt sich also ein (Un-)Gleichungssystem, um das Planungsvieleck zu umreißen. Dazu legt man (wie immer, ganz wichtig) erst einmal fest, was $x$ und $y$ bedeuten sollen:

$x$ = Anzahl der Krüge mit Gold;

$y$ = Anzahl der Krüge mit Silber.

Trivialerweise ist $x \geq 0$ und $y \geq 0$, was das Vieleck nach unten und nach links begrenzt. Negative Anzahlen von Krügen sind sicherlich nicht sinnvoll. Da er maximal 48 Krüge bergen kann, ist $x + y \leq 48$, aufgelöst:

$$x + y \leq 48 \qquad | -x$$
$$y \leq 48 - x .$$

Man zeichnet nun die Gerade mit der Gleichung: $y = 48 - x$.

Die zulässigen Lösungen liegen auf (=) oder unterhalb (<) dieser Geraden.

$x$ Krüge Gold wiegen $20 \cdot x$ Pfund. $y$ Krüge Silber wiegen $10 \cdot y$ Pfund. Um das Boot nicht zu überladen, ergibt sich: $20 \cdot x + 10 \cdot y \leq 800$. Dieses Gebiet wird begrenzt durch die Gerade

$$20 \cdot x + 10 \cdot y = 800 \qquad | -20 \cdot x$$
$$10 \cdot y = 800 - 20 \cdot x \ | :10$$
$$y = 80 - 2 \cdot x \,.$$

Wegen $\leq$ liegen die zugehörigen Lösungen wieder auf oder unterhalb dieser Geraden. Jetzt ist das Planungsvieleck fertig:

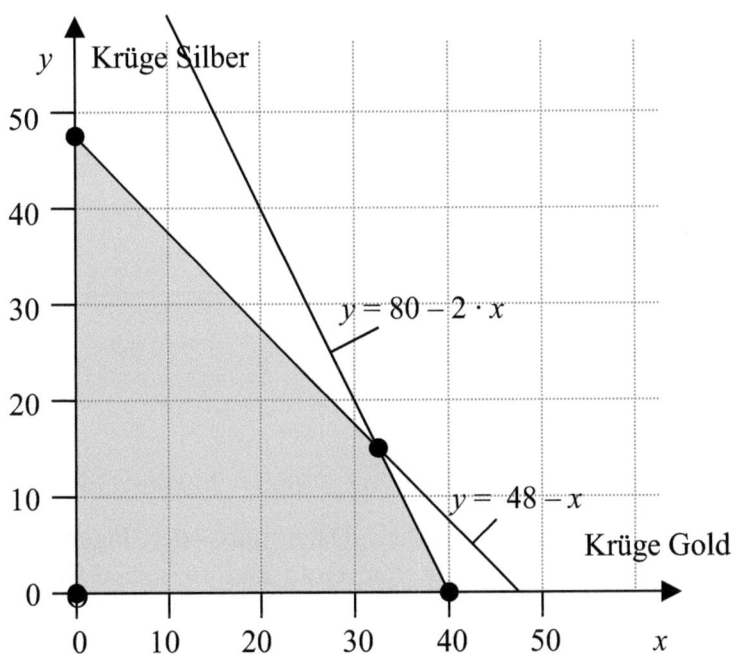

Der abzugreifende Gewinn in Gulden (Zielfunktion) berechnet sich aus $x$ und $y$ zu:

$$G = 6000 \cdot x + 3600 \cdot y.$$

An welchem Eckpunkt des Vielecks ist er am größten? Unten links bestimmt nicht, da ist er gleich 0. Oben links ist $x = 0$ und $y = 48$, ergibt

$G = 6000 \cdot 0 + 3600 \cdot 48 = 172\,800$ Gulden.

Unten rechts ist die Nullstelle (s. dort) von $y = 80 - 2 \cdot x$, also

$$\begin{aligned} 0 &= 80 - 2 \cdot x & |+2 \cdot x \\ 2 \cdot x &= 80 & |:2 \\ x &= 40 \end{aligned}$$

und $y = 0$. Das ergibt

$G = 6000 \cdot 40 + 3600 \cdot 0 = 240\,000$ Gulden.

Jetzt gibt es noch den Punkt oben rechts, das ist der Schnittpunkt von

$y = 80 - 2 \cdot x$ und
$y = 48 - x$,

also (Gleichsetzung, siehe Schnittpunkte; Gleichungssystem):

$$\begin{aligned} 48 - x &= 80 - 2 \cdot x & |+2 \cdot x \\ 48 + x &= 80 & |-48 \\ x &= 32 \end{aligned}$$

und

$$y = 48 - 32 = 16.$$

Dieser verspricht den Gewinn:

$G = 6000 \cdot 32 + 3600 \cdot 16 = 192000 + 57600 = 249\,600$ Gulden.

Offenbar den größten von allen. Dazu muss der Jäger des verlorenen Schatzes also 32 Krüge Gold und 16 Krüge Silber fortschaffen und sich dabei nicht verzählen.

Je nach Kompliziertheit der Problemstellung kann man auch so vorgehen, dass man für die Zielfunktion erst mal irgendeinen Gewinn annimmt, z.B. mit $x = 18$ und $y = 18$ erhält man

$G = 6000 \cdot 18 + 3600 \cdot 18 = 172800.$

Alle Kombinationen aus $x$ und $y$, die diesen Gewinn versprechen, liegen dann auf der Geraden

$$6000 \cdot x + 3600 \cdot y = 172800 \qquad | - 6000 \cdot x$$
$$3600 \cdot y = 172800 - 6000 \cdot x \quad | : 3600$$
$$y = 48 - \frac{5}{3} \cdot x.$$

Sodann zeichnet man diese Gerade ein und verschiebt sie solange parallel zu sich selbst, bis sie an den äußersten Rand des Vielecks stößt. Dies ist der Punkt mit dem maximalen Gewinn. Dann muss man die anderen Punkte nicht mehr durchprobieren. Das lohnt sich aber nur, wenn das Vieleck infolge sehr vieler Bedingungen sehr viele Eckpunkte hat.

## Logarithmus

Er hat im Gegensatz zum Rhythmus nichts mit Musik zu tun. Außer bei der Lautstärkemessung, aber das gehört in die Physik. Statt dessen holt er das herunter, was man mittels der Potenz hochgestellt hat (Rechnen Sie damit, dass Jungs in der Pubertät bei dem Thema rote Ohren kriegen). Weil die Potenz $10^2 = 100$ ist, berechnet der Logarithmus aus der 100 wieder die 2, die in der Potenz als Hochzahl stand. Dazu muss man ihm auch die Basis (Grundzahl) mit auf den Weg geben, hier also die 10. Man nennt das dann den Zehnerlogarithmus. Geschrieben wird es: $\log_{10}(100) = 2$. Und gesprochen: „Logarithmus von 100 zur Basis 10 ist gleich 2." Volkstümlich: Womit muss man 10 potenzieren, damit 100 rauskommt? Mit 2.

Wegen $4^3 = 64$ gilt ebenso $\log_4(64) = 3$. Merke: Die Grundzahl (Basis), die bei der Potenz unten steht, steht auch beim Logarithmus unten. Die Hochzahl (Exponent), die bei der Potenz oben steht, wird vom Logarithmus wieder auf den Boden der Tatsachen heruntergeholt: $\log_4(4^3) = \underline{3}$; $\log_a(a^b) = \underline{b}$.

Da man im Prinzip so ziemlich alle Zahlen potenzieren kann, gibt es Logarithmen auch zu allen möglichen Grundzahlen. Ein paar davon haben sogar besondere Namen:

Der Zweierlogarithmus $\log_2$ wird auch „ld" geschrieben (d wie dual). Der Zehnerlogarithmus $\log_{10}$ wird auch „lg" geschrieben. Und dann gibt es noch den natürlichen Logarithmus, der von allen Basen die unnatürlichste hat, nämlich e. $\log_e$ wird auch „ln" geschrieben (n = natürlich). e ist dabei die eulersche Zahl, die ungefähr e $\approx 2,1828$ beträgt (siehe dort).

Ganz moderne Taschenrechner haben eine Funktionstaste, die den Logarithmus zu beliebigen Basen berechnen kann. Andere kennen nur lg (also $\log_{10}$, auf der Taste aber zwecks Verwirrung meist als log bezeichnet) und ln (also $\log_e$). Damit kommt man im Prinzip aus, weil man für andere Basen den folgenden Trick anwenden kann: $\log_3(81) = \frac{\lg(81)}{\lg(3)}$; $\log_5(125) = \frac{\lg(125)}{\lg(5)}$ usw. In Buchstaben (siehe dort): $\log_a(b) = \frac{\lg(b)}{\lg(a)}$. Eine Merkhilfe dazu: Die Zahl, die beim Logarithmus unten steht (also die Basis), steht auch beim Bruch unten.

Bei den meisten Zahlen ergibt der Logarithmus (im Gegensatz zu den obigen, sorgfältig ausgesuchten Beispielen) eine krumme Zahl. Das ist normal. So ist z.B. $\lg(20) = \log_{10}(20) \approx 1,301$. Das liegt daran, dass 20 keine so schöne und gefällige Potenz von 10 ist, wie etwa die 100, sondern es ist $10^{1,301} \approx 20$. Nein, man kann $10^{1,301}$ nicht berechnen, indem man 1,301 mal die 10 mit sich selbst multipliziert. Aber wenn Sie $10^{1,301}$ in den Taschenrechner eingeben, erhalten Sie etwas in der Nähe von 20. Dies ist ein erweiterter Potenzbegriff, der sich einfach dadurch rechtfertigt, dass er funktioniert. Die Details können Sie getrost dem Taschenrechner überlassen.

Nicht erschrecken: Von 0 und negativen Zahlen gibt es keinen Logarithmus. Beziehungsweise eine Fehlermeldung (siehe Error). Und zwischen 0 und 1 ist jeder Logarithmus negativ.

Für Mutige ein paar Rechenregeln: $\log(a \cdot b) = \log(a) + \log(b)$; z.B.: $\lg(100 \cdot 1000) = \lg(100) + \lg(1000) = 2+3 = 5 = \lg(100000)$. $\log(a^b) = b \cdot \log(a)$; z.B. $\lg(10^4) = 4 \cdot \lg(10) = 4 \cdot 1 = 4 = \lg(10000)$. $a^{\log_a(b)} = b$; z.B. $10^{\lg(100)} = 100$, denn $\lg(100) = 2$ und $10^2 = 100$.

# Maßeinheiten

Sie machen den Unterschied zwischen reiner und angewandter Mathematik aus. In der reinen Mathematik gibt es Quadrate mit der Kantenlänge 3, deren Flächeninhalt dann $3 \cdot 3 = 9$ ist. In der angewandten Mathematik gibt es Quadrate mit der Kantenlänge 3 cm, deren Flächeninhalt dann $3 \text{ cm} \cdot 3 \text{ cm} = 9 \text{ cm}^2$ beträgt.

Ohne Maßeinheit ist ein Ergebnis praktisch nicht verwendbar, es könnten Quadratmeter ebenso gut wie Quadratkilometer sein. Ein Quell ständigen Ärgernisses ist das Umrechnen einer Maßeinheit in die andere (z.B. Meter in Millimeter). Besorgen Sie Ihrem Sprössling einen Gliedermaßstab (besser bekannt unter dem Namen „Zollstock") vom nächsten Baumarkt. Oder ein kostenloses Papiermaßband aus dem Möbelhaus. Daran kann jeder, der es nicht glaubt, nachzählen, dass ein Zentimeter 10 Millimeter und ein Meter 1000 Millimeter hat. Ein Kilometer hat übrigens 1000 Meter. (Siehe Anhang.)

Tipp: Bei Rechnungen mit Maßeinheiten vorher alle Größen auf die gleiche Maßeinheit umrechnen, egal welche, aber jedenfalls die gleiche. Idealerweise aber in SI, siehe unten.

Wenn die Gesamtfläche einer Rolle Klopapier mit 10 cm Breite und 39 m Länge zu berechnen ist, werden eventhungrige Chaoten sich eine Rolle vom Schulklo besorgen und im Flur der Länge nach ausrollen, um auszuprobieren, wie viel Fläche man damit bedecken kann, während zahlengläubige Mäuschen den Flächeninhalt des Papiers zu $10 \cdot 39 = 390$ berechnen (und die 390 unterstreichen), ohne sich auch nur die Frage zu stellen, ob das nun 390 cm² oder 390 m² sind. Beides ist übrigens falsch. Sinnvoll wäre es gewesen, die 10 cm als 0,1 m auszudrücken und dann $0{,}1 \text{ m} \cdot 39 \text{ m} = 3{,}9 \text{ m}^2$ zu rechnen. Ebenso richtig wäre es, die 39 m Länge als 3900 cm auszudrücken und dann zu rechnen $10 \text{ cm} \cdot 3900 \text{ cm} = 39\,000 \text{ cm}^2$. $39\,000 \text{ cm}^2$ sind nämlich auch $3{,}9 \text{ m}^2$. Wenn man mit cm in die Rechnung reingeht, kommt am Ende auch alles in cm (cm², cm³ ...) raus. Wenn man mit m in die Rechnung reingeht, kommt am Ende auch alles in m (m², m³ ...) raus. Während der Rechnung kann man dann die Maßeinheiten getrost ignorieren.

Im Jahre 1960 hat die Generalkonferenz für Maße und Gewichte das so genannte SI-System festgelegt (Système International d'unités, womit „SI-System" ein Pleonasmus ist, allerdings ein allgemein üblicher, ähnlich wie „ISBN-Nummer"). Danach sind alle Längen in Meter, alle Massen in Kilogramm, alle Zeiten in Sekunden (usw.) anzugeben. Hiermit gilt dann auch ganz allgemein: Wenn man alle Größen in SI-Einheiten in die Rechnung hineinschickt, kommt das Ergebnis auch in SI-Einheiten raus. Das peinliche Umrechnen zwischen Maßeinheiten am Ende der Rechnung (wie viel Quadratzentimeter waren nun wieder 1 Quadratmeter?) bleibt einem damit ein für allemal erspart. An einer entsprechenden Menge karierten Papiers (der Inhalt eines Schulheftes müsste reichen) kann man das allerdings notfalls auch noch nachzählen: 1 m² = 10 000 cm² (nämlich 100 cm · 100 cm).

Leider hat sich auch 60 Jahre später das SI(-System) immer noch nicht allgemein durchgesetzt. Atomphysiker messen Längen immer noch in Ångström und Angelsachsen in Zoll und Meilen. Von angelsächsischen Atomphysikern ganz zu schweigen. Was übrigens zum Absturz der Marssonde „Mars Climate Orbiter" geführt hat (vgl 1. Mose 11, 1-8). Da kann man nichts machen. Aber zumindest die Generation Ihrer Kinder könnte ja mal damit anfangen, es besser zu machen.

Für jene pingeligen Mathelehrkräfte, die darauf bestehen, die Maßeinheiten durch die ganze Rechnung mitzuschleppen, gebe ich Ihnen hier mal eine Beispielaufgabe zum Abschrecken an die Hand:

*Die Ausströmgeschwindigkeit des Wassers aus einem Staubecken ist proportional zur Wurzel aus dem Wasserpegel. Bei 23,4 m Wasserstand beträgt sie 2,5 m/s. Der Ablauf hat*

*12 m² Querschnitt. In das Becken strömen pro Sekunde 36 m³. Gesucht ist eine Funktion, die die Ausströmgeschwindigkeit in Abhängigkeit von der Höhe beschreibt. Damit ist dann zu berechnen, bis zu welcher Höhe der Wasserpegel steigt, ehe sich Zufluss und Abfluss die Waage halten.*

Meiner Ansicht nach muss man schon ziemlich hartgesotten sein, um diese Aufgabe unter konsequenter Mitnahme der Maßeinheiten zu rechnen. Die Lösung beträgt übrigens $33\frac{87}{125}$ m (ca. 33,7 m).

## Mathematikbuch

Es begleitet im Idealfall den Mathematikunterricht mit Übungsmaterial zum Lehrstoff. Das klassische Lehrbuch war daher ursprünglich so aufgebaut, dass ein neues Thema mit einem Beispiel und einer Erklärung eingeleitet wurde (meist der gleichen, die die Lehrkraft auch an die Tafel schrieb, nur etwas sauberer), und im Anschluss folgte ein Fundus an Übungsaufgaben zu diesem Thema, aus dem für Hausaufgaben beliebig geschöpft werden konnte. Manche Aufgaben waren ohne Erläuterung nicht lösbar, was das Unterrichtsgespräch förderte. Schwarzweiß oder bestenfalls in abschreckenden Farbkombinationen wie grün-schwarz gedruckt.

Moderne Mathematikbücher zeichnen sich durch gefälligere Farben aus und enthalten Fotos zu mathematischen Gegenständen wie Pyramiden, Brücken oder Talsperren. Sollen so die Motivation fördern, sich mit diesen Dingen zu befassen (siehe Sachaufgaben). Arten dann gern in gruppendynamischen und zeitraubenden Schwachsinn aus (Miss die Körpergrößen deiner Mitschüler und stelle sie in einer Tabelle dar, bilde den Mittelwert. Stellt euch in zwei Kreisen auf, innen die unter dem Mittelwert und außen die über dem Mittelwert liegenden, berechnet die Differenz zum Partner, geht dann einen Platz weiter).

Der Aufgabenvorrat ist geschwunden und einer Orchideensammlung gewichen, die zu jeder Gattung höchstens zwei Exemplare enthält. Diese aber mit motivierenden bunten Bildern. Sobald sie im Unterricht besprochen wurden, ist für die Hausaufgaben nichts mehr übrig. Dies ermöglicht es den Verlagen, gesonderte Übungshefte (aka Arbeitshefte) als Begleitliteratur unters Volk zu bringen. Die Übungshefte sind dann meist nicht mehr bunt, sondern schwarzweiß oder in abschreckenden Farbkombinationen wie grün-schwarz gedruckt. Und unterlaufen die Lernmittelfreiheit, da Sie sie für Ihre Sprösslinge selber kaufen müssen. Zur Lösung der Aufgaben muss nämlich in ihnen, wie der Name vermuten lässt, gearbeitet werden (Kringele alle durch 3 teilbaren Zahlen ein), so dass sie nicht wiederverwendbar sind. Manchmal gibt es pro Schuljahr sogar mehrere, für jedes Thema eines.

Welches Lehrbuch angeschafft wird, ist daher eigentlich egal, es passt auf keinen Fall zum Unterricht. Es sei denn, die Lehrkraft hätte es selbst geschrieben. Wenn Sie auf der Konferenz über die Anschaffung eines Lehrbuchs mitentscheiden sollen, fragen Sie, ob Sie auch Übungshefte anschaffen müssen und was die kosten.

## Mengen

Im vorigen Jahrhundert brach in den Siebziger Jahren die Mengenlehre über die Schulen herein wie zwanzig Jahre später die (mehrfach) reformierte Rechtschreibung; im Gegensatz zu letzterer ist sie dann aber sang- und klanglos wieder verschwunden, nachdem eine Menge (!) Leute sich eine goldene Nase verdient hatten mit Büchern, die Eltern die Mengenlehre erklärten (und die Lehrmittelverlage mit Kästen voller bunter Klötzchen). Den Teil, der davon noch in den Schulen verblieben ist und ein inzwischen ziemlich unaufgeregtes Dasein führt, fasse ich hier mal kurz und knapp zusammen, ohne Ihnen ein eigenes Buch dafür zu verkaufen.

Wenn Sie Brötchen kaufen, packt der Bäcker Ihnen die in eine Tüte. Die mathematische Entsprechung einer Tüte ist eine Menge. Die Brötchen darin sind die Elemente der Menge. Ob das Roggenbrötchen oben oder unten liegt, ist dabei egal, d.h. mathematisch: die Reihenfolge der Elemente ist egal. Wie eine Brötchentüte aussieht, wissen Sie. Mathematische Tüten erkennt man daran, dass ihr Inhalt von geschweiften Klammern umgeben ist. Also „{" und „}".

1; 2; 3; 4; 5; 6 sind die möglichen Augenzahlen beim Würfeln.

$\Omega$ = { 1; 2; 3; 4; 5; 6 } ist die *Menge* der möglichen Augenzahlen beim Würfeln. $\Omega$ (griechisches Omega) ist eine endliche Menge, sie hat 6 Elemente, mathematisch: ihre Mächtigkeit beträgt 6. Es gibt auch unendliche Mengen, z.B. die Menge der natürlichen Zahlen N = { 1; 2; 3; 4; ... }.

Bleiben wir beim Würfeln: $G$ = { 2; 4; 6 } ist die Menge der geraden Augenzahlen beim Würfeln. Alle ihre Elemente kommen in $\Omega$ vor, deshalb nennt man sie eine Teilmenge von $\Omega$, mathematisch stenografiert: $G \subset \Omega$.

Die Menge $\overline{G}$ (sprich „G quer") enthält die Elemente von $\Omega$, die in $G$ *nicht* vorkommen, also den Rest. Man nennt sie die Komplementmenge von $G$. Logischerweise enthält sie die ungeraden Augenzahlen. $\overline{G}$ = { 1; 3; 5 }. Man könnte sie auch mit $U$ (wie „ungerade") abkürzen: $U = \overline{G}$. $U$ und $G$ ergeben *zusammen* die gesamte Menge $\Omega$, man spricht von der Vereinigungsmenge. $G \cup U = \Omega$ („$\cup$" liest man „vereinigt").

Für die Elemente, die sowohl in der einen als auch in der anderen Menge vorkommen, schreibt man z.B. $U \cap G$ und nennt es die Schnittmenge („$\cap$" liest man „geschnitten"). Elemente, die sowohl in $U$ als auch in $G$ vorkommen, gibt es allerdings nicht; mathematisch auch: $G$ und $U$ sind „disjunkt". Für solche Fälle ist der Begriff der „leeren Menge" eingeführt worden. Sie sieht so aus: { }, ist also eine Menge mit nichts drin. Genauso, wie es in Ihrer Tüte keine Brötchen mehr gibt, wenn Sie alle aufgegessen haben, die Tüte ist aber immer noch da, nur mit nichts drin. Im Beispiel ist also $U \cap G = \{ \}$: Das muss nicht immer so sein; wenn z.B. $K = \{ 1; 2 \}$ die Menge mit den kleinen Augenzahl ist, dann ist $K \cap G = \{ 2 \}$ und $K \cap U = \{ 1 \}$. Dagegen ist $K \cup G = \{ 1; 2; 4; 6 \}$. Obacht: Die 2 tritt in $K \cup G$ nur einmal auf, obwohl sie in $K$ *und* in $G$ steht.

Mengen können in so genannten Venn-Diagrammen veranschaulicht werden, die sehen aus wie Seifenblasen, erinnern auf diese Weise etwas mehr an die Bäckertüte, enthalten aber die Elemente der Menge, für die sie stehen.

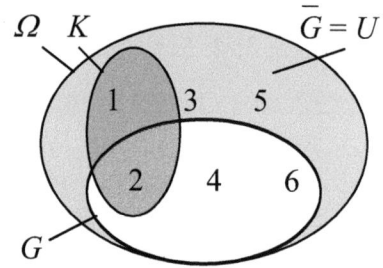

Die prominenteste Rolle spielen Mengen im Unterricht als Lösungsmengen von Gleichungen. Die Gleichung $x + 1 = 4$ hat zweifellos die Lösung 3, man schreibt dafür heute $L = \{ 3 \}$. Die früher übliche Schreibweise $\underline{\underline{x = 3}}$ (doppelt unterstrichen!) ist inzwischen out, weil sie im Grunde immer noch eine Gleichung ist, nur eine sehr einfach zu lösende. Sollte eine Gleichung gar keine Lösung haben, wie z.B. $x \cdot 0 = 5$, dann braucht man sich nicht mehr in „geht nicht" zu flüchten, sondern kann ganz offiziell $L = \{ \}$ schreiben: leere Menge.

Während Gott die Welt aus dem Chaos schuf (vgl. 1. Mose 1, 1-2), schufen Mathematiker die Welt (zumindest die der Zahlen) aus dem Nichts:

Die Menge $\{ \}$ enthält nichts, hat also die Mächtigkeit 0.
Die Menge $\{\{ \}\}$ enthält $\{ \}$, hat also die Mächtigkeit 1.
Die Menge $\{ \{ \}; \{\{ \}\} \}$ enthält $\{ \}$ und $\{\{ \}\}$, hat also die Mächtigkeit 2. Und so weiter.

Sie müssen zugeben, dass die Mathematik, dafür dass sie eigentlich auf Nichts beruht, inzwischen ganz schön weit gekommen ist.

## Minus

Ein Minus auf dem Konto ist für den Inhaber eine negative Nachricht; er hat es dann überzogen. Sollte der Kontostand dann wieder ins Plus geraten, so ist das hingegen eine positive Nachricht. Daher spricht man von negativen und positiven Zahlen.

Von der Öffentlichkeit weitgehend unbemerkt, gibt es in der Mathematik eigentlich zwei verschiedene Minus (vulgo Minusse) und zwei verschiedene Plus (vulgo Plusse; aber die fallen noch weniger auf). Ein Kontostand von -3000 € bedeutet 3000 € Schulden. Das Minus bei der -3000 ist ein Vorzeichen. In diesem Falle ein schlechtes. Wenn man hingegen bei einem Kontostand von 8000 € einen Betrag von 3000 € abhebt, dann berechnet man den neuen Kontostand als 8000 € – 3000 € = 5000 €. Hier ist das Minus ein Rechenzeichen. Ein Vorzeichen ist Bestandteil der Zahl, ein Rechenzeichen sagt, was man mit ihr machen soll. Die 5000 €, die nach dieser Buchung noch auf dem Konto sind, haben auch ein Vorzeichen, nämlich ein positives: +5000 €. Da man das normalerweise nicht mitschreibt, fällt es nur nicht so ins Auge. Wo man das Vorzeichen mitschreibt, drückt man die Zugehörigkeit zur Zahl gern durch eine Klammer aus: (+5000 €), (-3000 €).

Zu den großen Mysterien der Mathematik gehört, dass minus minus so viel wie plus ist. Falls Sie eine Erklärung wünschen, kann ich versuchen, es Ihnen wiederum am Kontostand plausibel zu machen (Bankkaufleute bitte mal weghören). Man muss jedoch innerlich bereit sein, es zu akzeptieren. Wenn man für sich beschlossen hat, es unsympathisch zu finden, muss man für den Rest seiner Tage mit dem Widerwillen leben.

Also: Wenn 3000 € auf Ihrem Konto (auf dem z.B. 8000 € sind) eingehen, wird der Kontostand um 3000 € größer. Die positiven +3000 € (Vorzeichen plus) werden zum Konto hinzugebucht (Rechenzeichen plus), der Kontostand wird größer: plus plus ist plus. Als Rechnung:

8000 € + (+3000€) = 8000 € + 3000 € = 11000 €.

Wenn 3000 € von Ihrem Konto abgehen, wird der Kontostand um 3000 € kleiner. Die Abbuchung -3000 € (Vorzeichen minus) wird zu Ihrem Kontostand hinzugefügt (Rechenzeichen plus): plus minus ist minus.

8000 € + (-3000 €) = 8000 € – 3000 € = 5000 €.

In den Genuss eines Schuldenerlasses werden Sie, da Sie vermutlich nicht systemrelevant sind, nicht kommen. Spielen wir es in Gedanken trotzdem mal durch. Wenn die Bank Ihnen bei einem Kontostand, der mit -8000 € in den Miesen ist, 3000 € Schulden erlässt, wird Ihr Kontostand um 3000 € größer. -3000 € (Schulden, Vorzeichen minus) werden also von Ihrem Konto weggebucht (Rechenzeichen minus). Der Kontostand wird größer: minus minus ist plus.

In der Rechnung schreibt man dort, wo minus minus aufeinander trifft, zum Zeichen, dass das eine Minus ein *Vor*zeichen ist und zur Zahl dazugehört, das Ganze wieder in Klammern: (-3000 €). Das *Rechen*zeichen Minus kommt dann vor die Klammer. Also:

(-8000 €) – (-3000€) = -8000 € + 3000 € = -5000 €.

Das Schöne: Rechenregeln und Formeln der Mathematik sind so gemacht, dass sie mit negativen und positiven Zahlen gleich gut funktionieren, wenn man nur die Vorzeichen in Ruhe lässt und nicht versucht, ihnen eine Sonderbehandlung („aber da muss man doch minus rechnen") zukommen zu lassen.

„Alter Kontostand plus Buchung = neuer Kontostand"

gilt für Ihr (nicht systemrelevantes) Konto immer. In Worten: immer! Egal, ob Minuszahlen dabei sind oder nicht.

Alt: +4000 €, Buchung: -3000 €:
Neu: (+4000 €) + (-3000 €) = 1000€ .

Alt: -4000 €, Buchung: -3000 €:
Neu: (-4000 €) + (-3000 €) = -7000 € .

Alt: +4000 €, Buchung: +3000 €:
Neu: (+4000 €) + (+3000 €) = 7000 € .

Alt: -4000 €, Buchung: +3000 €:
Neu: (-4000 €) + (+3000 €) = -1000 € .

Tippen Sie das so ein, und der Taschenrechner wird Ihnen das richtige Ergebnis liefern. Falsch wird es nur, wenn man meint, man müsse bei Minus doch abziehen und daher eigenmächtig die Formel ändert, z.B. (*Achtung: falsch!*):

Alt: -4000 €, Buchung: -3000 €:
Neu: (-4000 €) – (-3000 €) = -1000 €.

Gängige Fehlerquelle etwa bei quadratischen Gleichungen (siehe dort).

## Mischungsaufgaben

Beliebter Sachaufgabentyp zum Auflösen von Gleichungen. Kommen sogar im normalen Haushalt vor: 50 ml (50 Milliliter = 50 cm³) Essig-Essenz mit 20% Säuregehalt sollen mit Wasser auf 5% Säuregehalt herunter verdünnt werden. Wie viel Wasser muss zugefügt werden?

Man stelle sich am einfachsten vor, dass die 20% Essigsäure sich unten im Gefäß abgesetzt haben. 20% von 50 ml sind 10 ml. Jetzt soll Wasser dazu, so dass das Ergebnis 5%-ig ist. Die 10 ml Säure sollen also nach dem Verdünnen nur noch 5% der Flüssigkeit ausmachen. Dazu müssen es 200 ml Flüssigkeit sein (denn 5% von 200 ml sind 10 ml, siehe Prozentrechnung). Da schon 50 ml da sind, müssen noch 150 ml dazu. Also müssen 150 ml Wasser hinzugefügt werden. Da das nicht jeder ausrechnen kann, steht es allerdings auf der Essigflasche drauf, da kann gar nichts passieren.

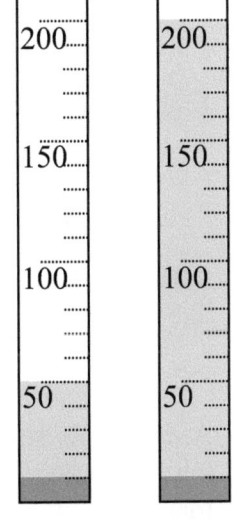

konzentriert    verdünnt

Allgemein und mit Buchstaben (ggf. siehe Buchstaben):

$m_1$ = Menge der ersten Flüssigkeit,
$m_2$ = Menge der zweiten Flüssigkeit,
$c_1$ = Konzentration der ersten Flüssigkeit,
$c_2$ = Konzentration der zweiten Flüssigkeit ($c_2$ = 0 für Wasser),
$c$ = Konzentration der Mischung.

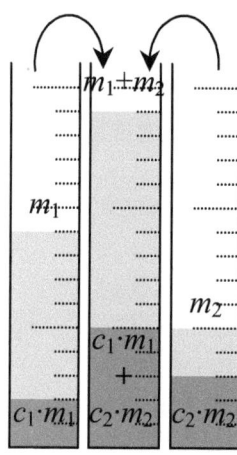

Die Konzentration der Mischung ist dann die Säuremenge in der ersten Flüssigkeit ($c_1 \cdot m_1$) plus die Säuremenge in der zweiten Flüssigkeit ($c_2 \cdot m_2$), verteilt auf die Gesamtmenge der Flüssigkeit ($m_1 + m_2$). Als Formel:

$$c = \frac{c_1 \cdot m_1 + c_2 \cdot m_2}{m_1 + m_2}.$$

Bekannte Werte werden als Zahlen eingesetzt, die eine (und einzige) Unbekannte kann man $x$ nennen. Nach $x$ auflösen (siehe Gleichung). Im obigen Beispiel also:

$m_1 = 50$; $c_1 = 0{,}2$ (50 ml Essig-Essenz von 20% = $\frac{20}{100}$ = 0,2);

$m_2 = x$; $c_2 = 0$ (reines Wasser = 0%, die Menge ist gesucht);

$c = 0{,}05$ (5%-ige Säure soll herauskommen; 5% = $\frac{5}{100}$ = 0,05).

Eingesetzt in die Formel:

$$0{,}05 = \frac{0{,}2 \cdot 50 + 0 \cdot x}{50 + x} \qquad | \text{ T (Zähler ausrechnen)}$$

$$0{,}05 = \frac{10}{50 + x} \qquad | \cdot (50 + x)$$

$$0{,}05 \cdot (50 + x) = 10 \qquad | \text{ T (Ausmultiplizieren)}$$

$$2{,}5 + 0{,}05 \cdot x = 10 \qquad | -2{,}5$$

$$0{,}05 \cdot x = 7{,}5 \qquad | : 0{,}05$$

$$x = 150$$

Antwort: Es sind 150 ml Wasser hinzuzufügen. Die ml habe ich in der Rechnung weggelassen, getreu der Maxime: Wenn man alles in ml einsetzt, kommt das Ergebnis auch in ml heraus (siehe Maßeinheiten).

Wenn man dabei die Umrechnung in Prozent (Hundertstel) vergisst, passiert nichts Schlimmes; dann sind beide Seiten der Gleichung 100mal größer und das Ergebnis stimmt trotzdem, da sich die 100 herauskürzt. Ist aber höchst schlechter Stil.

Aus Sicht des Chemikers sollte man übrigens nicht das Wasser in die Säure, sondern die Säure in das Wasser gießen: „Niemals Wasser in die Säure, sonst geschieht das Ungeheure!" Wasser und Säure neigen bisweilen zu einer heftigen Reaktion, so dass es spritzen kann. Und dann spritzt besser das Wasser als die Säure (Die Chemielehrkraft erklärt Ihnen das gern genauer). Im Zweifel Schutzbrille tragen!

Die Formel klappt erstaunlicherweise bei allen Mischungen, sogar bei Temperaturen statt Konzentrationen. 0,6 Liter Wasser von 20 °C und 1,2 Liter Wasser von 50 °C werden zusammengegossen. Welche Temperatur hat die Mischung? Man ersetzt einfach alle $c$ (Konzentration) durch $T$ (Temperatur):

$$T = \frac{T_1 \cdot m_1 + T_2 \cdot m_2}{m_1 + m_2} \ .$$

In Zahlen:

$$T = \frac{20 \cdot 0,6 + 50 \cdot 1,2}{0,6 + 1,2} = \frac{12 + 60}{1,8} = \frac{72}{1,8} = 40.$$

Die Mischung hat 40 °C. Jedenfalls, wenn sie bei der Herumkleckerei nicht inzwischen abgekühlt ist.

## Mittelwert

Trifft ein Schütze einmal den linken und einmal den rechten Rand der Scheibe, dann saß der Schuss im Mittel im Schwarzen. Dies erklärt am einfachsten den „arithmetischen Mittelwert": Er liegt in der Mitte zwischen den Einzelwerten. Dazu addiert man die beiden Werte $a$ und $b$ und dividiert die Summe durch 2; als Formel:

$$m_a = \frac{a+b}{2}.$$

Bei drei Werten dividiert man durch 3, bei vier durch 4 usw. Jedes Ihrer Kinder lernt auch ohne jegliche pädagogische Hilfe, auf diese Weise die Durchschnittszensur aus mehreren Klassenarbeiten zu berechnen. An einem Maßstab wie z.B. einem Gliedermaßstab (vulgo Zollstock) liegt in der Mitte zwischen 30 cm und 120 cm die Marke 75 cm:

$$m_a = \frac{30+120}{2} = \frac{150}{2} = 75 \ (m_a \text{ für arithmetisches Mittel}).$$

Dummerweise gibt es noch zwei andere Mittelwerte. Dem „geometrischen Mittel" liegt ein geometrisches Problem zu Grunde: Wie groß ist die Kantenlänge eines Quadrates, das den gleichen Flächeninhalt hat wie ein Rechteck der Abmessungen $a$ und $b$? Formel:

$$m_g = \sqrt{a \cdot b}.$$

Hat das Rechteck z.B. die Maße 30 cm und 120 cm, dann ist sein Flächeninhalt 30 cm $\cdot$ 120 cm = 3600 cm².

Die Kantenlänge eines Quadrates mit eben diesem Flächeninhalt ist die Wurzel daraus:

$$m_g = \sqrt{30 \cdot 120} = \sqrt{3600} = 60$$

also 60 cm ($m_g$ für geometrisches Mittel).

Und schließlich gibt es noch das „harmonische Mittel". Es errechnet z.B. die Durchschnittsgeschwindigkeit bei einem Rennen, in dem die erste Etappe mit der Geschwindigkeit $a$ und die zweite (gleich lange!) Etappe mit der Geschwindigkeit $b$ gefahren wurde:

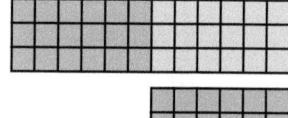

$$m_h = \frac{2}{\frac{1}{a} + \frac{1}{b}}.$$

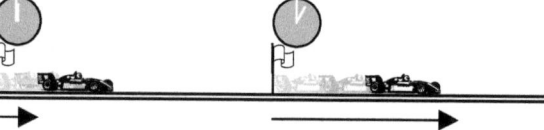

Wenn z.B. die Geschwindigkeit auf der ersten Etappe 30 km/h war (kurvige Gebirgsstrecke mit Baustellen) und die auf der zweiten 120 km/h (gerade Landstraße mit großzügiger Geschwindigkeitsüberschreitung), dann ist ($m_h$ für harmonisch)

$$m_h = \frac{2}{\frac{1}{30} + \frac{1}{120}} = \frac{2}{\frac{4}{120} + \frac{1}{120}} = \frac{2}{\frac{5}{120}} = 2 \cdot \frac{120}{5} = 48 \text{ (km/h)},$$

also 48 km/h Durchschnittsgeschwindigkeit. Nicht mehr? Nein, nicht mehr! Tipp für harmonischeres Autofahren: Wenn eine Baustelle Sie ausbremst, bringt es nur wenig, hinterher das Gas durchzutreten.

Glauben Sie nicht? Gut, Sie wollten es nicht anders; rechnen Sie mit:

Etappenlänge z.B. 30 km. Erste Etappe 30 km mit 30 km/h. Für die erste Etappe brauchen Sie also eine Stunde. Zweite Etappe, auch 30 km, jetzt mit 120 km/h. Wenn Sie in einer Stunde 120 km weit kämen, brauchen Sie für 30 km (was ¼ davon ist) auch nur eine Viertelstunde.

Dann haben Sie für beide Etappen zusammen (= 60 km) also 1¼ Stunden gebraucht (= 75 Minuten). In einer Stunde (60 Minuten, das sind $\frac{60}{75} = \frac{4}{5}$ von 75 Minuten) schaffen Sie $\frac{4}{5}$ der Strecke, das sind 48 km. Also ist die Geschwindigkeit 48 km/h.

Halten Sie sich hingegen auf der Landstraße an die vorgeschriebenen 100 km/h, dann ist (gerundet auf Ganze)

$$m_h = \frac{2}{\frac{1}{30} + \frac{1}{100}} = \frac{2}{\frac{10}{300} + \frac{3}{300}} = \frac{2}{\frac{13}{300}} = 2 \cdot \frac{300}{13} \approx 46 \text{ (km/h)}.$$

Für die ganze Strecke brauchen Sie damit 78 Minuten (statt 75). Mal ehrlich, sind die drei Minuten ein Knöllchen wert?

Nein, es liegt mir natürlich ferne, Sie belehren zu wollen. Aber es tröstet Sie sicher, dass der harmonische Mittelwert auch im Unterricht nach einmaliger Erwähnung nie wieder vorkommt.

## Monotonie

Zäh tropfen die Minuten dahin, ein bescheuerter Architekt hat die Tafel genau so eingeplant, dass man beim Blick dorthin von der Sonne geblendet wird, und die Type da vorne erklärt mit wachsender Verzweiflung in der Stimme zum gefühlt fünfundzwanzigsten Male die Geradengleichung, die immer noch keiner verstanden hat. Müdigkeit kriecht in die Knochen, die Augen fallen zu. Was kann monotoner sein?

So leid es mir tut, aber die Geradengleichung (siehe dort) handelt wirklich von einer monotonen Funktion. Wenn sich, wie eben bei einer Geraden, der $y$-Wert aus dem $x$-Wert mittels $y = m \cdot x + n$ berechnet, dann erhält man z.B. mit $m = 0,5$ und $n = 2$ die folgende Wertetabelle:

| $x =$ | -3 | -2 | -1 | 0 | 1 | 2 | 3 |
|---|---|---|---|---|---|---|---|
| $y = f(x) = 0,5 \cdot x + 2$ | 0,5 | 1 | 1,5 | 2 | 2,5 | 3 | 3,5 |

Von links nach rechts steigen die $x$-Werte an, und die $y$-Werte auch. So eine Funktion nennt man monoton steigend, weil es ständig bergauf geht und sich einfach keine Abwechslung einstellen will. Wenn es ständig bergab geht, ist das auch monoton, aber monoton fallend. Beispiel:

| $x =$ | -3 | -2 | -1 | 0 | 1 | 2 | 3 |
|---|---|---|---|---|---|---|---|
| $y = f(x) = -1,5 \cdot x + 3$ | 7,5 | 6 | 4,5 | 3 | 1,5 | 0 | -1,5 |

Es gibt etwas spannendere Funktionen, die trotzdem auch monoton sind, nämlich wenn sich $y$ nicht gleichmäßig ändert, aber nichtsdestoweniger immer weiter ansteigt (oder immer weiter abnimmt). Beispiel: eine Exponentialfunktion.

| $x =$ | -3 | -2 | -1 | 0 | 1 | 2 | 3 |
|---|---|---|---|---|---|---|---|
| $y = f(x) = 2^x$ | 0,125 | 0,25 | 0,5 | 1 | 2 | 4 | 8 |

Allen monotonen Funktionen gemeinsam ist: „Je größer $x$, desto größer $y$" (monoton steigend); bzw. „Je größer $x$, desto kleiner $y$" (monoton fallend). Siehe auch unter „je - desto".

# Nachhilfe

Letzter Rettungsanker, wenn die Schulleistungen den Bach runter gehen; Einnahmequelle für diverse Nachhilfeinstitute (Achtung: die strahlenden Gesichter auf den Hochglanzflyern könnten auch gefaked sein). Vor der Pandemie hätte ich gesagt: *Professioneller Unterricht in einer geordneten Schulumgebung (!) sollte so geartet sein, dass der Lehrstoff ohne Nachhilfe zu bewältigen ist.* Nur, dass es ja zeitweise gar keine geordnete Schulumgebung gab. Nachhilfe kann sinnvoll sein, wenn durch besondere Umstände (längere Krankheit, Scheidung der Eltern, Tod einer Bezugsperson, Pandemie...) Ihr Kind einige Zeit körperlich oder geistig am Unterricht nicht teilnehmen konnte. Der versäumte Stoff kann dann mittels Nachhilfe aufgearbeitet werden. Scheuen Sie sich ggf. nicht, professionelle Hilfe in Anspruch zu nehmen (Ansprechpartner: Schulpsychologe).

Dauerhaft erforderliche Nachhilfe ist ein Indiz dafür, dass irgendetwas gewaltig schief läuft. Sollte der größere Teil der Klasse von diesem Problem betroffen sein, scheint die Ursache im Unterricht oder in der Schule zu liegen (Ansprechpartner: Fachlehrkraft, Elternvertretung, Klassenleitung, Schulleitung, Presse - in dieser Reihenfolge). Wenn es nur Ihr Kind betrifft, wäre zu überlegen, ob Ihr Kind wirklich in diese Klasse gehört. Wird es mit der Lehrkraft oder den Mitschülern nicht warm? Ist es überfordert? Sind eventuell *Sie* zu anspruchsvoll? Oder liegt vielleicht Dyskalkulie vor? (Das kann man testen lassen!)

Um Lücken gar nicht erst entstehen zu lassen, ermutigen Sie Ihren Sprössling, beizeiten nachzufragen, wenn etwas unklar ist. Beizeiten meint: Schon im Stadium „ich habe nicht verstanden, warum man hier durch 3 teilen muss" und nicht erst im Stadium „ich habe das alles nicht verstanden". Letzteres klingt in den Ohren pädagogischen Personals leicht wie ein Vorwurf („Sie sind zu blöde, das zu erklären!") und verringert dessen Motivation, überhaupt etwas zu erklären. Abgesehen davon kann auch die beste Lehrkraft nicht in einer Fünf-Minuten-Pause eine Lücke der Größe „das alles" schließen.

Tipp: Begabte Schüler und Schülerinnen der Sekundarstufe II (aka Oberstufe) bessern gern ihr Taschengeld auf, indem sie Nachhilfe für die Sekundarstufe I geben und sind billiger aber nicht schlechter als Nachhilfeinstitute. Vielleicht unterhält die Schule sogar eine Nachhilfebörse (auf der Elternversammlung fragen). Im Übrigen: Bei anderweitig gelagerten Talenten kann man das Abitur auch mit einer Fünf in Mathematik bestehen. Also kein Grund zur Panik!

## Nebenrechnung

Vor langer Zeit, als Frauen noch Heldinnen und Männer noch schön waren, traten die Weisen des Volkes zusammen, berieten lange und verkündeten schließlich also: Ihr kühnen Recken, die ihr unerschrocken gegen mathematische Probleme kämpft, verunreinigt nicht eure heiligen Lösungswege durch niedere Verrichtungen wie Addieren, Subtrahieren, Multiplizieren und Dividieren. Nehmt daher ein unbeflecktes Pergament und dokumentiert alldort, welcher glanzvolle Weg vom Problem zur Lösung führt. Für die unreinen Tätigkeiten aber greift zu einem gesonderten Zettel und besudelt ihn nach Herzenslust mit euren Nebenrechnungen. Niemals falle ein Blick des gemeinen Volkes auf diesen Schmierzettel, auf dass der hehre Ruhm eurer Lösung nicht vor den Unwissenden in den Schmutz gezogen werde.

Die Zeiten vergingen, die Denkmäler der Heldinnen und der Schönen verfielen und ihre Namen wurden vergessen, aber obwohl ich diese Legende frei erfunden habe, scheint sie bis heute fest in den Köpfen der Lernenden verankert zu sein.

Jedenfalls verbergen sich Nebenrechnungen noch immer auf abgerissenen Notizzetteln, Korrekturrändern, Löschblättern oder auf der Tischplatte. Die Übersichtlichkeit eines Lösungsweges, falls es so etwas gibt, wird zwar durchaus erhöht, wenn man die Nebenrechnungen gesondert erledigt. Andererseits darf die Nebenrechnung kein Geheimnis sein. Wenn Fehler auftreten, dann vermutlich hier. Das Aufspüren von Fehlerquellen und die Beratung zum Zweck der zukünftigen Vermeidung ist das ständige Bestreben der Unterrichtenden. Sie freuen sich, wenn man ihnen diese aufopferungsvolle Tätigkeit nicht unnötig durch sorgfältiges Verstecken der Nebenrechnung erschwert; letztlich liegt das also auch im Interesse der Kinder.

Ihr Eltern der Hoffnungsträger unser aller Zukunft, achtet bitte darauf. Die Nebenrechnung gehört in eine gesonderte Spalte neben die Rechnung. Deshalb heißt sie ja so. Man kann „Nebenrechnung" oder „N.R." darüber schreiben, um sie als solche zu kennzeichnen. Sie wird auch nicht geschmiert, sondern ebenso sauber geschrieben wie die andere Seite, schon allein, damit nicht profane Lesefehler beim Entziffern der eigenen Schrift den edlen Teil zu Fall bringen.

Ich hoffe, diese Botschaft ist angekommen (siehe übrigens auch unter radieren).

## Netze

Das Netz eines Körpers ist das, was man in der Alltagssprache als Bastelbogen bezeichnen würde: Ein Ausschneidebogen, dessen Teile zusammengeklebt das angestrebte Objekt (Lokomotive, Schiffsmodell, Mondrakete...) ergeben. In der Geometrie sind die Körper etwas einfacher: Würfel, Quader, Pyramide..., mit der Folge, dass der Bastelbogen (im Gegensatz zu dem eines Flugzeugträgers) in einem einzigen Stück ausgeschnitten werden kann.

Denkaufgabe: Welche dieser Netze ergeben einen Würfel und welche nicht?

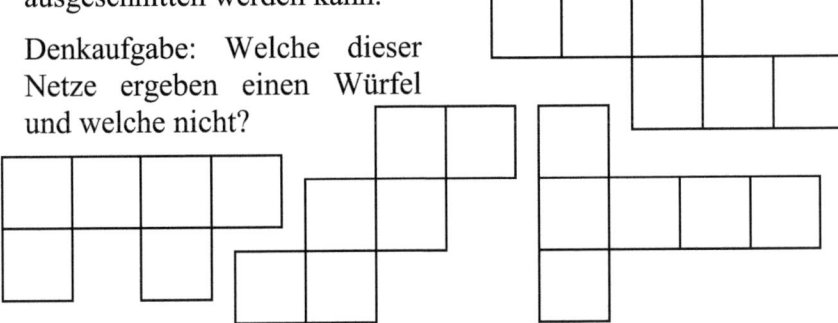

Entwerfen und Zusammenbauen von solchen Netzen fördern Motorik, zeichnerische Präzision und räumliches Vorstellungsvermögen. Das noch nicht zusammengebaute Netz (einmal probeweise falten, ob es passt) gibt auch einen guten Überblick über die Oberfläche des späteren fertigen Körpers (Oberflächenberechnung!). Was den mathematischen Netzen allerdings systematisch fehlt, sind die Klebelaschen, mit denen man die Teile verbindet. Diese müssen an geeigneten Stellen hinzugefügt werden. Meistens hat man dann zuviel, die überflüssigen kann man zur Not ja abschneiden. Das Vermeiden von überflüssigen Klebelaschen ist aber eine weitere gute Übung zum räumlichen Vorstellungsvermögen.

So wie die binomische Formel $(a + b)^2$ = $a^2 + 2 \cdot a \cdot b + b^2$ durch quadratische ($a^2$, $b^2$) und rechteckige (2 mal $a \cdot b$) Flächen illustriert werden kann, geht es mit der Formel $(a + b)^3$ mit Würfeln ($a^3$, $b^3$) und Quadern (3 mal $a^2 \cdot b$, 3 mal $b^2 \cdot a$), siehe Abbildung. Eine hübsche Herausforderung ist es, die Netze der beteiligten Teilkörper zu entwerfen und das Ganze als Modell zu basteln. Im Unterricht fehlt für so etwas leider meist die Zeit.

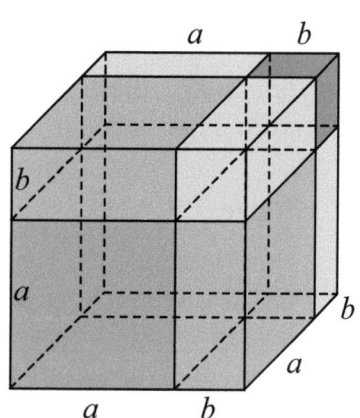

Wollten Sie nicht mal wieder mit Ihren Kindern zusammen etwas basteln, statt sie mit dem Handy daddeln zu lassen? Wenn Sie erfolgreich bis zum Pyramidenstumpf und Ikosaeder vorgedrungen sind, können Sie sich als Nächstes die historische Dampflokomotive ADLER - nebst Waggons - vornehmen (Bastelbogen kostenlos im Internet). Viel Spaß!

Tipp: Die handelsüblichen Klebestifte (die so ähnlich wie ein Lippenstift bedient werden) eignen sich für anspruchsvolle Objekte nicht. Sie kleben nur auf Druck, und spätestens bei der letzten zu befestigenden Fläche kommt man mit dem Finger nicht mehr von innen ran, um den erforderlichen Gegendruck auszuüben. Besser: Alleskleber. Bindet auch ohne Druck ab, muss nur bis zum Abbinden fixiert werden, was von außen durch hinreichend langes Festhalten zu bewerkstelligen ist. Was wiederum die Tugend der Geduld fördert. Es gibt gesundheitlich unbedenkliche Alleskleber auf Wasserbasis ohne Lösungsmittel. Alte Zeitungen unterlegen zum Schutz des Mobiliars gegen auslaufende Tuben! Falls Sie Ihre Zeitung nur online lesen, haben Sie jetzt ein Problem.

Die wichtigsten Netze finden Sie in Stein gemeißelt auf S. 257.

## Null

Die kleinste gerade noch natürliche Zahl (je nach Auffassung fangen die auch erst bei 1 an, bei Euklid sogar erst bei 2), mit der man ausdrückt, dass man nichts hat. Aber auch keine Schulden. Berühmt geworden als die „schwarze Null" im Bundeshaushalt (Tja, das ist nun wohl Vergangenheit). Mathematisch in vielerlei Hinsicht ein Sonderfall.

Addieren (vulgo Zuzählen) oder Subtrahieren (vulgo Abziehen) von 0 ändert nichts am Wert einer Zahl. $42 + 0 = 42$. $42 - 0 = 42$.

Anhängen einer Null an eine Zahl verzehnfacht sie: 420. Neben der Möglichkeit zur Bankrotterklärung übrigens eine der bedeutendsten Eigenschaften der Null: Sie wertet die davor stehenden Ziffern auf (1, 10, 100, 1000...), ermöglicht so das Dezimalsystem und vereinfacht das Rechnen dramatisch gegenüber den römischen Zahlen (wo man I, X, C, M schreiben müsste).

Multiplizieren (vulgo Malnehmen) mit 0 vernichtet eine Zahl vollständig und nachhaltig: $42 \cdot 0 = 0$.

Beim Potenzieren (siehe Potenzen) ergibt hoch null immer eins: $42^0 = 1$. Außer $0^0$, das ist nicht definiert.

Beim Dividieren (vulgo Teilen) stellt sie sich an: Man darf zwar die Null dividieren: $0 : 42 = 0$, will sagen, wenn nichts zu verteilen ist, kriegt jeder nichts. Durch 0 darf aber nicht dividiert werden. Warum das so ist, siehe Grundrechenarten.

Wenn man es trotzdem versucht, rächt sie sich ganz fürchterlich. Hierzu, wenn Sie so viel Mathe auf sich nehmen mögen, eine kleine Demonstration einer beliebten Fehlerquelle. Durch Dividieren kann man Gleichungen (siehe Gleichung) vereinfachen, um zu handlicheren Zahlen zu gelangen:

$$5 \cdot x - 5 = 0 \quad | \text{ T (Ausklammern von 5; man beachte } 5 = 5 \cdot 1)$$
$$5 \cdot (x - 1) = 0 \quad | \; : 5$$
$$x - 1 = 0 \quad | \; +1$$
$$x \quad = 1.$$

Die Lösung der Gleichung ist also 1, d.h. $L = \{\, 1 \,\}$. Das führt in die Versuchung, bei

$$5 \cdot x^2 - 5 \cdot x = 0$$

entsprechend zu rechnen:

$$5 \cdot x^2 - 5 \cdot x = 0 \quad | \text{ T } (x^2 = x \cdot x)$$
$$5 \cdot x \cdot x - 5 \cdot x = 0 \quad | \text{ T (Ausklammern von } 5 \cdot x)$$
$$5 \cdot x \cdot (x - 1) = 0 \quad | \; : (5 \cdot x)$$
$$x - 1 = 0 \quad | \; +1$$
$$x \quad = 1.$$

Alles gut, die Lösung ist 1. Probe:

$5 \cdot 1^2 - 5 \cdot 1 = 5 - 5 = 0$. Stimmt.

Aber wenn man für $x$ nicht 1, sondern 0 einsetzt, bemerkt man erstaunt:

$5 \cdot 0^2 - 5 \cdot 0 = 0 - 0 = 0$. Stimmt auch.

Die korrekte Lösungsmenge (siehe übrigens unter Mengen) wäre also gewesen

$L = \{\, 0\,;\, 1 \,\}$.

Warum hat die Rechnung dann nur eine Lösung geliefert? Weil die andere Lösung $x = 0$ gewesen wäre. Mit dem Schritt

$5 \cdot x \cdot (x - 1) = 0 \quad | : (5 \cdot x)$

hat man in dem Falle unbemerkt durch $5 \cdot 0$, also durch 0 dividiert. Zur Strafe ist eine Lösung vernichtet worden. Was übrig bleibt, ist die andere Lösung, bei der die Division $:(5 \cdot x)$ zulässig war, weil bei $x = 1$ eben $:(5 \cdot 1)$ gerechnet wurde, also $:5$. Und das ist ja nichts Schlimmes.

Korrekt wäre statt dessen folgende Vorgehensweise:

$$5 \cdot x^2 - 5 \cdot x = 0 \quad | \; T \; (x^2 = x \cdot x)$$
$$5 \cdot x \cdot x - 5 \cdot x = 0 \quad | \; T \; (\text{Ausklammern von } 5 \cdot x)$$
$$5 \cdot x \cdot (x - 1) \;\; = 0 \quad | :5$$
$$x \cdot (x - 1) \;\; = 0$$

Ein Produkt ist gleich 0, wenn einer der Faktoren 0 ist (siehe oben: Multiplikation mit 0). Also ist die eine Lösung da, wo der erste Faktor 0 ist, bei $x = 0$. Die andere ist da, wo der zweite Faktor 0 ist, also $x - 1 = 0$. Was dann zu $x = 1$ führt.

Kurz und knapp zum Merken: Durch $x$ nur dividieren, wenn man sicher sein kann, dass $x$ nicht 0 ist. Ansonsten böses Erwachen!

## Nullstelle

Eine Stelle $x$, an der eine Funktion den $y$-Wert Null hat. In der Grafik daran zu erkennen, dass der Funktionsgraph (siehe dort) hier die $x$-Achse trifft. Berechnung durch Lösen der Gleichung $f(x) = 0$, wenn man bei $f(x)$ den Funktionsterm einsetzt.

Beispiel: Nullstelle der Geraden mit der Gleichung (siehe dort)

$$y = f(x) = 3 - 2 \cdot x \,.$$

An der Nullstelle soll $y = 0$ sein, es gilt also: $0 = 3 - 2 \cdot x$. (Bei pingeliger Lehrkraft allerdings: $0 = 3 - 2 \cdot x_N$, mit dem nicht ganz falschen Argument, dies gelte schließlich nicht für alle $x$, sondern nur für das $x$ der Nullstelle, genannt $x_N$. Na schön.)

Lösen:
$$0 = 3 - 2 \cdot x \quad | + 2 \cdot x$$
$$2 \cdot x = 3 \quad\quad\;\; | : 2$$
$$x = 1{,}5.$$

Die Nullstelle liegt bei $x = 1{,}5$ bzw. beim Punkt $N(1{,}5 \mid 0)$. Die Grafik sieht aus wie nebenstehend (linkes Bild). Da es sich im Beispiel um eine lineare Funktion handelt, ist der Graph eine Gerade.

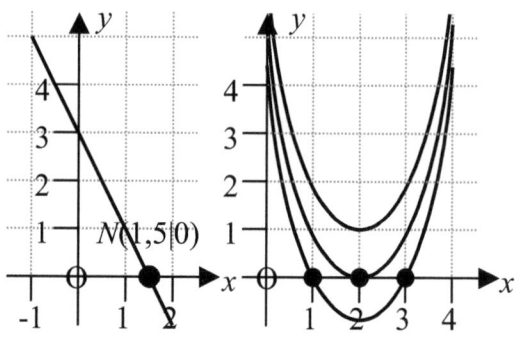

Im Falle einer quadratischen Funktion ist der Graph eine Parabel (siehe dort) und es ergibt sich eine quadratische Gleichung (siehe dort) mit zwei, einer oder keiner Lösung(en). Entsprechend trifft eine Parabel die $x$-Achse zweimal, einmal oder gar nicht (Beispiele oben in der rechten Grafik).

## orthogonal

Wird als Ersatzwort für „senkrecht" benutzt, wenn das, was da senkrecht ist, gar nicht senkrecht aussieht. Unter senkrecht versteht man in der Umgangssprache das, was eigentlich mit einem Senkblei ausgelotet wird: lotrecht, also im rechten Winkel zum Fußboden. In der Mathematik bedeutet es hingegen: im rechten Winkel zu irgendetwas. Wenn einem die Haare senkrecht stehen, gibt es dafür im Prinzip zwei Möglichkeiten: senkrecht zur Kopfhaut oder senkrecht zum Fußboden.

Wenn man nicht den Fußboden meint, kann man zur Sicherheit orthogonal sagen. Allerdings muss man dann auch sagen, orthogonal wozu. In diesem Falle: orthogonal zur Kopfhaut.

Um die Verwirrung zu vollenden: Orthogonal zum Fußboden wäre dann so viel wie lotrecht.

Eine Gerade, die auf etwas orthogonal steht, nennt man auch eine Normale. Im oberen Bild sehen Sie Normalen zur Kopfhaut. Ob Sie das normal finden, weiß ich nicht, ist aber so.

## Parabel

Eine bestimmte Kurvenform von Funktionsgraphen. Tritt bei quadratischen Funktionen auf (siehe Funktionsgraph). Der einzige Funktionstyp, für den die Anschaffung eines Kurvenlineals dringend zu empfehlen ist; das Ding nennt sich Normalparabel oder Parabelschablone. Sieht so aus:

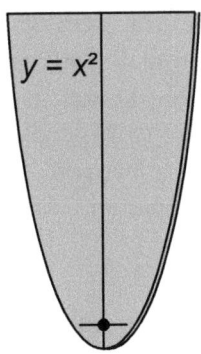

Zeichnet bei sachgemäßer Handhabung den Funktionsgraphen zur Funktionsgleichung $f(x) = x^2$. Alle anderen Parabeln kann man hieraus mit ein wenig Zahlenzauber gewinnen. Wer's nicht glaubt, legt eine Wertetabelle an und rechnet nach.

1. Rauf oder runter: Addieren einer Zahl zu $x^2$ verschiebt die Parabel im Koordinatensystem nach oben oder (bei negativen Zahlen) nach unten. Abgebildet für $x^2 - 2$; $x^2 - 1$; $x^2 + 1$; $x^2 + 2$.

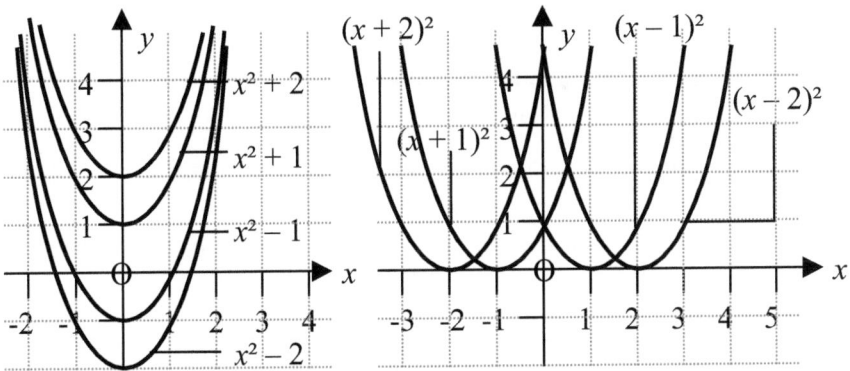

2. Links oder rechts: Addieren einer Zahl zu $x$ (die dann zusammen mit dem $x$ quadriert wird) verschiebt die Parabel im Koordinatensystem zur Seite. Negative Zahlen verschieben die Parabel nach rechts, positive nach links. Nein, das ist kein Druckfehler. Mit einer Wertetabelle können Sie sich davon überzeugen. Abgebildet für $(x - 2)^2$, $(x - 1)^2$, $(x + 1)^2$, $(x + 2)^2$.

3. Steil oder flach. Mit einem Faktor vor dem $x^2$ kann man die Parabel sanft oder schroff ansteigen lassen. Ist der Faktor negativ, so lässt die Kurve die Ohren hängen wie ein Cockerspaniel. Abgebildet für

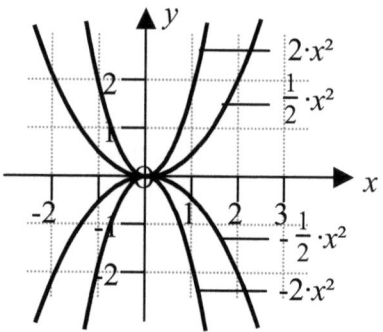

$-2 \cdot x^2$, $-\frac{1}{2} \cdot x^2$, $\frac{1}{2} \cdot x^2$, $2 \cdot x^2$.

4. Alles zusammen. Durch Kombination dieser Möglichkeiten erreicht man jede gewünschte Lage und Form der Parabel. Beispiel:

$$f(x) = -\frac{1}{2} \cdot (x-1)^2 + 2$$

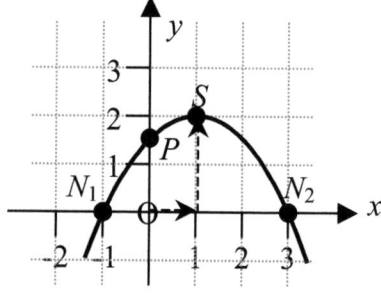

beschreibt eine Parabel mit sanften Hängeohren $(-\frac{1}{2})$, die aus dem Ursprung um 1 nach rechts $(x-1)$ und um 2 nach oben $(+2)$ verschoben ist.

Es gibt ein paar besondere Punkte auf der Parabel (im Bild $S$, $P$, $N_1$, $N_2$), hier am Beispiel demonstriert:

*Scheitelpunkt:* Der Punkt $S$ mit den Koordinaten $S(1 \mid 2)$ ist der Scheitelpunkt der Parabel ($S$ wie Scheitelpunkt). Wenn Sie sich einen Cockerspaniel vorstellen, wissen Sie warum. Ist übrigens direkt aus der obigen Gleichung ablesbar:

$$f(x) = -\frac{1}{2} \cdot (x-\underline{1})^2 + \underline{2} \rightarrow \text{die 1 ist } x, \text{ die 2 ist } y, \text{ also } S(1 \mid 2).$$

*Schnittpunkt mit der y-Achse:* Der Name erklärt sich selbst. Im Beispiel der Punkt mit den Koordinaten $P(0 \mid 1{,}5)$. Da auf der $y$-Achse überall $x = 0$ ist, findet man den Punkt rechnerisch, indem man für $x$ eine Null in die Funktionsgleichung einsetzt.

$$y = f(0) = -\frac{1}{2} \cdot (0-1)^2 + 2 = -\frac{1}{2} \cdot 1 + 2 = -\frac{1}{2} + 2 = 1\frac{1}{2} = 1{,}5.$$

*Schnittpunkte mit der x-Achse:* Muss es nicht immer geben, siehe unter Nullstelle. Im Beispiel gibt es aber welche. Da es die Stellen sind, an denen $y = 0$ ist, nennt man sie auch die Nullstellen der Parabel. Im Beispiel $N_1( -1 \mid 0 )$ und $N_2( 3 \mid 0 )$. $N$ wie Nullstelle, $_1$ und $_2$ ist die Nummerierung.

Da an den Nullstellen $y = 0$ ist, kann man die Nullstellen durch Lösen der quadratischen Gleichung (siehe dort)

$$-\frac{1}{2} \cdot (x - 1)^2 + 2 = 0$$

berechnen. Dazu $(x - 1)^2$ mittels (zweiter) binomischer Formel (siehe dort) umformen, $(x - 1)^2 = x^2 - 2 \cdot x + 1$. Ergibt

$$-\frac{1}{2} \cdot (x^2 - 2 \cdot x + 1) + 2 = 0 \quad \mid \text{T (Ausmultiplizieren)}$$

$$-\frac{1}{2} \cdot x^2 + 1 \cdot x - \frac{1}{2} + 2 = 0 \quad \mid \text{T (Zahlen zusammenfassen)}$$

$$-\frac{1}{2} \cdot x^2 + 1 \cdot x + 1{,}5 = 0$$

Ab hier das Lösungsverfahren, das unter quadratische Gleichung beschrieben ist. Ich erspare Ihnen die Rechnung. Es sollten -1 und 3 herauskommen. In diesem Beispiel gibt es allerdings noch einen etwas eleganteren Weg, der so aussieht:

$$-\frac{1}{2} \cdot (x - 1)^2 + 2 = 0 \quad \mid -2$$

$$-\frac{1}{2} \cdot (x - 1)^2 = -2 \quad \mid :(-\frac{1}{2})$$

$$(x - 1)^2 = 4 \quad \mid \pm\sqrt{}$$

Folglich $x - 1 = -2$ oder $x - 1 = 2$. Ergibt $x_1 = -1$ und $x_2 = 3$.

Ob und wie viele Nullstellen es gibt, merkt man beim Lösen der quadratischen Gleichung daran, wie viele Lösungen sie hat.

Anmerkung: Die oben erwähnte Parabelschablone bringt meist als Zugabe noch Ausschnitte für trigonometrische Funktionen (Sinus usw.) mit. Sie sind in das Material hineingeschnitten, stellen Sollbruchstellen dar und begrenzen die Lebensdauer der Schablone. Und benötigen wird man sie auch nie. Ist aber zugegeben schwierig, eine ohne diese alberne Deko zu kriegen.

## periodisch

So nennt man alles, was sich regelmäßig wiederholt. Mondphasen, Jahreszeiten, Gezeiten und natürlich auch der weibliche Zyklus sind periodisch. Wenn das Thema der periodischen Dezimalbrüche behandelt wird, wissen die meisten Mädchen schon, worum es sich handelt, die Jungs normalerweise noch nicht, weshalb man diesen Aspekt auch nicht vertieft. Die Mathestunde wäre ruiniert und könnte bestenfalls noch zu einer Biologiestunde umgewidmet werden.

Einen Dezimalbruch berechnet man (außer mit dem Taschenrechner), indem man einen Bruch, wie z.B. $\frac{27}{25}$, als Divisionsaufgabe 27:25 ernst nimmt und schriftlich ausrechnet. In diesem Beispiel stößt man nach kurzer Zeit auf den Divisionsrest 0 und kann aufhören. Das nennt man einen abbrechenden Dezimalbruch, wie z.B.

| | |
|---|---|
| 27 : 25 = 1,08 | 27 : 25 geht **1** mal. |
| –25 | 1 mal 25 ist 25. Wird subtrahiert. |
| 20 | Rest 2. **Komma setzen**. Nächste Stelle ist 0. 20 : 25 geht **0** mal. |
| – 0 | 0 mal 25 ist 0. Wird subtrahiert. |
| 200 | Rest 20. Nächste Stelle ist 0. 200 : 25 geht **8** mal. |
| –200 | 8 mal 25 ist 200. Wird subtrahiert. |
| 0 | Rest 0. Division geht auf. Fertig. |

Dagegen ergibt $\frac{25}{27}$ als Dezimalbruch:

| | |
|---|---|
| 25 : 27 = 0,925 | 25 : 27 geht **0** mal. |
| – 0 | 0 mal 27 ist 0. Wird subtrahiert. |
| 250 | Rest 25. **Komma setzen**. Nächste Stelle ist 0. 250 : 27 geht **9** mal. |
| –243 | 9 mal 27 ist 243. Wird subtrahiert. |
| 70 | Rest 7. Nächste Stelle ist 0. 70 : 27 geht **2** mal. |
| –54 | 2 mal 27 ist 54. Wird subtrahiert. |
| 160 | Rest 16. Nächste Stelle ist 0. 160 : 27 geht **5** mal. |
| –135 | 5 mal 27 ist 135. Wird subtrahiert. |
| 250 | Rest 25. Nächste Stelle ist 0. 250 : 27 ... hatten wir schon mal! |

An dieser Stelle wäre wieder 250:27 zu rechnen, wie schon ein Stück weiter oben. Ab jetzt wird sich die Rechnung also wiederholen und damit auch die Ziffernfolge 925 hinter dem Komma. Um das nicht bis ans Ende aller Tage fortzusetzen wie in dem Witz mit der Karte, auf deren beiden Seiten „bitte wenden" steht, hört man jetzt auf und setzt nur über die wiederkehrenden Ziffern einen Strich:

$$\frac{25}{27} = 25 : 27 = 0,\overline{925} \quad \text{(für } 0,925925925925925925925925...\text{)} .$$

Das ist dann ein periodischer Dezimalbruch. Man spricht ihn „null Komma Periode 925". Wenn die Wiederholung gleich nach dem Komma beginnt, nennt man ihn rein periodisch, beginnt sie erst später, so ist er gemischt periodisch. Dann beginnt natürlich auch der Periodenstrich erst später. Beispiel:

$$\frac{7}{12} = 7 : 12 = 0,58\overline{3} \quad \text{(für } 0,5833333333333333333333333...\text{)} ,$$

gesprochen: „null Komma 58 Periode 3"; „Periode" sagt man unmittelbar vor dem Beginn der sich wiederholenden Ziffern (und nicht hinterher); „null Komma 583 Periode" ist *falsch*!

Zum Umwandeln in der anderen Richtung gibt es, wenn es sein muss, auch eine (mehr oder weniger komplizierte) Methode. Kurz beschrieben: So wie $0,7 = \frac{7}{10}$ ist, ist $0,\overline{7} = \frac{7}{9}$ (Rechnen Sie nach). Man ersetze eine 10 durch eine 9, eine 100 durch eine 99 usw. und gelangt zur Periode. $0,12 = \frac{12}{100}$, $0,\overline{12} = \frac{12}{99}$. Bei einem gemischt periodischen Dezimalbruch multipliziert man mit einer Zehnerpotenz (10, 100...), bis das Ergebnis rein periodisch ist. Dann wie oben, danach dividiert man die Zehnerpotenz wieder weg. Am Zahlenbeispiel:

$$0,12\overline{81} \qquad\qquad\qquad\qquad |\cdot 100$$

$$12,\overline{81} = 12 + 0,\overline{81} = 12 + \frac{81}{99} = \frac{1188}{99} + \frac{81}{99} = \frac{1269}{99} \quad |:100$$

Also $0,12\overline{81} = \frac{1269}{9900}$ (gekürzt $\frac{141}{1100}$; siehe Kürzen).

## pi (π) – ludolfsche Zahl

Nach Ludolph van Ceulen (1540 - 1610) benanntes Verhältnis aus Kreisumfang und Kreisdurchmesser, kurz π. Mit $U = $ Kreisumfang und $d = $ Kreisdurchmesser ist also $\frac{U}{d} = \pi$ oder $U = \pi \cdot d$. Da der Durchmesser $d$ das Doppelte des Radius $r$ ist, kann man das auch als $U = 2 \cdot \pi \cdot r$ schreiben.

Tritt immer auf, wenn irgendetwas Rundes berechnet werden soll; Flächeninhalt einer Kreisfläche $A = \pi \cdot r^2$ (siehe Kreis), Rauminhalt einer Kugel $V = \frac{4}{3} \cdot \pi \cdot r^3$, Oberfläche einer Kugel $O = 4 \cdot \pi \cdot r^2$ (siehe Kugel).

Man kann diese Formeln auch beweisen (siehe Beweis), aber Sie müssen das nicht. Überlassen Sie es getrost der Mathelehrkraft, sich damit unbeliebt zu machen.

π tritt in der höheren Mathematik erstaunlicherweise auch noch an völlig anderen Stellen auf, an denen man es gar nicht erwartet hätte, so eine Art Jack-in-the-Box der Mathematik.

π ist ein Beispiel für eine „transzendente Zahl" (siehe transzendent). Der Zahlenwert beträgt ungefähr

$\pi = 3{,}14159265358979323846264338327950288419716939944...$

Das war früher einfacher; in der Bibel steht an mehreren Stellen nachzulesen (z.B. 1. Könige 7, 23), dass König Salomo beim Bau des Tempels in Jerusalem ein kreisrundes Becken gießen ließ, das 10 Ellen Durchmesser und 30 Ellen Umfang hatte. Damals war π also noch gleich 3, inzwischen ist es etwas gewachsen. Vielleicht wegen der Inflation. Trotzdem reicht auch heute für praktische Zwecke π ≈ 3,14, oder Sie nehmen einen Taschenrechner, die meisten haben extra eine Taste für π.

Sie können Ihren Kindern zum Einschlafen auch noch die rührende Geschichte von der chinesischen Prinzessin Li Pi erzählen, die die Zahl π entdeckte, als sie im Garten ein rundes

Rosenbeet anlegte und die Pflanzen auf dem Umfang und auf dem Durchmesser zählte. Ihre Ehe verlief leider unglücklich, weil der Gemahl sich nicht an eine so intelligente Frau an seiner Seite gewöhnen konnte. Na ja, wenn man bedenkt, welches Rollenverständnis von der Frau dahinter steckt, erzählen Sie die Geschichte besser doch nicht.

## Planskizze

Nicht jeder und jede hat ein fotografisches Gedächtnis und weiß am Ende einer Rechnung oder Konstruktion noch, welche Größe wie benannt wurde. Am Anfang einer Rechnung notiert man daher als Gedächtnisstütze so etwas wie:

$x$ = Menge in kg,
$y$ = Preis in Euro.

Erst dann stellt man eine Gleichung auf und rechnet los. Wenn es ein geometrisches Problem ist, fertigt man am Anfang eine Skizze an, die den Sachverhalt kurz dokumentiert, damit man vor Augen hat, welche Seite die gesuchte ist und welche die gegebene, und welcher Winkel der Rechte. Und ähnliches. Das kann, um keine kostbare Zeit darauf zu verschwenden, eine Freihandskizze sein, wenn sie nur das Wesentliche verdeutlicht. Meistens erleichtert sie es auch, auf eine Lösungsidee zu kommen (siehe auch unter Sachaufgaben).

Beispiel:

Eine 5 m lange Leiter wird so an eine senkrechte Wand gelehnt, dass sie unten 1,4 m von ihr entfernt ist. Wie hoch reicht sie?

Planskizze:

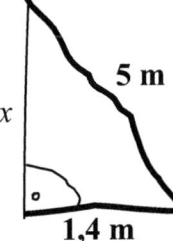

$x$ = gesuchte Höhe in m

Lösung: Satz von Pythagoras:

$$x^2 + 1,4^2 \quad = 5^2 \qquad |\ T$$
$$x^2 + 1,96 \quad = 25 \qquad |\ -1,96$$
$$x^2 \qquad\quad = 23,04 \qquad |\ \pm\sqrt{}$$
$$x \qquad\quad = 4,8$$

Antwort: Die Leiter reicht 4,8 m hoch (Die negative Lösung $x$ = -4,8 wurde als unsinnig verworfen).

Die Planskizze erst hinterher anzufertigen („Ach ja, ich soll ja auch noch eine Planskizze machen!"), ist sinnlos vergeudete Zeit. Wenn die Rechnung trotzdem geklappt hat: Glückwunsch. Wenn nicht: selber schuld.

Anmerkung: In der Klassenarbeit kann eine fehlende Planskizze zum Punktabzug führen.


## Potenzen

Potentiell mächtige Rechenoperationen, mit denen Zahlen noch viel schneller vergrößert (oder verkleinert) werden können als durch andere Maßnahmen. 4+3 ist 7, 4·3 ist 12, $4^3$ ist 64. Die untere Zahl nennt man Grundzahl oder Basis, die obere nennt man Hochzahl oder Exponent. Sie gibt ursprünglich an, wie oft die Grundzahl mit sich selbst zu multiplizieren ist. $4^3$ (lies: „4 hoch 3") bedeutet also 4·4·4. Ebenso: $2^3 = 2·2·2$ („2 hoch 3").

Kleine Zahlen (kleiner als 1) werden durch Potenzieren ebenso rasant kleiner: $0,4^2 = 0,4·0,4 = 0,16$; $0,4^3 = 0,4·0,4·0,4 = 0,064$.

Es gibt ein paar Rechenregeln für Potenzen:

$6^2·6^3 = 6·6 \cdot 6·6·6 = 6^5 = 6^{2+3}$; allgemein: $a^b·a^c = a^{b+c}$.

$\dfrac{6^5}{6^2} = \dfrac{6·6·6·6·6}{6·6} = \dfrac{6·6·6·\cancel{6·6}}{\cancel{6·6}} = 6·6·6 = 6^3 = 6^{5-2}$; allgemein: $\dfrac{a^b}{a^c} = a^{b-c}$.

$(6^2)^3 = (6·6)^3 = 6·6 \cdot 6·6 \cdot 6·6 = 6^6 = 6^{2·3}$; allgemein $(a^b)^c = a^{b·c}$.

Potenzen von 10 bilden die Grundlage des Dezimalsystems. $10^2 = 100$; $10^3 = 1000$. Der guten Ordnung halber ist außerdem per Ordre de Mufti $10^1 = 10$ und $10^0 = 1$; dann kann man die

Stellen vor dem Komma, also Einer, Zehner, Hunderter, Tausender ... der Reihe nach als $10^0$, $10^1$, $10^2$, $10^3$... schreiben.

In logischer Fortsetzung der Exponenten 0, 1, 2, 3 ... für die Einer, Zehner, Hunderter, Tausender ist vereinbart, dass die Exponenten -1, -2, -3 ... für Zehntel, Hundertstel, Tausendstel stehen, also für die Stellen hinter dem Komma. Nein, man kann eine Zahl nicht -2 mal mit sich selbst multiplizieren. Der Potenzbegriff ist hier zwecks praktischer Verwertbarkeit über seine ursprüngliche Bedeutung hinaus erweitert worden.

| ... | $10^3$ | $10^2$ | $10^1$ | $10^0$ | $10^{-1}$ | $10^{-2}$ | ... |
|---|---|---|---|---|---|---|---|
| | Tausender | Hunderter | Zehner | Einer | Zehntel | Hundertstel | |

Von Zehnerpotenzen wird Gebrauch gemacht, um sehr große oder sehr kleine Zahlen einigermaßen handlich aufzuschreiben (Wissenschaftliche Zahlendarstellung, scientific notation):

$3500 = 3,5 \cdot 1000 = 3,5 \cdot 10^3$.

$0,0035 = 3,5 \cdot \dfrac{1}{1000} = 3,5 \cdot \dfrac{1}{10^3} = 3,5 \cdot 10^{-3}$.

$835\,000\,000\,000\,000 = 8,35 \cdot 100\,000\,000\,000\,000 = 8,35 \cdot 10^{14}$.

$0,000\,000\,000\,73 = 7,3 \cdot \dfrac{1}{10\,000\,000\,000} = 7,3 \cdot \dfrac{1}{10^{10}} = 7,3 \cdot 10^{-10}$.

Tipp: Zählen Sie die Nullen.

Negative Exponenten gibt es nicht nur bei 10, sondern auch bei beliebigen anderen Basen: $2^{-3} = \dfrac{1}{2^3} = \dfrac{1}{8}$ . $5^{-2} = \dfrac{1}{5^2} = \dfrac{1}{25}$.

Merke: „hoch minus" ist „eins durch". Genialerweise bleiben trotz dieses Wagnisses die alten Regeln immer noch gültig:

$$6^3 \cdot 6^{-5} = 6^3 \cdot \dfrac{1}{6^5} = \dfrac{6 \cdot 6 \cdot 6}{6 \cdot 6 \cdot 6 \cdot 6 \cdot 6} = \dfrac{6 \cdot 6 \cdot 6}{6 \cdot 6 \cdot 6 \cdot 6 \cdot 6} = \dfrac{1}{6 \cdot 6} = \dfrac{1}{6^2} = 6^{-2} = 6^{3-5}.$$

## Primzahlen

Natürliche Zahlen (also aus N = {1, 2, 3, 4, 5, 6...}), die sich durch fast nichts teilen (dividieren) lassen, nur durch 1 und durch sich selbst. Noch weniger Teilbarkeit geht nicht, weil jede Zahl durch 1 und durch sich selbst geteilt werden kann.

$27 : 1 = 27.$

$27 : 27 = 1.$

Viele Zahlen lassen sich aber auch noch durch andere teilen:

$27 : 3 = 9.$

$27 : 9 = 3.$

Aber Primzahlen eben nicht.

1 gilt nicht als Primzahl, obwohl 1:1 = 1 und 1:1 = 1 ist. Aber das sind eben keine zwei Teiler, sondern nur einer. Insofern ist die 1 noch ärmer dran als eine Primzahl.

Da 2:1 = 2 und 2:2 = 1 ist und es keine weiteren Teiler gibt, ist die 2 die erste tatsächliche Primzahl. Zugleich die einzige gerade Primzahl. Das irritiert manchmal ein wenig, weil es aussieht, als ob der 2 eine Sonderstellung zukommt. Überlegt man sich aber, dass „gerade Zahl" nichts anderes als „durch 2 teilbar" bedeutet, dann schwindet diese vermeintliche Auszeichnung.

2 ist zwar die einzige gerade (= durch 2 teilbare) Primzahl. Dafür ist aber 3 die einzige durch 3 teilbare Primzahl. Und 5 die einzige durch 5 teilbare Primzahl. Und so weiter. Jede Primzahl ist in diesem Sinne eine Besonderheit, nicht nur die 2.

Um alle Primzahlen aus der Gesamtheit der natürlichen Zahl herauszusieben, hat Eratosthenes ein Verfahren angegeben, das „Sieb des Eratosthenes" (siehe Eratosthenes).

Warum sind die Dinge so wichtig? Weil man sie braucht, um eine Zahl so weit wie möglich in Faktoren zu zerlegen („Faktorisieren"); die kleinstmöglichen Faktoren sind dann eben die Primzahlen. Beispiel:

$42 = 2 \cdot 21 = 2 \cdot 3 \cdot 7.$

In noch kleinere Faktoren kann man die 42 nicht zerlegen. Womit auch einleuchtet, warum 42 die Antwort auf die Frage nach dem Leben, dem Universum und dem ganzen Rest ist (vgl. Douglas Adams, Per Anhalter durch die Galaxis).

Hier ein Fest für Zahlenmystiker: Matthäus 1,17; Offenbarung 13,5. Oder auch 1. Mose 1,27; 1. Mose 2,2 und Matthäus 28,19.

Die 1 wäre bei der Primfaktorzerlegung übrigens durchaus störend, denn dann würde man nie fertig.

$$42 = 2 \cdot 21 = 2 \cdot 3 \cdot 7 = 1 \cdot 2 \cdot 3 \cdot 7 = 1 \cdot 1 \cdot 2 \cdot 3 \cdot 7 = 1 \cdot 1 \cdot 1 \cdot 2 \cdot 3 \cdot 7 = \ldots$$

Wie schön, dass sie keine Primzahl ist (siehe Anhang).

Die Primfaktorzerlegung wiederum braucht man beim größten gemeinsamen Teiler (ggT, siehe dort) und beim kleinsten gemeinsamen Vielfachen (kgV, siehe dort).

Obwohl seit der Antike bekannt, bilden die Primzahlen noch immer eines der größten Geheimnisse der Mathematik. Es gibt unendlich viele davon, und sie verteilen sich auf die Folge der natürlichen Zahlen völlig unregelmäßig und unvorhersagbar. Will sagen: ob eine vorgelegte Zahl eine Primzahl ist oder nicht, kriegt man nur raus, indem man sie der Reihe nach durch alle kleineren Primzahlen zu dividieren versucht. Na ja, nicht durch alle, aber das ist eine andere Geschichte und soll von jemand anders erzählt werden. Jedenfalls durch ganz schön viele. Und das dauert selbst mit Supercomputern irre lange, wenn die Zahlen nur groß genug sind. Hierauf beruht ein Verschlüsselungsverfahren, bei dem eine große Zahl in zwei (immer noch verdammt große) Primfaktoren zerlegt werden muss. Das Verfahren gilt als sicher, solange es keine schnellere Methode zur Primfaktorzerlegung gibt. Erzählen Sie das Ihren Sprösslingen, falls diese behaupten, Primzahlen seien langweilig. Oder geben Sie ihnen statt Fernsehverbot die Aufgabe, 527027 in Primfaktoren zu zerlegen. Beim nächsten Mal werden sie um Fernsehverbot betteln (Lösung: 719 · 733).

## Prinzip von Cavalieri

Es bezieht sich auf die Volumenberechnung merkwürdig geformter Körper. Wird meist allerdings in der ganzen Mittelstufenmathematik nur ein einziges Mal angewendet, nämlich bei der Berechnung des Kugelvolumens. Dort taucht es, weil der Beweis mit herkömmlichen Mitteln nicht anders hinzukriegen ist, auf wie der Deus ex Machina. Was dazu führt, dass man sich als Lernender übers Ohr gehauen fühlt: Ein Satz, der extra eingeführt wird, nur um einen anderen zu beweisen.

Ich erzähle ihn Ihnen trotzdem: Zwei Körper haben das gleiche Volumen, wenn ein Schnitt durch die Körper in jeder beliebigen Höhe gleich große Schnittflächen freilegt. Also ist z.b. auch eine gerade Pyramide volumengleich mit einer schiefen Pyramide, wenn Grundfläche und Höhe übereinstimmen.

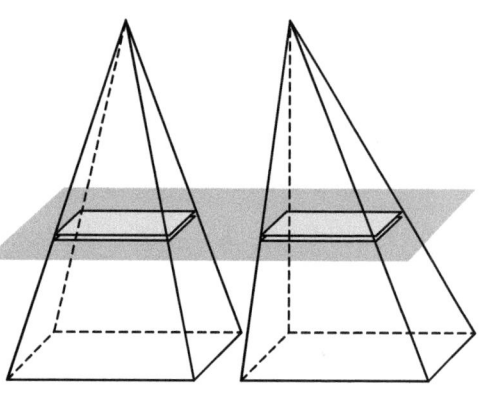

Begründet wird dies damit, dass man jeden Körper in einen Stapel dünner Scheiben schneiden könnte, die dann jeweils paarweise flächengleich sind und bei gleicher Dicke auch volumengleich. Dann muss auch das Gesamtvolumen des einen Stapels gleich dem des anderen sein. Die Pyramide wird dadurch zwar zu einer Stufenpyramide, aber darüber muss man großzügig hinwegsehen.

### Prisma

Dreieckförmiger Glaskörper mit sechs Ecken (3 oben und 3 unten), der Licht in seine Farben zerlegt (Regentropfen sind rund, können das aber auch. Ergebnis: Regenbogen. Aber das nur nebenbei). Eine dazu passende Abbildung findet man z.B. auf einem alten Pink Floyd Album (Ich glaube, es war *The Dark Side of the Moon*).

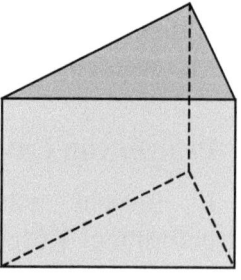

Goethe und Newton haben durch so ein Ding geguckt und jeder für sich eine Theorie der Farbenlehre daraus entwickelt. Allerdings jeder eine andere. Die von Newton hat sich in der Physik durchgesetzt, die von Goethe in der Kunst. Schon Pontius Pilatus fragte (Johannes 18, 38): Was ist Wahrheit?

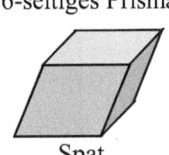

In der Mathematik ist ein Prisma ein Körper, bei dem Bodenfläche und Dach gleich aussehen (z.B. dreieckig, viereckig, fünfeckig...), mit geraden Verbindungen dazwischen. (Man könnte das präziser ausdrücken, z.B. dass die beiden Flächen kongruente Polygone sein müssen und die Verbindungsstrecken parallel, aber dann kapiert es keiner mehr, also lasse ich es weg und vertraue auf Ihre naive Vorstellungskraft.)

6-seitiges Prisma

Spat

Newtons und Goethes Prisma ist also ein Prisma. Das von Pink Floyd auch. Allerdings fällt auch ein Quader oder ein Würfel unter den Begriff Prisma, denn auch bei denen hat man oben und unten gleichartige Flächen und gerade Kanten an den Seiten. Das Volumen (der Rauminhalt) jedes Prismas (also auch jedes Würfels und Quaders) ist Grundfläche mal Höhe, selbst wenn es schief ist. Ein schiefer Würfel oder Quader wird allerdings ein Spat genannt. Weil nämlich das Mineral Flussspat solche Kristalle bildet (Vor 100 Jahren gab es dafür noch das wunderschöne Wort „Parallelepiped", aber das kann heute keiner mehr aussprechen).

Wenn Sie so ein Ding anstreichen wollen, steht auf der Farbdose meist eine Angabe wie „ausreichend für 0,5 m²". Damit ist die Oberfläche des Körpers gemeint. Vergessen Sie nicht, die Farbe auf der Dachfläche trocknen zu lassen, ehe Sie ihn umdrehen, um den Boden zu lackieren.

Zur Berechnung der Oberfläche müssen Sie alle Flächen addieren, die man anstreichen kann: Dach, Boden und die Seitenwände. Das ist meist einfach, weil es sich um einfache Figuren handelt (Dreiecke, Rechtecke...). Entscheidend ist nur, dass man keine vergisst, also lieber noch mal nachzählen. Das

Glasprisma zum Farben gucken sollten Sie jedoch nicht lackieren, sonst klappt das mit dem Licht nicht mehr. Wenn es sich um das Anstreichen (oder Fliesen) eines quaderförmigen Schwimmbeckens handelt, ist es eine Fläche weniger. Weil man die Wasseroberfläche vermutlich nicht mitlackieren wird. Zahlengläubige Kinderchen übersehen so ein Detail ab und zu mal ganz gerne. Gehirn bitte nicht an der Tür abgeben.

Wenn Grundfläche und Deckel rund sind, nennt man das Ding übrigens Zylinder. So gesehen ist ein Zylinder ein rundes Prisma oder ein Prisma ein eckiger Zylinder (Der Oberbegriff für alle beide ist „Säule"). Das mit dem Licht klappt beim Zylinder auch. Sie können das mit einer dieser Leselupen ausprobieren, die man zeilenweise über den Text schiebt, um jeweils eine Zeile zu vergrößern, weil das Größerziehen mit den Fingern bei einem Buch noch nicht klappt.

## Probe

Sie dient zur Kontrolle einer errechneten Lösung. Man setzt die gefundene Lösung anstelle der Unbekannten in das ursprüngliche(!), anfängliche(!), ganz oben stehende(!) Problem ein und rechnet nach, ob sich wirklich die verlangte Eigenschaft ergibt. Bei Gleichungen heißt das, die Lösung(en) für $x$ einzusetzen und dann linke und rechte Seite der Gleichung parallel ausrechnen, bis entweder auf beiden Seiten des Gleichheitszeichens das Gleiche steht (dann war die Lösung richtig) - oder bis man sich überzeugt hat, dass da etwas Verschiedenes steht (dann war die Lösung falsch, tot, also eben verschieden).

Beispiel (zum Lösungsverfahren siehe Gleichungssystem):

Ein Vater ist dreimal so alt wie seine Tochter. In 10 Jahren ist er nur noch doppelt so alt. Wie alt sind beide jetzt?

Ansatz: $x$ = Alter des Vaters jetzt, $y$ = Alter der Tochter jetzt.

(also $x + 10$ bzw. $y + 10$ in 10 Jahren).

I $\quad x \quad = 3 \cdot y \quad$ (jetzt dreimal so alt)

II $\quad x + 10 = 2 \cdot (y + 10)$ (in 10 Jahren doppelt so alt)

Da I schon nach $x$ aufgelöst ist, am einfachsten nach dem Einsetzungsverfahren zu lösen, I in II:

$$3 \cdot y + 10 \quad = 2 \cdot (y + 10) \qquad | \text{ T (Klammer auflösen)}$$
$$3 \cdot y + 10 \quad = 2 \cdot y + 2 \cdot 10 \qquad | \text{ T (Ausrechnen)}$$
$$3 \cdot y + 10 \quad = 2 \cdot y + 20 \qquad |-10$$
$$3 \cdot y \quad = 2 \cdot y + 10 \qquad |-2 \cdot y$$
$$y \quad = 10.$$

Zur Bestimmung von $x$ einsetzen in I:

$$x = 3 \cdot 10$$
$$x = 30.$$

Probe:

Vater dreimal so alt wie die Tochter?

Vater: 30, Tochter: 10.

$30 = 3 \cdot 10$. Okay.

Vater in 10 Jahren doppelt so alt wie die Tochter?

Vater in 10 Jahren: 40, Tochter in 10 Jahren: 20.

$40 = 2 \cdot 20$. Okay.

Antwort: Der Vater ist 30 Jahre alt, die Tochter 10 Jahre. (Ob man mit 20 Jahren schon mit Kindern anfangen sollte, ist eine andere Frage.)

Eine populäre Legende besagt, echte Heldinnen (und Helden) brauchen keine Probe; sie rechnen gleich richtig. Aber erstens, wie ein bekannter Quizmaster gern fragte: „Sind Sie sicher?" Und zweitens: Selbst dann klappt es nur, wenn man die ganze Rechnung über allein mit Äquivalenzumformungen (siehe unter Gleichung) auskommt. Was aber nicht immer der Fall ist. Dann können sich unterwegs Phantomlösungen einschleichen, die sich nur durch eine Probe entlarven lassen. Beispiel:

$$\sqrt{x} \quad = -2 \quad |^2 \text{ (Quadrieren)}$$
$$x \quad = 4 .$$

Phantomlösung, denn die Probe (4 für $x$ einsetzen) ergibt:

$\sqrt{4}$ = -2 ?

2 = -2 falsch.

Richtig ist daher: $L$ = { }, falsch wäre $L$ = { 4 }. Siehe auch unter Wurzelgleichung, da wird es dann etwas spannender.

## proportional

Ein mathematischer Zusammenhang („Zuordnung") ist proportional, wenn eine Sache pro Portion den gleichen Gegenwert hat. Ich sage „Gegenwert", weil „Preis" zu eng gefasst wäre, es kann auch der Nährwert (Kilojoule bei Leckereien) oder das Zerstörungspotential (Megatonnen TNT bei Atombomben) sein. Bleiben wir bei zivilen Anwendungen, so ergibt sich z.B. für Speiseeis ein Zusammenhang wie:

1 Kugel  Eis kostet  0,80 Euro,
2 Kugeln Eis kosten 1,60 Euro,
3 Kugeln Eis kosten 2,40 Euro,
4 Kugeln Eis kosten 3,20 Euro,
5 Kugeln Eis kosten 4,00 Euro.

An der Stelle höre ich mal auf, weil Ihrem Sprössling sonst womöglich schlecht wird. Nicht übersehen sollte man allerdings auch die Tatsache, dass man Geld sparen kann, indem man auf das Eis verzichtet. Mathematisch gesprochen:

0 Kugeln Eis kosten 0,00 Euro.

Was in der Praxis auf eine ernsthafte Auseinandersetzung zwischen Eltern und Kindern hinauslaufen dürfte.

Wenn man sich an eine grafische Darstellung herantraut, kann man auf einer waagerechten Achse (Rechtsachse, $x$-Achse, Abszissenachse) die Kugeln Eis und auf einer senkrechten Achse (Hochachse, $y$-Achse, Ordinatenachse) die Euro auftragen (siehe Koordinatensystem). Jede Zeile der obigen Tabelle ergibt einen Punkt. Zur großen Freude stellt man fest, dass die Punkte alle auf einer Geraden liegen. Und die Gerade geht sogar durch den Schnittpunkt der Achsen (Ursprung), wo der sparsamste Punkt „du kriegst heute kein Eis" liegt. Genau diese Eigenschaft (eine Gerade durch den Ursprung) ist das charakteristische Merkmal einer proportionalen Zuordnung (die Gleichung wäre $y = f(x) = 0{,}8 \cdot x$, siehe Geradengleichung).

Achtung: Auf der Geraden liegen auch Punkte, die z.B. als

$2\frac{1}{2}$ Kugeln Eis kosten 2,00 Euro

interpretiert werden können. Vermutlich können Sie den Eisverkäufer dazu aber nicht überreden. Insofern geht die Gerade ein wenig an der Realität vorbei.

Ein Kriterium, um eine vorgelegte Tabelle als proportionale Zuordnung zu identifizieren, besteht darin, dass man die Zahlen paarweise durcheinander teilt (aka dividiert, also den Quotienten bildet):

| $x =$ | $y =$ | $y : x =$ |
|-------|-------|-----------|
| 1 | 0,80 | 0,80 |
| 2 | 1,60 | 0,80 |
| 3 | 2,40 | 0,80 |
| 4 | 3,20 | 0,80 |
| 5 | 4,00 | 0,80 |

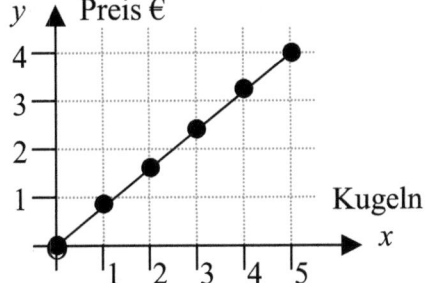

Wenn stets das Gleiche herauskommt („Quotientengleichheit"), ist die Zuordnung proportional. Bezogen auf das obige Beispiel mit dem leckeren Eis: es ist der Preis pro Portion (Kugel) Eis.

## Prozentrechnung

In Zeiten der Niedrigzinspolitik wäre Prozentrechnung fast entbehrlich, wenn sie sich nur auf Zinsberechnungen beschränken würde. Da Prozentangaben aber auch jenseits der Zinsrechnung eine Rolle spielen, kommt man nicht drum herum.

„pro cent" heißt „je hundert", also Hundertstel. Das bekannte Symbol „%" können Sie bedenkenlos jeweils durch „:100" ersetzen. Taschenrechner mit einer %-Taste machen übrigens genau das, sie verschieben einfach das Komma um zwei Stellen und machen auf diese Weise Hundertstel daraus. Manche haben deshalb auch gar nicht erst eine, denn das kann man ebenso gut von Hand machen. 5% sind $\frac{5}{100}$ = 0,05. 21% sind $\frac{21}{100}$ = 0,21. 119% sind $\frac{119}{100}$ = 1,19. Letzteres Beispiel soll dem Vorurteil entgegenwirken, oberhalb von 100% gehe es nicht weiter. Wenn der Preis vor Steuer 20 € beträgt und es kommt noch eine Mehrwertsteuer von 19% dazu, dann sind es hinterher 23,80 €. Das sind 119% von 20 €, nämlich 19% mehr als 100%. Sollte, bis Sie dieses Buch lesen, die Mehrwertsteuer geändert worden sein, setzen Sie gern den aktuellen Satz ein.

Bei einer statistischen Erhebung sollten indessen nicht mehr als 100% der Befragten im Ergebnis auftauchen. Wenn 28% der Bundesbürger Raucher sind, sollte man annehmen, dass 72% Nichtraucher sind oder keine Angabe gemacht haben. Andernfalls stimmt etwas nicht an der Statistik.

Ihre Sprösslinge lernen auch, einfache Bruchzahlen in Prozent und umgekehrt umzuwandeln, ohne lange nachzudenken.

| 1% | 2% | 4% | 5% | 10% | 20% | 25% | $33\frac{1}{3}$% | 50% |
|---|---|---|---|---|---|---|---|---|
| $\frac{1}{100}$ | $\frac{1}{50}$ | $\frac{1}{25}$ | $\frac{1}{20}$ | $\frac{1}{10}$ | $\frac{1}{5}$ | $\frac{1}{4}$ | $\frac{1}{3}$ | $\frac{1}{2}$ |

Das sollte man im Kopf haben. Daraus ergeben sich weiterhin:

| 8% | 30% | 40% | 60% | $66\frac{2}{3}$% | 70% | 75% | 80% | 90% |
|---|---|---|---|---|---|---|---|---|
| $\frac{2}{25}$ | $\frac{3}{10}$ | $\frac{2}{5}$ | $\frac{3}{5}$ | $\frac{2}{3}$ | $\frac{7}{10}$ | $\frac{3}{4}$ | $\frac{4}{5}$ | $\frac{9}{10}$ |

Das war die Pflicht. Zur Kür gehört:

| 6% | $12\frac{1}{2}$% | 15% | $37\frac{1}{2}$% | 45% | $62\frac{1}{2}$% | 55% | 65% | $87\frac{1}{2}$% |
|---|---|---|---|---|---|---|---|---|
| $\frac{3}{50}$ | $\frac{1}{8}$ | $\frac{3}{20}$ | $\frac{3}{8}$ | $\frac{9}{20}$ | $\frac{5}{8}$ | $\frac{11}{20}$ | $\frac{13}{20}$ | $\frac{7}{8}$ |

Zur Berechnung des prozentualen Anteils von etwas dividiert man den Anteil durch das Ganze. Das Ergebnis, als Dezimalbruch, wird zur Prozentzahl, wenn man das Komma zwei Stellen nach rechts verschiebt (aka mal hundert).

28 g Zucker in 350 g Ketchup sind $\frac{28}{350} = \frac{2}{25} = \frac{8}{100} = 0{,}08 = 8\,\%$.

Bitte nicht 0,08 %, das ist falsch. Prozent bedeutet Hundertstel. In 0,08 sind die Hundertstel schon drin ($= \frac{8}{100}$), also darf man sie nicht noch mal hinschreiben.

Das Ganze (350 g) nennt sich Grundwert ($G$), der Anteil (28 g) Prozentwert ($P$), und die 8 ist der Prozentsatz ($p$). Was ich gerade vorgerechnet habe, lässt sich auch in eine Formel pressen:

$$p = \frac{P}{G} \cdot 100 \, .$$

Diese Formel kann man auch in die beiden anderen Richtungen bringen:

$$P = G \cdot \frac{p}{100} \, ,$$

$$G = P \cdot \frac{100}{p} \, .$$

Man kann alle drei Formeln auswendig lernen. Eigentlich reicht eine, die anderen entstehen daraus durch Äquivalenzumformung (was das ist, siehe Gleichung). Aber in der Klassenstufe, in der Prozentrechnung gelernt wird, sind Äquivalenzumformungen noch nicht dran. Also lernen oder auf einen Spickzettel schreiben. Und dann aber nicht vergessen, was $P$, $p$ und $G$ bedeutet.

Auf einem Plakat am Baumarkt war zu lesen: *„Nur bis Samstag! Wir schenken Ihnen die Mehrwertsteuer! 19 % Rabatt auf alles!"*

Richtig oder falsch?

Betrachten Sie einen Artikel, der vor Steuer 200 € kostet. Für den Kunden kostet er 19% mehr, 19% von 200 € sind

$$P = G \cdot \frac{p}{100} = 200\ \text{€} \cdot \frac{19}{100} = 38\ \text{€}.$$

Regulär müsste der Kunde also 238 € bezahlen. Nun gibt es aber 19% Rabatt. Vor Steuer also nun 200 € − 38 € = 162 €. Die landen in der Bilanz des Händlers. Da dieser die Mehrwertsteuer aber natürlich trotzdem abführen muss, muss er sie jetzt auf die 162 € aufschlagen. 19 % von 162 € sind

$$P = G \cdot \frac{p}{100} = 162\ \text{€} \cdot \frac{19}{100} = 30,78\ \text{€}, \text{die ans Finanzamt gehen.}$$

Verkaufspreis also 162 € + 30,78 € = 192,78 €.

Also sogar billiger als die 200 € vor Steuer. Offenbar hat der Händler mangels Mathekenntnissen den Mund zu voll genommen und sich selbst ins Knie geschossen. Zugreifen! Was hat der Kunde nämlich auf die Weise gespart? In Euro:

238 € − 192,78 € = 45,22 €.

also deutlich mehr als die 38 € Mehrwertsteuer. In Prozent:

$$p = \frac{P}{G} \cdot 100 = \frac{45,22\ \text{€}}{238\ \text{€}} \cdot 100 = 19.$$

Ohne % dahinter, der Prozentsatz ist nur die reine Zahl. Ein % dahinter würde :100 bedeuten, und der Prozentsatz ist ja nicht 0,19. Der Kunde hat tatsächlich 19 % gespart, aber von 238 €. Wahrscheinlich war der Händler aber doch nicht so dämlich, sondern hat das vorher eingepreist.

Was würde sich eigentlich ändern, wenn man die 19% Rabatt nicht vor Steuer, sondern erst nach Steuer abziehen würde?

Für den Kunden erstaunlicherweise gar nichts. Aber für den Händler und für das Finanzamt. Mögen Sie es nachrechnen?

Lösung: Der Kunde zahlt wieder 192,78 €. Das Finanzamt kriegt davon 38 €. In der Kasse des Händlers bleiben 154,78 €. Fazit: Das Finanzamt bekommt mehr, der Händler weniger. Aber so fies ist nicht einmal das Finanzamt. Was der Händler nicht einnimmt, muss er auch nicht versteuern. Also ist die erste Rechnung richtig.

## Punkt

Machen Sie mal einen Punkt. Am Ende des Satzes; oder wenn Sie multiplizieren (vulgo malnehmen) wollen, einen Malpunkt. Denn das hierzulande übliche Multiplikationszeichen ist · . Auf der Computertastatur ist es * und auf dem Taschenrechner x. Aber Mathematiker machen trotzdem einen Punkt. Punkt.

...Außer, sie machen *keinen*. Da gibt es eine Verschwörung, nach der der Punkt auch unter einem Tarnmäntelchen versteckt werden darf, wenn man dadurch keine Missverständnisse erzeugt. Nun ist das mit Missverständnissen so eine Sache; Sie wissen ja selbst, wie schnell Leute etwas missverstehen, und dann ist der Ärger groß.

Also, hier für Sie und alle die Spaß daran haben: Statt „$a·b$" ist auch „$ab$" zulässig, statt „$3·x$" auch „$3x$". Das vereinfacht das Schreiben von Termen durchaus. Die erste binomische Formel sähe dann z.B. so aus: $(a + b)^2 = a^2 + 2ab + b^2$. Aber statt „$3·7$" ist natürlich nicht „37" zulässig, $3·7$ ist nun mal 21. Weil das mit den Missverständnissen so eine Sache ist, habe ich diese verkürzte Schreibweise mit dem Punkt, der nicht da ist (also mit ohne Punkt) in diesem Buch aber bewusst vermieden.

## Pyramide

Ein Körper, der unten auf einem Dreieck, Viereck, Fünfeck... steht und oben spitz ist. Das Volumen ist $V = \frac{1}{3} · A · h$, also $\frac{1}{3}$ mal Grundfläche mal Höhe wie bei allem, das oben spitz ist. Die Oberfläche besteht aus dem Boden und etlichen Dreiecken.

Im Falle einer geraden Pyramide (Spitze genau über der Mitte der Grundfläche) sind diese Dreiecke alle gleich. Die für deren Flächenberechnung erforderliche Dreieckshöhe folgt nach Pythagoras im punktierten Hilfsdreieck (siehe auch Kegel).

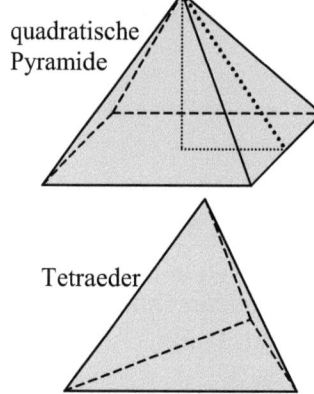

quadratische Pyramide

Tetraeder

Die quadratische Pyramide steht auf einem Quadrat. Beim „Tetraeder" bestehen alle Flächen (Boden und drei Seitenflächen) aus gleich großen gleichseitigen Dreiecken. (Es gab früher mal Saftpappen in dieser Form; der Name Tetrapak für Saftpappen hat sich erhalten, obwohl sie längst keine Tetraeder mehr sind. Verdammt, jetzt habe ich doch noch Schleichwerbung gemacht.)

Eine geköpfte Pyramide nennt man einen „Pyramidenstumpf". Dessen Volumen ist das der ungeköpften Pyramide minus das des Kopfes. Da dieser auch eine Pyramide war (nur kleiner), kann man ihn mit der gleichen Formel (nur mit entsprechend kleineren Abmessungen) berechnen. Bei der Oberfläche kommt aber die Schnittfläche dazu.

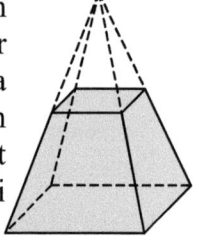

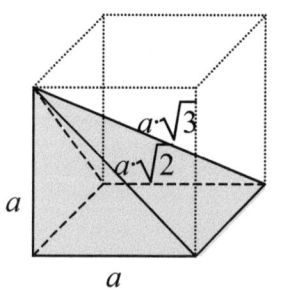

Bastelanregung: Man zeichne dreimal das Netz der nebenstehenden quadratischen (aber schiefen) Pyramide und klebe es zu dem Körper zusammen. Die drei Pyramiden lassen sich dann zu dem Würfel zusammen puzzeln (Echt jetzt, versprochen!). Sie veranschaulichen damit die obige Volumenformel: Alle drei zusammen ergeben den Würfel, also ist das Volumen einer einzelnen ein Drittel davon.

Die Kantenlängen dieser Pyramide, soweit sie nicht gleich der Würfelseite $a$ sind, lassen sich aus dieser nach Pythagoras berechnen: zwei sind $a\sqrt{2}$, eine ist $a\sqrt{3}$ (Taschenrechner!).

## Pythagoras

Esoterischer Sektenguru im antiken Griechenland (ca. 582 - 497 v.Chr.), war Vegetarier, lehrte die Seelenwanderung, überlieferte den nach ihm benannten „Satz von Pythagoras" (manchmal auch Hypotenusensatz genannt), entdeckte, dass $\sqrt{2}$ eine irrationale Zahl ist (siehe irrational) und bedrohte seine Schüler mit einem Fluch, falls sie das ausplauderten. Dummerweise hat trotzdem einer gequatscht, sonst müsste man es heute nicht lernen. Nein, er hieß nicht Wikilikos, er hieß Hippasos.

Der Satz von Pythagoras bezieht sich auf rechtwinklige Dreiecke und wird meist als

$$a^2 + b^2 = c^2$$

kolportiert. Was sehr engstirnig ist, denn er könnte ebenso gut $x^2 + y^2 = z^2$ oder sonst wie lauten, wenn nur $a$, $b$, $c$ oder $x$, $y$, $z$ die Seiten eines rechtwinkligen Dreiecks sind. Die beiden Seiten links vom Gleichheitszeichen sind die beiden Schenkel des 90°-Winkels (aka rechter Winkel, siehe Winkel), man nennt sie „Katheten". Die Seite rechts vom Gleichheitszeichen liegt dann logischerweise dem rechten Winkel gegenüber und wird „Hypotenuse" genannt. Dreht man (was man ja nicht muss) das Dreieck so, dass die Hypotenuse unten ist (griechisch hypo = unten, wie bei Hypotonie = Blutdruck im Keller), dann sieht man auch, warum die Katheten Katheten heißen: Sie verlaufen schräg wie die Tischplatte des altehrwürdigen Katheders (aka Lehrerpult), an dem einst die Pädagogen standen um zu unterrichten (Wenn Sie das nicht mehr kennen, lesen Sie Wilhelm Busch: Plisch und Plum, Kapitel 7).

Damit lautet der Satz von Pythagoras jetzt:

(Erste Kathete)$^2$ + (Zweite Kathete)$^2$ = (Hypotenuse)$^2$.

Hoch 2 bedeutet zum Quadrat, und wie ein bekannter Schokoladenhersteller dies mit seinen quadratischen Täfelchen demonstrierte, sehen Sie in der folgenden Abbildung. Sie dürfen nachrechnen: $3^2 + 4^2 = 5^2$ (denn $9 + 16 = 25$).

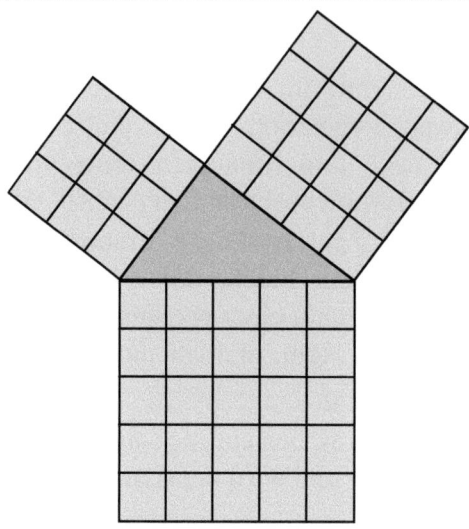

Alle ganzen Zahlen, mit denen das geht, eignen sich als Kathetenpaar und Hypotenuse eines rechtwinkligen Dreiecks, z.B. auch $5^2 + 12^2 = 13^2$ und viele, viele andere. Wenn Ostfriesen (nicht die echten, sondern die im Witz) drei Besucher begrüßen, sagen sie ja angeblich „Hallo, ihr zwei, da habt ihr ja noch einen mitgebracht." Mathematiker sprechen, wenn zwei noch einen mitbringen (wie hier zwei Katheten mit einer Hypotenuse), von einem „Tripel". Das ist die Erweiterungen des Begriffs „Paar" auf drei Teilnehmer, also so was ähnliches wie eine Ménage-à-trois (bei vier heißt es ein Quadrupel, bei fünf ein Quintupel, aber das nur nebenbei).

Zahlentripel $(a;b;c)$ mit der Eigenschaft $a^2 + b^2 = c^2$ nennt man pythagoreische Tripel (in Worten: py-tha-go-re-isch). Also z.B. (3;4;5) oder (5;12;13). Stehen die Seiten eines Dreiecks in dieser Beziehung, so ist es rechtwinklig.

Achtung: Die runden Klammern stehen nicht zufällig da. Die offizielle Schreibweise eines Paars ist $(a;b)$, die eines Tripels $(a;b;c)$. Die Reihenfolge ist nicht egal, die ersten beiden Zahlen sind die Katheten, die letzte ist die Hypotenuse. (3;4;5) ist also ein pythagoreisches Tripel, (5;4;3) ist keins (falsche Reihenfolge), {3;4;5} ist auch keins (falsche Klammern).

Tipp für die Rechtschreibung: Alle Beteiligten enthalten *genau ein* „h":

Pyt**h**agoras, Kat**h**ete, **H**ypotenuse. Jedes weitere „h" ist ein Rechtschreibfehler. Ein Katheter hat zwar auch nur ein „h", ist aber ganz was anderes, fragen Sie Ihren Urologen.

So, wie jeder namhafte deutsche Dichter es sich nicht hat nehmen lassen, eine Strophe zum „Wirtshaus an der Lahn" beizutragen (ja, auch Goethe; ich zitiere sie natürlich nicht, sie ist aber ebenso versaut wie alle anderen), hat jeder namhafte Mathematiker einen eigenen Beweis zum Satz von Pythagoras ersonnen. Inzwischen soll es um die 200 geben. Wenigstens einen davon will ich Ihnen zeigen:

Ausgegangen wird von einem rechtwinkligen Dreieck mit den Katheten $a$, $b$ und der Hypotenuse $c$. Man zeichnet ein Quadrat der Kantenlänge $a + b$ und teilt es gemäß der ersten binomischen Formel (siehe binomische Formeln) ein: zwei Quadrate $a^2$ und $b^2$ und zwei Rechtecke $a \cdot b$. Die Rechtecke kann man durch eine Diagonale in je zwei Dreiecke zerlegen, die genaue Kopien des Ausgangsdreiecks sind: ein rechter Winkel und die Katheten $a$ und $b$. Die Dreiecke verdecken von dem großen Quadrat $(a + b)^2$ so viel, dass $a^2 + b^2$ frei bleibt. Nun verteilt man die Dreiecke anders, nämlich mit den Hypotenusen nach innen. Die frei bleibende Fläche ist jetzt $c^2$. Also muss $a^2 + b^2 = c^2$ sein.

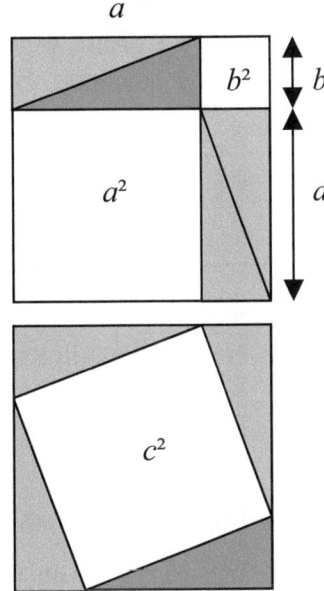

Wenn Ihre Kinder Glück haben, lernen sie in der Schule diesen oder einen ähnlich einfachen Beweis; wenn sie Pech haben, einen der komplizierteren. Der schmerzhafteste ist der, bei dem man zuvor auch noch den Kathetensatz beweisen muss.

## Quader

Von der Handhabung her der einfachste geometrische Körper; hat den Charme eines Ziegelsteins, kommt aber auch als Geschenkpaket oder als Gestalt eines Klassenzimmers daher. Das Volumen ist Länge · Breite · Höhe. Die Oberfläche besteht aus sechs Rechtecken (die natürlich eventuell quadratisch sein können; bei einem Würfel sind sie sogar alle quadratisch). Je zwei gegenüberliegende davon sind gleich groß: Fußboden und Decke sind Länge · Breite, zwei Wände sind Länge · Höhe, die beiden anderen sind Breite · Höhe.

Bei Sachaufgaben bitte beachten: Der Fußboden wird vermutlich nicht tapeziert, die Decke vielleicht auch nicht. Die Wasseroberfläche eines Schwimmbeckens wird nicht gefliest. Allgemein gilt: Vor dem Losrechnen Gehirn einschalten.

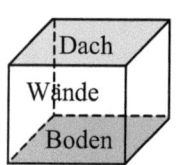 Ein Würfel ist eine Sonderform eines Quaders: Länge, Breite und Höhe sind gleich groß; ein Quader ist eine Sonderform eines Prismas (siehe Prisma): Dach (aka „Deckfläche"), Boden (aka „Grundfläche") und Wände (aka „Seitenflächen") sind rechteckig. Brauchen Sie wirklich eine Abbildung? Na schön.

## quadratische Gleichung

Nicht die Gleichung ist eigentlich quadratisch, aber die Variable $x$ kommt in der Form $x^2$ („$x$ zum Quadrat") darin vor. Eine quadratische Gleichung ist z.B.:

$x^2 = 16$.

Ein $x^2$ wird man durch Wurzelziehen los (siehe Wurzel).

$x^2 = 16 \mid \pm\sqrt{}$ (plus oder minus die Wurzel)

Denn Achtung: es gibt zwei Lösungen! Da $4^2 = 16$ ist, wird die Gleichung durch 4 gelöst. Da aber auch $(-4)^2 = 16$ ist (minus minus ist plus, siehe Minus), wird die Gleichung auch durch -4 gelöst. Ihre Lösungsmenge (siehe Mengen) schreibt man daher:

$L = \{ -4 ; 4 \}$.

Nicht alle quadratischen Gleichungen haben zwei Lösungen, manche haben nur eine, z.B. $x^2 = 0$ mit $L = \{\ 0\ \}$, manche haben auch gar keine, wie z.b. $x^2 = -4$, denn keine Zahl ergibt beim Quadrieren -4 (zumindest in der Sekundarstufe I). Also ist hier $L = \{\ \}$.

Jedenfalls muss man bei quadratischen Gleichungen damit rechnen, dass es bis zu zwei Lösungen gibt. Sollte es sich um eine Sachaufgabe handeln, sollte man, um sich nicht lächerlich zu machen, nach dem Lösen der Gleichung noch darüber nachdenken, ob beide Lösungen auch sinnvoll sind.

Beispiel: Ein Quadrat hat den Flächeninhalt 16 cm², wie groß ist seine Seitenlänge?

Wenn $x$ die gesuchte Seitenlänge ist, hat man also den Ansatz

$x^2 = 16$ cm².

Man findet wie oben die Lösungen 4 cm und -4 cm. -4 cm ist aber keine sinnvolle Seitenlänge eines Quadrats. Folglich wird diese Lösung, wie es so schön heißt, „verworfen". Sie wird in der Rechnung trotzdem zunächst erwähnt, um zu dokumentieren, dass man sie durchaus gefunden hat.

Noch mal zum Mitschreiben:

Aufgabe: Ein Quadrat hat den Flächeninhalt 16 cm², wie groß ist seine Seitenlänge?

Ansatz:

$x$ = gesuchte Seitenlänge.

Der Flächeninhalt eines Quadrates mit Seitenlänge $x$ ist $A = x^2$. $A = 16$ cm² ist gegeben.

$x^2 = 16$ cm² $|\ \pm\sqrt{\ }$

Lösungen: $x_1 = 4$ cm ; $x_2 = -4$ cm.

-4 cm wird als sinnlos verworfen.

Antwort: Die gesuchte Seitenlänge beträgt 4 cm.

Okay, ab jetzt brauchen Sie gute Nerven: Quadratische Gleichungen können nämlich auch fieser aussehen, wie z.B.

$20 + 4,5 \cdot x = 5 \cdot x^2$.

Für solche Fälle gibt es ein standardisiertes Lösungsverfahren, das dann in der so genannten „p-q-Formel" oder „Mitternachtsformel" gipfelt (es gibt sogar noch eines, namens „quadratische Ergänzung", damit hat man im alten Ägypten solche Gleichungen gelöst, aber wir sind heute etwas weiter).

Da die Kinder dabei immer wieder reihenweise über die gleichen Fallstricke stolpern, führe ich es Ihnen einmal vor.

Schritt 1: Rechte Seite zu 0 machen durch Subtrahieren der dort stehenden Terme.

$$20 + 4,5 \cdot x \qquad = 5 \cdot x^2 \qquad | -5 \cdot x^2$$
$$20 + 4,5 \cdot x - 5 \cdot x^2 = 0$$

Schritt 2: Sortieren nach Potenzen von $x$. $x^2$ zuerst, dann $x$, dann der Term ohne $x$ (Dieser Schritt wird gerne vergessen). Eventuelle Minuszeichen werden dabei (wie auch bei allen noch folgenden Schritten) mitgenommen.

$$-5 \cdot x^2 + 4,5 \cdot x + 20 = 0$$

Schritt 3: Dividieren durch den Faktor vor $x^2$, damit vor dem $x^2$ nur noch (normalerweise unsichtbar) der Faktor 1 steht.

$$-5 \cdot x^2 + 4,5 \cdot x + 20 = 0 \qquad | :(-5)$$
$$x^2 - 0,9 \cdot x - 4 = 0$$

Dieser Schritt wird auch gerne vergessen, weil Dividieren nicht jedermanns Sache ist, dividieren durch minus schon gar nicht. Notfalls den Taschenrechner zur Hilfe nehmen, ehe man sich auf einen Blindflug einlässt.

Schritt 4: p-q-Formel. Dazu benennt man den Faktor vor $x$ mit $p$ und den Term ohne $x$ mit $q$. Minuszeichen mitnehmen!

$$x^2 - 0,9 \cdot x - 4 = 0$$
$$\qquad\quad \uparrow \qquad \uparrow$$
$$\qquad\quad p \qquad q$$

Also: $p = -0,9$ ; $q = -4$ (An dieser Stelle werden, wie an fast allen anderen auch, gerne die Minuszeichen verloren).

Die eigentliche Lösungsformel (p-q-Formel) lautet jetzt:

$$x_1 = -\left(\frac{p}{2}\right) + \sqrt{\left(\frac{p}{2}\right)^2 - q} \; ;$$

$$x_2 = -\left(\frac{p}{2}\right) - \sqrt{\left(\frac{p}{2}\right)^2 - q} \; .$$

Hierin $p$ und $q$ einsetzen und (wichtig!) ein eventuelles Minus dabei mitnehmen, *obwohl* die Formel schon von Minussen strotzt (es kann auch hier immer noch verloren gehen!). Ergibt:

$$x_1 = -\left(\frac{-0,9}{2}\right) + \sqrt{\left(\frac{-0,9}{2}\right)^2 - (-4)} \; ;$$

$$x_2 = -\left(\frac{-0,9}{2}\right) - \sqrt{\left(\frac{-0,9}{2}\right)^2 - (-4)} \; .$$

Um es noch einmal ausdrücklich zu sagen, eben weil beliebte Fehlerquelle: Die Formel enthält per se schon Minuszeichen (vulgo Minusse). *Die bleiben da stehen!* Wenn $p$ und $q$ ihrerseits Minusse mitbringen, werden die *mit* eingesetzt (und nicht: „da steht ja schon ein Minus, also kann ich das andere weglassen")! Die Formeln der Mathematik funktionieren mit minus und plus gleich gut, solange man alle Minusse in Ruhe lässt und nicht anfängt, sie kreativ umzuinterpretieren. (Man mag es bedauern, aber Rechnen ist nichts für Kreative.)

Jetzt noch ausrechnen, ggf. wieder den Taschenrechner benutzen, aber alle Klammern und Minuszeichen mit eintippen. Es sei denn, man ist *sicher*, dass man die Vorzeichen ohne Taschenrechner beherrscht (siehe auch S. 66 unter Gleichung):

$$\begin{aligned}
x_1 &= -\left(\frac{-0,9}{2}\right) + \sqrt{\left(\frac{-0,9}{2}\right)^2 - (-4)} \\
&= \frac{0,9}{2} + \sqrt{\left(\frac{-0,9}{2}\right)^2 + 4} \\
&= 0,45 + \sqrt{0,2025 + 4}
\end{aligned}$$

$$= \quad 0,45 \ + \sqrt{4,2025}$$
$$= \quad 0,45 \ + \ 2,05$$
$$= \qquad 2,5 \ .$$

Da bei $x_2$ die gleichen Zahlen erneut auftreten, nur mit einem Minus vor der Wurzel, muss man sie nicht noch einmal komplett eintippen, sondern kann sie wiederverwerten (spart Zeit und Tippfehler):

$$x_2 = \quad 0,45 \ - \ 2,05 \qquad \text{(statt } 0,45 + 2,05 \text{ wie bei } x_1\text{)}$$
$$= \qquad -1,6 \ .$$

Lösungsmenge: $L = \{ -1,6 \ ; 2,5 \ \}$.

Die p-q-Formel ist auch als die „Mitternachtsformel" bekannt. Da quadratische Gleichungen im (Schul-)Leben - bis hin zum Abitur! - immer wieder auftreten, sollte man sie so gut auswendig beherrschen, dass man sie, um Mitternacht aus dem Schlaf gerissen, sofort zitieren kann. Dann, um schnell wieder einschlafen zu können, gern in der komprimierten Form:

$$x_{1 \text{ oder } 2} = - \left( \frac{p}{2} \right) + \text{oder} - \sqrt{\left( \frac{p}{2} \right)^2 - q} \ .$$

Da heutige Kinder womöglich um Mitternacht noch gar nicht schlafen, müsste man sie jetzt wohl als die drei-Uhr-morgens-Formel bezeichnen.

Im Unterricht wird die Formel auch bewiesen. Tröstlicherweise muss man sie hinterher aber nur *können*, nach dem Beweis (wie nach allen anderen Beweisen) fragt später keiner mehr. Er hinterlässt aber das Gefühl, alles gehe mit rechten Dingen zu.

Eine einfache Probe ermöglicht der Satz von Vieta (nach Françoise Viete, 1540 - 1603), wonach das Produkt der beiden Lösungen $q$ und die Summe der beiden Lösungen $-p$ sein muss. Im obigen Beispiel also $-1,6 \cdot 2,5 = -4 \ (= q)$; $-1,6 + 2,5 = 0,9$ $(= -p)$. Ja, mit Minus. Also $p$, aber das umgekehrte Vorzeichen.

Und noch ein paar bedeutsame Anmerkungen dazu. Erstens: Es muss nicht immer minus sein. Es gibt auch quadratische

Gleichungen ohne diesen lästigen Appendix an $p$ oder $q$. Die gehen dann *etwas* flüssiger. Ich habe Ihnen oben gleich den „worst case" präsentiert, dann kann Sie nichts mehr erschüttern.

Zweitens: Manchmal steht in der Wurzel etwas Negatives. Da sich die Wurzel dann (in der Mittelstufe) nicht berechnen lässt, heißt das, die Lösungsmenge ist leer.

Drittens: Eventuell ergibt sich unter der Wurzel genau 0. In dem Falle gibt es nur eine Lösung, da $- (^p/_2) + 0$ ebenso viel ist wie $- (^p/_2) - 0$.

Der Inhalt der Wurzel wird auch als die „Diskriminante" bezeichnet. Weil sie - wie bei jeder Diskriminierung - Unterschiede macht. Nämlich zwischen zwei Lösungen oder einer Lösung oder gar keiner Lösung.

Viertens: Es gibt noch eine andere Formel, die ebenfalls das Attribut der Mitternachtsformel für sich beansprucht. Sie verzichtet auf Schritt 3 des obigen Lösungsverfahrens und schleppt dafür den Faktor vor dem $x^2$ (der dann ja noch nicht 1 ist) mit in die Lösungsformel. Ist aber nicht empfehlenswert, da sie dadurch einen Buchstaben mehr enthält. Muss man sich nicht antun; zwei sind schon schlimm genug.

Fünftens: Wenn man nur einen Hammer hat, sieht alles aus wie ein Nagel. Die p-q-Formel kann man (nach den entsprechenden Vorbereitungsschritten, siehe oben) auf *jede* quadratische Gleichung anwenden. Wirklich auf jede.

Auch die anfängliche Gleichung $x^2 = 16$ kann man mit der p-q-Formel lösen.

$$x^2 = 16$$

ist so viel wie

$$x^2 + 0 \cdot x \qquad = 16 \mid -16$$
$$x^2 + 0 \cdot x - 16 = 0 \, ,$$

$$\uparrow \qquad \uparrow$$
$$p \qquad q$$

also $p = 0;\ q = -16$.

$$x_1 = -\left(\frac{0}{2}\right) + \sqrt{\left(\frac{0}{2}\right)^2 - (-16)}$$
$$= \quad 0 \ + \sqrt{(0)^2 + 16}$$
$$= \quad 0 \ + \sqrt{16}$$
$$= \quad 0 \ + \ 4$$
$$= \quad\quad 4\ ;$$

$$x_2 = \quad 0 \ - \ 4$$
$$= \quad\quad -4\ .$$

$L = \{\ -4\ ;\ 4\ \}$.

Der Volksmund nennt diese Vorgehensweise auch „mit Kanonen auf Spatzen schießen". Immerhin, besser mit der Kanone als gar kein Spatz. Aber mit etwas Augenmaß kann man sich manchmal doch *ein wenig* Arbeit sparen.

Sechstens: Es gibt auch „*bi*quadratische" Gleichungen, da ist $x$ *zwei*mal quadriert: $(x^2)^2$, also $x^4$, z.B. $x^4 - 5 \cdot x^2 = -4$. Wird gelöst, indem man erst mal $x^2$ durch $z$ ersetzt: $z^2 - 5 \cdot z = -4$. Nun lösen wie eine quadratische Gleichung; ergibt $z_1 = 4;\ z_2 = 1$. Dann noch $x^2 = z$ lösen, wobei für $z$ die schon gefundenen Zahlen einzusetzen sind: $x^2 = 4;\ x^2 = 1$. Hat bis zu vier Lösungen; im Beispiel $x_1 = 2, x_2 = -2, x_3 = 1, x_4 = -1$, also $L = \{\ -2;\ -1;\ 1;\ 2\ \}$.

Ach ja, und eins noch: Keiner hat gesagt, dass Wurzeln immer aufgehen. Dann lässt man sie stehen. $L = \{\ -1 - \sqrt{5}\ ;\ -1 + \sqrt{5}\ \}$ ist eine korrekte Lösungsmenge der Gleichung $6 \cdot x + 3 \cdot x^2 = 12$ (Mögen Sie nachrechnen?). Im Falle einer Sachaufgabe berechnet man dann aber noch einen sinnvoll gerundeten Näherungswert (siehe Runden).


## Quersumme

Die Summe der Ziffern einer mehrstelligen Zahl. Sollte diese immer noch mehrstellig sein, kann man erneut die Quersumme bilden. Sinnreiches Hilfsmittel bei der Prüfung auf Teilbarkeit.

Eine (natürliche) Zahl ist (ohne Rest) durch 3 teilbar, wenn die Quersumme durch 3 teilbar ist. Eine Zahl ist (ohne Rest) durch 9 teilbar, wenn die Quersumme durch 9 teilbar ist.

Beispiel: 6735.

Quersumme $6 + 7 + 3 + 5 = 21$. Erneute Quersumme $2 + 1 = 3$.

Die Zahl 6735 ist also durch 3 teilbar, jedoch nicht durch 9.

Für andere Zahlen als 3 und 9 gibt es eine so einfache Regel leider nicht, dafür ein paar andere (siehe Teilbarkeitsregeln).


**radieren, killern, durchstreichen**

Methoden, um Geschriebenes rückgängig zu machen. Die entsprechende Funktion am Computer trägt den entlarvenden Namen „Undo", zu deutsch: Untun, also das Gegenteil von Tun. Neu in der Geschichte der Menschheit, in der man Gesagtes und Getanes normalerweise niemals wieder rückgängig machen konnte (vgl. Sprüche 21, 23). Für dieses Erlebnis der Endgültigkeit ist jetzt das Internet zuständig.

Das Durchstreichen in einer Zeichnung macht die Zeichnung mehr oder weniger unlesbar, daher zeichnet man im Matheunterricht meist mit Bleistift und kann falsche Striche ausradieren (siehe auch unter Buntstifte).

Das Durchstreichen in einer Rechnung machte diese auf die Dauer auch unlesbar, aber der Zeitaufwand ist geringer, sie noch einmal neu zu schreiben. Was höchst empfehlenswert ist, da eine Rechnung mit Durchstreichungen irgendwann auch für den Verfasser unlesbar wird und somit vermeidbare Fehler forciert. Dazu kommt, dass - z.B. beim Kürzen von Brüchen - das Durchstreichen nicht immer ein Ungültigmachen darstellt, sondern auch Teil der Dokumentation sein kann.

Abhilfe wie im Sprichwort: Man macht einen (einen!) Strich durch die Rechnung, möglichst einen deutlichen, und kann zur Sicherheit „ungültig" (vulgo: giltet nicht) daneben schreiben.

Die genannten Probleme haben zur Erfindung des Tintenkillers (aka Tintensheriff, also Sheriff = Killer?) geführt. Macht durch chemische Reaktion die Tinte unsichtbar (jedenfalls blaue) und verbirgt so die falsche Rechnung. Nachteil: Darüber geschriebene korrigierte Rechnung wird von der nun im Papier enthaltenen Chemikalie ebenfalls unsichtbar gemacht. Darüber schreiben ist also nur noch mit Filzstift oder Kugelschreiber möglich und dann kein weiteres Mal löschbar.

Noch ein Nachteil: Verbirgt die Fehler vor den Augen der korrigierenden Lehrkraft und verhindert, dass die aufgetretenen Probleme von dieser analysiert werden können. Merke: Die Lehrkraft ist nicht scharf darauf, möglichst viele Fehler zu finden, sondern möchte helfen, diese zukünftig zu vermeiden (vgl. Hesekiel 18, 23). Wir leben nie ins Reine, immer nur ins Unreine. Das ist eine generelle Lebensweisheit, die auch im Matheunterricht gilt. Man stellt sich ihr am besten beizeiten.

Anmerkung: Da Klassenarbeiten Grundlage für einen Teil der Note sind, gelten sie als Urkunden. Killern in Klassenarbeiten ist also bei pingeliger Auslegung eine Urkundenfälschung. Es hängt vom pädagogischen Ermessen der Lehrkraft ab, ob sie die Arbeit für ungültig erklärt, Punkte abzieht oder stillschweigend darüber hinwegsieht. Denken Sie jedenfalls nicht, sie habe es nicht gemerkt. Man bedenke außerdem, dass eine gnädige Lehrkraft eventuell Teilpunkte für irrtümlich gestrichenes Richtiges gibt. Wenn es noch da ist und nicht gekillt wurde.

## rational

Rationale Zahlen sind verhältnismäßig vernünftig. Wobei in der Mathematik die Betonung mehr auf dem Verhältnismäßigen als auf dem Vernünftigen liegt. Den größten Teil der Mathematik kann man getrost als vernünftig ansehen, aber nur ein kleiner Teil der Zahlen ist auch verhältnismäßig. Das soll heißen, dass sie sich als Verhältnis ganzer Zahlen schreiben lassen. Wie 1:2 ($= \frac{1}{2}$) oder 5:8 ($= \frac{5}{8}$).

Im Fußball gibt es auch noch 0:0, was aber in der Mathematik ausgerechnet als unvernünftig gilt.

Rationale Zahlen sind also Zahlen, die man als Bruch schreiben kann. $\frac{1}{2}$ oder $\frac{5}{8}$ zum Beispiel. Vom Wert her ist $\frac{1}{2}$ so viel wie $\frac{2}{4}$ oder auch $\frac{100}{200}$. Im Fußball natürlich nicht, da ist 1:2 etwas anderes als 2:4 (aber trotzdem verloren). Die einfachste Darstellung erhält man ggf. durch Kürzen (siehe dort). Auch ganze Zahlen wie 5 oder -8 sind rationale Zahlen, denn $5 = \frac{5}{1} = \frac{10}{2}$ und $-8 = \frac{-8}{1} = \frac{-16}{2} = \frac{-3784}{473}$ sind mögliche Darstellungen dieser Zahlen als Verhältnis (also als Bruch).

In der Dezimaldarstellung (vulgo als Kommazahl) erkennt man rationale Zahlen daran, dass die Nachkommastellen irgendwo enden (= abbrechen) oder aber sich endlos wiederholen. Eine Kommazahl vom letzteren Typ nennt man periodisch (siehe auch unter periodisch):

$\frac{1}{2}$ = 0,5 (abbrechend) ;

$\frac{5}{8}$ = 0,625 (abbrechend) ;

$\frac{8}{4}$ = 2,0 (abbrechend) ;

$\frac{1}{6}$ = 0,16666666666666666666666666666... (periodisch) ;

$\frac{9}{7}$ = 1,285714285714285714285714285714... (periodisch) .

Periodische Dezimalbrüche schreibt man mit einem Strich über den sich wiederholenden Stellen. Wenn die Wiederholung direkt nach dem Komma beginnt, nennt man sie „rein periodisch", fängt sie erst später an „gemischt periodisch":

$\frac{1}{6}$ = 0,166666666666666666... = $0,1\overline{6}$ (gemischt periodisch) ;

$\frac{9}{7}$ = 1,285714285714285714... = $1,\overline{285714}$ (rein periodisch) .

Die besseren Taschenrechner haben diese Schreibweise auch drauf und können zwischen den verschiedenen Darstellungen wechseln (read manual).

Sollte sich eine Zahl dem Versuch, sie als abbrechende oder periodische Kommazahl zu schreiben, hartnäckig widersetzen, so nennt man sie irrational (siehe dort). Das ist aber nicht unvernünftig, sondern nur unverhältnismäßig. Weil sie sich nämlich *nicht* als Verhältnis ganzer Zahlen (= Bruch) schreiben lässt. Zum Beispiel:

$\sqrt{2}$ = 1,41421356237309504880168872420969807856967 18...

## Rechenbaum

Schematische Darstellung einer Rechnung, mit der man „Punkt vor Strich" und „Klammern zuerst" verinnerlichen kann. Jede Teilrechnung besteht aus zwei Zahlen und einem Rechenzeichen (auch „Rechenoperator" genannt).

15 + 23 = 38

wird dann geschrieben als:

(Der Operator kann dabei als eine Art „Computer" angesehen werden, der hier z.B. 15 und 23 als Input frisst und 38 als Output ausspuckt.)

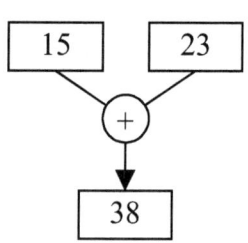

8 · 5 + 12 = 52

wird dargestellt als:

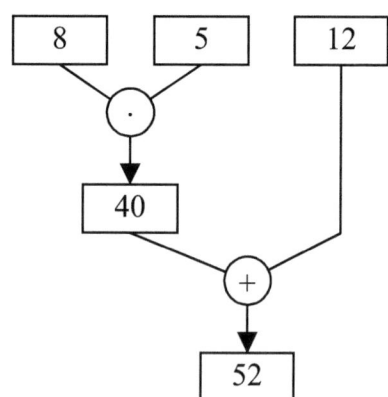

Dagegen sieht

$8 \cdot (5 + 12) = 136$

so aus:

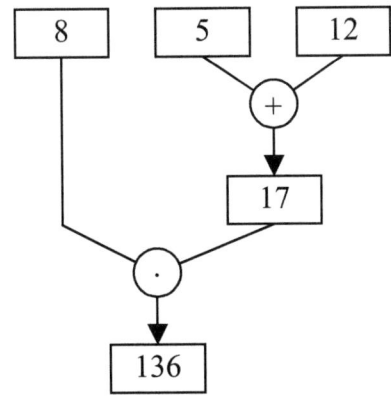

Sollte gern ausgiebig geübt werden; trainiert die Beherrschung der Rechenreihenfolge. Stellt übrigens zugleich die Grundlage der (inzwischen weitgehend vergessenen bzw. nur noch von Programmier-Nerds gepflegten) UPN-Eingabe bei Computern und Taschenrechnern dar (siehe Taschenrechner).

## Rechengesetze

„Wer in Summen kürzt, wird mit Gefängnis nicht unter drei Jahren bestraft". Nein, Rechengesetze stehen nicht im StGB. Sie regeln nur den Umgang von und mit Zahlen, sollten aber trotzdem im ureigensten Interesse befolgt werden. Sie tragen geheimnisvolle lateinische Namen und ermöglichen in vielen Fällen das Anwenden von Rechenvorteilen (siehe dort). Bei Missachtung ermöglichen sie die Erzeugung mathematischer Katastrophen.

*1. Kommutativgesetz:*

(lat. Commutatio = Austausch). Bei Plus und Mal darf die Reihenfolge vertauscht werden. In Buchstaben:

$a + b = b + a$;
$a \cdot b = b \cdot a$.

Geht auch bei längeren Summen und Produkten und ermöglicht dann Vereinfachungen der Art:

$3 + 9 + 7 = 3 + 7 + 9 = 10 + 9 = 19;$
$4 \cdot 3 \cdot 5 = 4 \cdot 5 \cdot 3 = 20 \cdot 3 = 60.$

Obacht! Bei Minus und Geteilt geht es *nicht*! 5 : 2 ist etwas anderes als 2 : 5. Und 8 − 4 ist etwas anderes als 4 − 8.

*2. Assoziativgesetz:*

(lat. Societas = Gemeinschaft). Bei Plus und Mal dürfen durch Verschieben von Klammern neue Gemeinschaften gebildet werden. In Buchstaben:

$(a + b) + c = a + (b + c);$
$(a \cdot b) \cdot c = a \cdot (b \cdot c).$

Zum Beispiel:

$(15 + 2) + 8 = 15 + (2 + 8) = 15 + 10 = 25;$
$(17 \cdot 4) \cdot 25 = 17 \cdot (4 \cdot 25) = 17 \cdot 100 = 1700.$

Obacht! Funktioniert wiederum *nicht* bei Minus und Geteilt. $(10 − 4) − 3$ ist etwas anderes als $10 − (4 − 3)$.

*3. Distributivgesetz:*

(lat. Distributio = Verteilung). Faktoren und Teiler dürfen auf Summen (plus) verteilt werden. Auf Differenzen (minus) auch. In Buchstaben:

$(a + b) \cdot c = a \cdot c + b \cdot c;$   $(a − b) \cdot c = a \cdot c − b \cdot c;$
$(a + b) : c = a : c + b : c;$   $(a − b) : c = a : c − b : c.$

In der Praxis in der anderen Richtung meist hilfreicher:

$300 + 500 = 3 \cdot 100 + 5 \cdot 100 = (3 + 5) \cdot 100 = 8 \cdot 100 = 800;$
$19 : 5 + 21 : 5 = (19 + 21) : 5 = 40 : 5 = 8.$

## Rechenvorteile

Im Zeitalter des Taschenrechners in Vergessenheit geratene Kniffe, wie man zum Beispiel durch Umstellen der Zahlen in einer Rechnung (siehe Rechengesetze) diese so geschickt gruppiert, dass sie im Kopf beherrschbar werden.

Die Zahlen werden - wenn möglich - so geordnet oder geschickt ergänzt, dass sie sich z.B. zu ganzen Zehnern oder Hundertern komplettieren. Dies geschieht im Idealfall im Kopf, ohne es aufzuschreiben. Für Sie schreibe ich es trotzdem auf, da Sie nicht in meinen Kopf gucken können.

$23 + 19 + 81 + 57$
$= 23 + 57 + 19 + 81 = (23 + 57) + (19 + 81) = 80 + 100 = 180;$

$141 - 64 - 41 - 26$
$= (141 - 41) - 64 - 26 = 100 - (64 + 26) = 100 - 90 = 10;$

$147 + 39 = 147 + (40 - 1) = (147 + 40) - 1 = 187 - 1 = 186;$

$5 \cdot 73 \cdot 2 = 5 \cdot 2 \cdot 73 = (5 \cdot 2) \cdot 73 = 10 \cdot 73 = 730;$

$26 \cdot 441 : 13 = 441 \cdot 26 : 13 = 441 \cdot (26 : 13) = 441 \cdot 2 = 882.$

Das klappt natürlich nicht immer; ein bisschen entgegenkommend müssen die Zahlen dazu schon sein. Allerdings ist das häufiger der Fall, als Sie es glauben mögen. Wenn nicht: Taschenrechner benutzen und mitleidige Blicke ignorieren. Weitere Beispiele siehe unter binomische Formeln.

## Runden

Es dient dazu, Zahlen handlicher zu machen, ohne an wesentlicher Information zu verlieren. Mathematisches Runden bedeutet, die Anzahl der „signifikanten" Stellen zu verringern.

Aus 149,56 wird 150, wenn man auf Ganze rundet. Aus 149,56 wird 149,6, wenn man auf eine Nachkommastelle rundet. Aus 149,56 wird 100, wenn man auf Hunderter rundet.

Signifikante Stellen sind die, die eine relevante Information liefern:

2567 Einwohner auf zwei signifikante Stellen gerundet sind 2600 Einwohner. 2,567 Promille Blutalkohol auf zwei signifikante Stellen gerundet sind 2,6 Promille.

0,000 000 256 7 mm Atomdurchmesser auf zwei signifikante Stellen gerundet sind 0,000 000 26 mm.

Von „kaufmännischer Rundung" spricht man, wenn man bis zu einer 4 an der vordersten weggerundeten Stelle nach *unten* und ab einer 5 an eben dieser Stelle nach *oben* rundet.

149,56 auf eine Nachkommastelle gerundet ist 149,6.
149,55 auf eine Nachkommastelle gerundet ist 149,6.
149,54 auf eine Nachkommastelle gerundet ist 149,5.

Es gibt noch die „wissenschaftliche Rundung", die aber im Mathematikunterricht keine Rolle spielt.

Wie rund man rundet, hängt vom Zusammenhang ab. Bei Geldbeträgen rundet man normalerweise auf zwei Nachkommastellen, also auf 1 Cent genau, selbst wenn das exakte Ergebnis (wie beim Tanken) mehr Stellen haben sollte. Kleinere Münzen als 1 Cent gibt es nun einmal nicht (und wer weiß, wie lange es *die* noch gibt).

Bei Einwohnerzahlen von Großstädten rundet man z.B. auf Zehntausender. Ein Dorf mit 723 Einwohnern hat bei Rundung auf Zehntausender allerdings die Einwohnerzahl 0, da sollte man schon etwas mehr ins Detail gehen.

Bei Postleitzahlen, Telefon- und Kontonummern rundet man am besten gar nicht. Mit der PIN können Sie's ja mal versuchen.

In der Gastronomie rundet man besser etwas runder. Wenn man eine Restaurantrechnung von 149,56 Euro rund macht, sind es 150 Euro und der Kellner dürfte angesichts von 0,44 € Trinkgeld kein rundes, sondern ein ziemlich langes Gesicht ziehen. Da kann dann 149,56 gerundet auch gern schon 160 oder 170 sein, je nachdem wie gut der Service war.

Bei Sachaufgaben (siehe dort) muss am Ende immer über ein sinnvolles Runden nachgedacht werden. *Sinnvoll* zu runden, übt die Eigenverantwortung und heißt, weder relevante Information zu verlieren noch irrelevante hinzuzufügen.

Zur Veranschaulichung, falls Sie etwas Geduld und einen Taschenrechner zur Hand haben, ein Beispiel:

Eine Holzplatte wird mit Millimetergenauigkeit ausgemessen (Zollstock), man erhält die Länge $l = 1,447$ m und die Breite $b = 0,892$ m. Wie groß ist ihr Flächeninhalt?

Die Rechnung ergibt $A = l \cdot b = 1,447$ m $\cdot$ $0,892$ m $= 1,290\ 724$ m² für den Flächeninhalt. So weit, so gut.

Bei 1 mm Messgenauigkeit kann die echte Länge aber zwischen 1,4465 m und 1,4475 m liegen, die Breite zwischen 0,8915 m und 0,8925 m.

Hat man beide Male einen halben Millimeter zu wenig gemessen, so wäre der wahre Flächeninhalt 1,4475 m $\cdot$ 0,8925 m $= 1,291\ 893\ 75$ m². Hat man beide Male einen halben Millimeter zu viel gemessen, so wäre der wahre Flächeninhalt 1,4465 m $\cdot$ 0,8915 m $= 1,289\ 554\ 75$ m². Wie man sieht, unterscheiden sich die beiden Werte bereits an der zweiten Nachkommastelle und man kann nur sagen, dass der Flächeninhalt etwa 1,29 m² beträgt. Bei dem anfänglichen Ergebnis 1,290 724 m² hätte man also vier irrelevante Nachkommastellen 0724 hinzugefügt, die über die Holzplatte *absolut nichts* aussagen und daher *falsch* sind.

Da niemand Lust verspüren dürfte, diese ganze Rechnung einmal mit den kleinsten und einmal mit den größten möglichen Werten durchzuziehen, gibt es auch noch eine Faustregel: Das Ergebnis kann nicht mehr signifikante Stellen haben als der ungenaueste Eingangswert. Im Beispiel sind das drei Stellen, das Ergebnis 1,290 724 m² wird also auf drei signifikante Stellen gerundet: $A$ beträgt etwa 1,29 m².

Wenn die letzten signifikanten Stellen nach dem Runden Nullen sind, schreibt man sie trotzdem hin.

$\sqrt{12} = 3,46410161513775458705489268301174473388561...$

auf sechs signifikante Stellen gerundet ist 3,46410. Wenn man die 0 als unbedeutend weglässt, erhält man 3,4641; das sieht aber aus wie auf fünf Stellen gerundet. Die 0 bleibt also stehen, um zu dokumentieren, dass man auf sechs Stellen gerundet hat.

Der Taschenrechner mit zehn oder mehr Nachkommastellen verführt leider dazu, auch alle Stellen hinzuschreiben, um bloß nichts falsch zu machen. Das Ergebnis wird gerade dadurch aber nicht richtiger sondern falscher. Als man noch von Hand rechnete, hörte man freiwillig beizeiten auf.

Anmerkung: Durch Runden werden Dezimalzahlen zwar normalerweise kürzer (weil weniger Stellen hinter dem Komma übrig bleiben), aber es ist dennoch nicht das Gleiche wie Kürzen. Kürzen kann man Brüche (siehe Kürzen). Sie behalten dabei ihren *exakten* Wert bei wie z.B. bei $\frac{4}{6} = \frac{2}{3}$.

Dezimalzahlen kann man nicht kürzen, sondern nur runden. Sie *verändern* dadurch ihren Wert, und zwar in Richtung „so etwa". Die Abweichung nennt man unglücklicherweise den Rundungsfehler. Obwohl er ja kein Fehler ist, sondern eine bewusst in Kauf genommene Unschärfe.

Ein echter Fehler und absolutes „No-Go" beim Runden ist es allerdings, wenn man Zwischenergebnisse rundet und dann mit den gerundeten Werten weiterrechnet. Die Abweichungen können sich aufsummieren und am Ende zu einem richtigen Fehler führen. Man rundet daher stets nur das Endergebnis, niemals die Zwischenergebnisse. Allerdings ist heutzutage niemand gezwungen, sie auf 10 oder 12 Stellen zu notieren. Dafür sind in modernen Taschenrechnern Speicherplätze vorgesehen (siehe Taschenrechner), aus denen man Zwischenergebnisse rasch und ohne die Gefahr eines Tippfehlers wieder abrufen kann (read manual).

### Sachaufgaben (Textaufgaben)

Rechenaufgaben, die mit Sachen zu tun haben. Dienen als Rechtfertigung für die nicht ausrottbare Frage: „Wozu müssen wir das lernen?". Dazu werden Rechenaufgaben mit einem Umfeld von alltäglichen (oder auch weniger alltäglichen)

Dingen ummantelt. Sie wurden daher früher auch etwas ehrlicher als „eingekleidete Aufgaben" bezeichnet.

Tatsache ist, dass man ohne gewisse mathematische Fertigkeiten keine Handelsgeschäfte betreiben kann, ohne über den Tisch gezogen zu werden. Das Wissen, wie man 20 – 16,86 ausrechnet, ist in der Tat völlig nutzlos und daher auch absolut verzichtbar. Das Wechselgeld auf einen Zahlbetrag von 16,86 Euro zu berechnen, wenn man mit einem 20-Euro-Schein bezahlt, könnte an der Kasse schon sinnvoll sein. Moderne Kassen berechnen das Wechselgeld zwar automatisch, aber der Mensch an der Kasse kann sich auch bei „Gegeben" vertippen. Zudem ist es Gehirntraining zur Vorbeugung vor Alzheimer.

Zum Lösen einer Sachaufgabe muss man sie erst einmal entkleiden, um die dahinter stehende Rechnung freizulegen. Bei geometrischen Aufgaben hilft das Anfertigen einer Skizze.

Beispiel: Ein quadratischer Brunnen mit 5 m Seitenlänge soll mit einem 2 m breiten gepflasterten Weg umgeben werden. Wie viel Quadratmeter sind zu pflastern?

Nebenstehend eine Skizze:

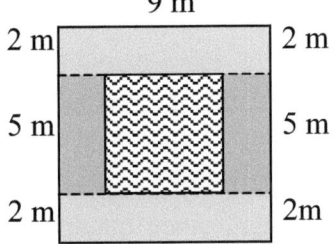

Man erkennt, dass der Weg sich aus Rechtecken zusammensetzt, die einzeln berechnet werden können und zusammen die gesuchte Fläche ergeben.

Zwei Flächen zu 2 m mal 5 m und zwei Flächen zu 2 m mal 9 m ergeben dann $2 \cdot 2 \text{ m} \cdot 5 \text{ m} + 2 \cdot 2 \text{ m} \cdot 9 \text{ m} = 20 \text{ m}^2 + 36 \text{ m}^2 = 56 \text{ m}^2$ für die Gesamtfläche.

In einer anderen Variante zerlegt man den Weg in vier Rechtecke zu 2 m mal 5 m und vier Quadrate zu 2 m mal 2 m. Dann rechnet man:

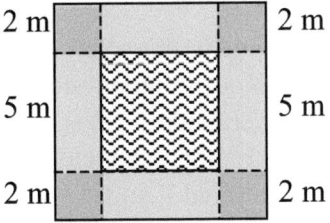

$4 \cdot 2 \text{ m} \cdot 5 \text{ m} + 4 \cdot 2 \text{ m} \cdot 2 \text{ m} = 40 \text{ m}^2 + 16 \text{ m}^2 = 56 \text{ m}^2.$

Man kann auch auf die Idee kommen, in Gedanken zuerst das gesamte 9 m mal 9 m messende Areal zu pflastern, und dann die Brunnenfläche von 5 m mal 5 m davon auszunehmen:

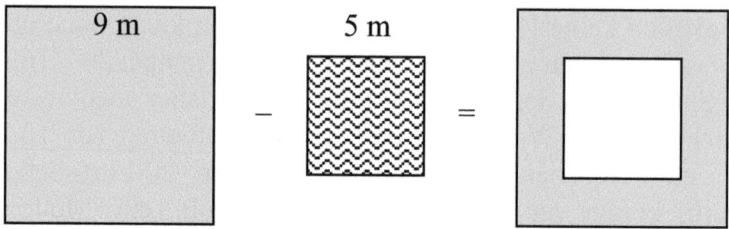

Das ergibt: 9 m · 9 m − 5 m · 5 m = 81 m² − 25 m² = 56 m².

Wie man sieht, kann eine Skizze sogar zu drei verschiedenen Lösungsansätzen inspirieren, während man durch alleiniges feindseliges Anstarren der Aufgabe auf keinen einzigen kommt.

Wo es nicht um Geometrie geht, notiert man erst einmal, was gegeben und was gesucht ist, nennt das Unbekannte $x$ und sucht dann eine Formel, die das Gesuchte mit dem Gegebenen verbindet. Die bekannten Zahlen setzt man ein. Dann hat man eine Gleichung, die man nach $x$ auflöst (Beispiel siehe unter $x$).

Wichtig: Die Lösung einer Sachaufgabe ist keine Zahl, sondern wieder ein Sachverhalt, der so genannte Antwortsatz: „Die zu pflasternde Fläche ist 56 m² groß."

Natürlich wird keines Ihrer Kinder jemals in die Verlegenheit kommen, einen quadratischen Brunnen mit einem Pflasterweg zu umgeben. Sehen Sie, das ist das eigentliche Problem.

### Schnittpunkte

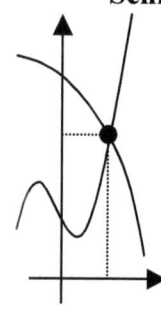

Zeichnen Sie zwei Kurven (oder Geraden) ins Koordinatensystem. Kann sein, dass sie sich irgendwo schneiden. Das nennt man dann einen Schnittpunkt. Geraden schneiden sich immer irgendwo, und zwar genau einmal - außer wenn sie parallel sind. Es kann aber sein, dass der Schnittpunkt außerhalb der Zeichnung liegt. Das macht aber gar nichts, man kann ihn auch berechnen.

Kurven müssen sich nicht schneiden, oder sie schneiden sich gleich mehrmals. Wenn die Kurven sich genial schlängeln, schneiden sie sich sogar unendlich oft. Das ist alles erlaubt. In der Zeichnung kann man die Koordinaten eines Schnittpunktes zur Not an den Kästchen abzählen. Zumindest ungefähr. Und zumindest, solange er nicht jenseits des Heftrandes liegt.

Ansonsten kann man sie berechnen, und das geht so: Da, wo sich zwei Geraden (oder Kurven) schneiden, stimmen sie in $x$- und $y$-Koordinate überein. D.h. bei dieser $x$-Koordinate haben beide den gleichen $y$-Wert. Und das ist auch schon das ganze Geheimnis für die Berechnung: Gesucht ist der $x$-Wert, bei dem beide Funktionsgleichungen den gleichen $y$-Wert liefern.

Etwas abstrakt ausgedrückt: Sei $y = f(x)$ die eine und $y = g(x)$ die andere Funktion, dann ist am Schnittpunkt $f(x) = g(x)$.

Okay, zu abstrakt. Also ein Beispiel: Gegeben sind die Geraden (siehe Geradengleichung) mit den Gleichungen:

$$y = f(x) \quad = 2 \cdot x + 4 \,,$$
$$y = g(x) \quad = 3 \cdot x + 1 \,.$$

Am Schnittpunkt müssen dann die $y$-Werte übereinstimmend

$$2 \cdot x + 4 \quad = 3 \cdot x + 1$$

sein. (Oder für Pingelige: $2 \cdot x_S + 4 \ = 3 \cdot x_S + 1$. $x_S = x$-Wert des Schnittpunktes) Das ist eine Gleichung (siehe Gleichung), die mit den üblichen Methoden gelöst werden kann:

$$
\begin{aligned}
2 \cdot x + 4 &= 3 \cdot x + 1 \quad | -2 \cdot x \\
4 &= x + 1 \quad | -1 \\
3 &= x
\end{aligned}
$$

Die Geraden schneiden sich also bei $x = 3$. Fehlt noch die zugehörige $y$-Koordinate; man erhält sie, indem man den gefundenen $x$-Wert in die Gleichung (egal welche, es muss ja bei beiden das Gleiche rauskommen) einsetzt. Misstrauische können zur Kontrolle natürlich auch beide nehmen:

$$f(3) \quad = 2 \cdot 3 + 4 = 6 + 4 = 10,$$
$$g(3) = 3 \cdot 3 + 1 = 9 + 1 = 10.$$

Der Schnittpunkt ist also $S$ ( 3 | 10 ).

Anmerkung: Man kann das auch so interpretieren, dass man das Gleichungssystem

I $\quad y = 2 \cdot x + 4$

II $\quad y = 3 \cdot x + 1$

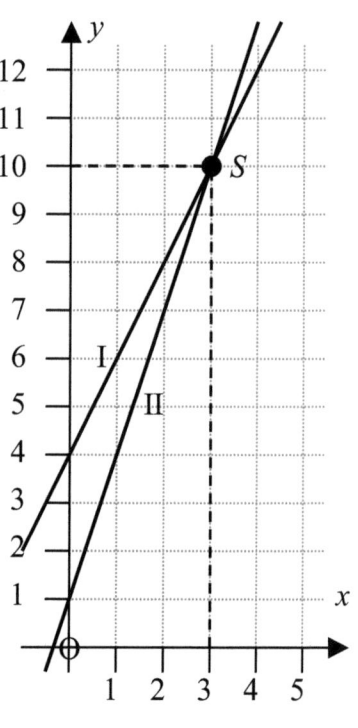

gelöst hat, und zwar nach dem Gleichsetzungsverfahren (siehe unter Gleichungssystem). Wir kontrollieren das in einer Zeichnung (s. rechts) nach:

Tatsächlich, die Rechnung stimmt!

Sollte es mehrere Schnittpunkt geben (bei Geraden passiert das zum Glück nicht), dann wird das Gleichungssystem entsprechend auch mehrere Lösungen haben. Sollten die Graphen sich verfehlen und es gibt gar keinen Schnittpunkt, dann hat das Gleichungssystem auch keine Lösung.

Dazu noch ein Beispiel:

Die Schnittpunkte der Geraden mit der Gleichung $y = f(x)$ $= x + 1$ und der Parabel mit der Gleichung $y = g(x) = x^2 - 1$ sind gesucht. Es entsteht eine quadratische Gleichung (s. dort):

$$
\begin{array}{rll}
x^2 \quad - 1 & = x + 1 & \quad |-x \\
x^2 - x - 1 & = 1 & \quad |-1 \\
x^2 - x - 2 & = 0 & \quad | \text{ p-q-Formel mit } p = -1 \text{ und } q = -2
\end{array}
$$

$$
x_1 = -(\frac{p}{2}) + \sqrt{(\frac{p}{2})^2 - q} = -\frac{(-1)}{2} + \sqrt{(\frac{(-1)}{2})^2 - (-2)}
$$

$$
= \frac{1}{2} + \sqrt{\frac{1}{4} + 2} = \frac{1}{2} + \sqrt{\frac{9}{4}} = \frac{1}{2} + \frac{3}{2} = 2 ;
$$

$$
x_2 = \frac{1}{2} - \frac{3}{2} = -1 .
$$

Zugehörige $y$-Werte:

$f(x_1) = f(2) = 2 + 1 = 3,$

$f(x_2) = f(-1) = -1 + 1 = 0.$

Die Schnittpunkte sind also:

$S_1(2 \mid 3)$ und $S_2(-1 \mid 0)$.

In der Grafik sähe das dann so aus wie nebenstehend.

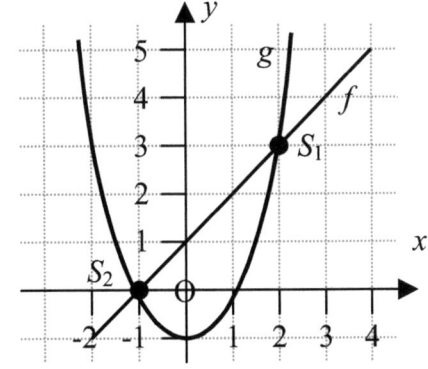

## Schrägbild

Es dient zur einigermaßen realistisch aussehenden Darstellung eines (räumlichen) Körpers auf einem (zweidimensionalen) Blatt Papier. Es wird normalerweise so gezeichnet, dass alle Abmessungen des Aufrisses (siehe Dreitafelprojektion) originalgetreu wiedergegeben werden; alle von hier im rechten Winkel nach hinten verlaufenden Abmessungen werden auf die Hälfte verkürzt und unter 45° gezeichnet (das ist die so genannte „Kavalierperspektive", es gibt andere Perspektiven mit anderen Verkürzungsfaktoren und Winkeln, das ist Geschmackssache der Lehrkraft und des Lehrbuchs. Die „Zentralperspektive" - das ist die mit einem Fluchtpunkt - eignet sich hingegen eher für den Kunst- als für den Mathematikunterricht). Alle irgendwie schräg verlaufenden Abmessungen müssen aus Waagerechten und Senkrechten konstruiert werden.

Beim Schrägbild einer Pyramide kann man z.B. die Grundfläche nach diesen Regeln zeichnen und über deren Mitte die Höhe (da sie senkrecht verläuft) originalgetreu errichten. Die Kanten von den Ecken der Grundfläche zur Spitze ergeben sich dann durch Verbinden der jeweiligen Punkte, wie in der Abbildung dargestellt.

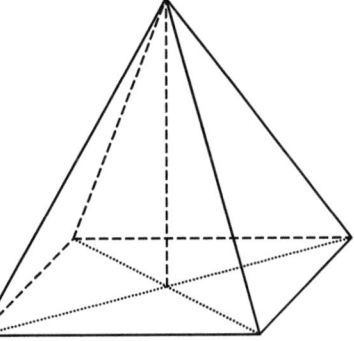

## Statistik

Die Mittelstufenstatistik beschränkt sich auf nicht viel mehr als Strichlisten und deren Auswertung. Da viele professionelle Statistiken auch auf diesem Niveau arbeiten, gibt es sogar ein paar wohlklingende Fachausdrücke für die dabei auftretenden Trivialitäten. Die anspruchsvollsten davon finden Sie unter „Mittelwert", ab da sinkt das Niveau.

Kurz erklärt: Man hat irgendetwas gezählt, wie oft welcher Wert auftritt, z.b. Körpergrößen von Kindern oder Länge der Warteschlange an Kassen oder ähnlich. Die erfassten Werte werden, falls sie es nicht schon sind, nach der Größe sortiert, dann teilt man sie in eine obere und eine untere Hälfte. Der Teilungspunkt ist der „Median" (nein, *nicht* der Meridian!), also entweder - bei einer ungeraden Anzahl von Daten - der mittlere Wert (nein, *nicht* der Mittelwert!) oder - bei einer geraden Anzahl - der Mittelwert aus den beiden mittleren Werten. Dann werden die beiden Hälften erneut halbiert, die Teilungspunkte heißen nun „unteres Quartil" und „oberes Quartil". Die absoluten Extrempunkte sind das „Minimum" und das „Maximum". Letztlich hat man den Datenbestand also sortiert, dann, so gut es ging, in vier Viertel geteilt und jedem Teilungspunkt einen originellen Namen gegeben.

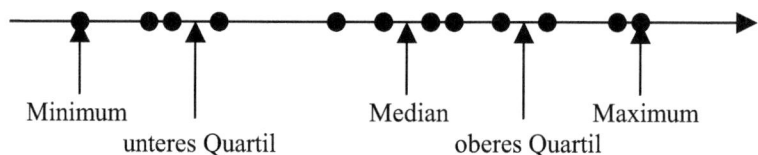

| Minimum | | Median | | Maximum |
|---|---|---|---|---|
| unteres Quartil | | oberes Quartil | | |

Beispiel: Der Filialleiter geht am Tag ein paar mal an den Kassen vorbei, zählt die Längen der Schlangen (statt sich selbst an die Kasse zu setzen) und macht eine Strichliste:

| Länge der Warteschlange: | 0 | 1 | 2 | 3 | 4 | 5 | 6 | 7 | 8 | 9 |
|---|---|---|---|---|---|---|---|---|---|---|
| Häufigkeit: | | III | II | III | IIII | II | III | I | | |

Das kann man schon mal grafisch darstellen, es sieht dann aus wie ein Säulendiagramm (siehe Diagramme), heißt in der Statistik aber „Histogramm".

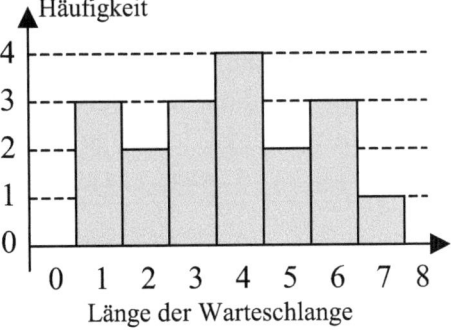

Häufigkeit

Länge der Warteschlange

Die Werte nach der Größe sortiert sind dann:

1 1 1 2 2 3 3 3 4 4 4 4 5 5 6 6 6 7

Mittig geteilt:

1 1 1 2 2 3 3 3 4 - 4 4 4 5 5 6 6 6 7

Einen mittleren Wert gibt es in diesem Beispiel nicht, da es eine gerade Anzahl ist; der Median ist daher der Mittelwert aus den beiden mittleren Werten, also aus 4 und 4; ergibt 4 (falls sie unterschiedlich sind, kann der Median auch mal eine krumme Zahl sein). Die Hälften werden jetzt noch mal geteilt; diesmal gibt es einen mittleren Wert, denn es sind je 9 Werte:

1 1 1 2 - 2 - 3 3 3 4 - 4 4 4 5 - 5 - 6 6 6 7

Damit ist das untere Quartil gleich 2 und das obere Quartil gleich 5. An den äußersten Enden befindet sich das Minimum (gleich 1) und das Maximum (gleich 7).

Dazu kann man nun eine beeindruckend professionell aussehende grafische Darstellung zeichnen, genannt „Boxplot" (zu deutsch etwa: Kastenzeichnung): Ein Kasten geht vom unteren bis zum oberen Quartil, unterteilt durch den Median, dann ragen nach links und rechts noch „Antennen" (die heißen wirklich so) bis zum Minimum bzw. Maximum heraus.

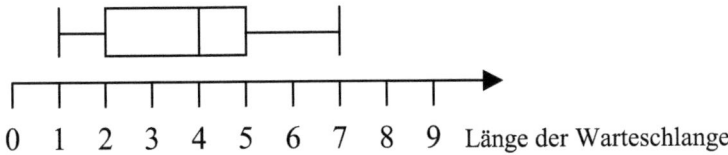

0  1  2  3  4  5  6  7  8  9  Länge der Warteschlange

Das war's eigentlich schon. Der Mittelwert der Daten wird dabei gar nicht gebraucht; er ist auch nicht so aussagekräftig wie der Median, weil bei ihm schon ein einziger Ausreißer den Schnitt verdirbt. Ich zeige ihn Ihnen trotzdem:

$$M = \frac{1+1+1+2+2+3+3+3+4+4+4+4+5+5+6+6+6+7}{18} = \frac{67}{18} = 3,7\overline{2}$$

oder $M = \dfrac{3\cdot1 + 2\cdot2 + 3\cdot3 + 4\cdot4 + 2\cdot5 + 3\cdot6 + 1\cdot7}{18} = \dfrac{67}{18} = 3,7\overline{2}$.

Ergänzen könnte man noch, dass es statt der Strichliste noch ein paar andere originelle Formen gibt, die erfassten Daten aufzuschreiben, und dass man beim Histogramm, falls die Daten es sinnvoll erscheinen lassen, auch mehrere Werte zu einer Säule zusammenfassen kann. Wenn z.B. Körpergrößen in mm gemessen wurden, ist es wenig übersichtlich, bei jeder Millimeterzahl eine eigene Säule zu errichten, vermutlich hat sie dann nur die Höhe 1, während dazwischen große Lücken klaffen, weil diese Werte gar nicht vorkamen. Dann ist es besser, z.B. eine Stufung in „Intervalle" von je 2 cm oder je 5 cm vorzusehen und mit den Säulen jeweils alle in diesen Bereich fallenden Daten als einen Wert darzustellen.

Ob das bei den obigen Warteschlangen sinnvoll ist, möchte ich bezweifeln, ich zeige es trotzdem mal zur Demonstration mit Intervallen der Breite 2:

| Länge der Warteschlange: | 0 – 1 | 2 – 3 | 4 – 5 | 6 – 7 | 8 – 9 |
|---|---|---|---|---|---|
| Häufigkeit: | ||| | ||||| | |||||| | |||| | |

Das Histogramm sähe dann so aus wie nebenstehend. Alles in allem eine nette Kinderbeschäftigung, bei der man nicht viel mehr können muss als zählen.

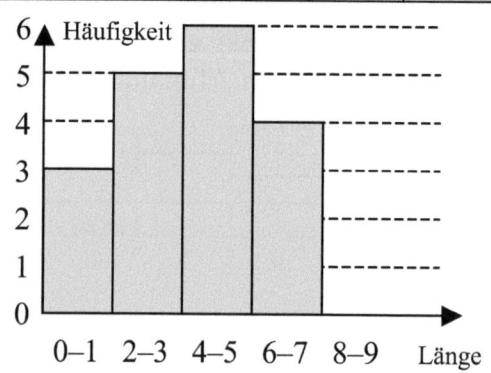

## Steigung

Das ist das, was Ihnen den Schweiß auf die Stirn treibt, wenn Sie bergauf radeln. In der anderen Richtung heißt es Gefälle. Wenn Sie das Verkehrszeichen dazu betrachten, sehen Sie den mathematischen Aspekt:

Die Steigungsangabe in Prozent ist identisch mit der mathematischen Steigung einer Geraden (in der Oberstufe auch einer Kurve). 5 % Steigung heißt, auf 100 waagerechte Meter geht es 5 m aufwärts. Das kleine Dreieck ist mathematisch das „Steigungsdreieck".

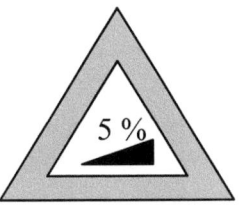

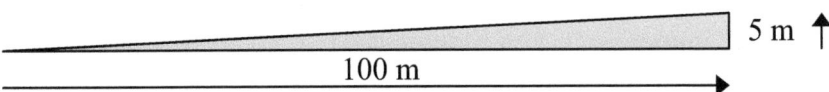

5 m ↑

100 m

Achtung: Die 100 m und die 5 m sind die Katheten des Dreiecks, die tatsächlich zurückgelegte Strecke verläuft hingegen schräg und ist die Hypotenuse. Man kann sie mittels Pythagoras (siehe dort) berechnen.

Ein 100 m langes Dreieck passt nicht ins Heft, man darf es daher auch 100 mm lang machen, dann geht es noch 5 mm aufwärts. Oder 10 mm lang, dann beträgt der Höhengewinn 0,5 mm, das kann man aber kaum noch ablesen.

Entscheidend ist das Verhältnis der beiden Strecken:

$\frac{5 \text{ mm}}{100 \text{ mm}}$ oder $\frac{5 \text{ m}}{100 \text{ m}}$ ergeben jeweils 0,05 oder eben 5%.

Im Koordinatensystem (siehe dort) ist das Abschreiten der waagerechten Strecke mit einer Änderung der $x$-Koordinate verbunden. Der Höhengewinn ist eine Änderung der $y$-Koordinate. In Mathe-Steno steht $\Delta x$ (sprich „Delta $x$") für eine Änderung von $x$ und $\Delta y$ („Delta $y$") für eine Änderung von $y$.

Außerdem ist *m* die traditionelle Abkürzung für eine Steigung (Warum ausgerechnet *m*? Keine Ahnung. Vielleicht von „Mist, schon wieder bergauf!"). Also:

$$\text{Steigung} = \frac{\text{Änderung von } y}{\text{Änderung von } x} \quad \text{oder kurz:} \quad m = \frac{\Delta y}{\Delta x} \ .$$

Da es das Verhältnis zweier Katheten ist, ist es zugleich der Tangens des Steigungswinkels (siehe Winkelfunktionen). Der Blick auf das erwähnte Verkehrsschild konfrontiert Sie also stets zugleich mit dem Tangens des Steigungswinkels, selbst wenn Sie Winkelfunktionen ansonsten hassen.

Für den Radfahrer weniger schweißtreibend, für die Kiddies im Matheunterricht umso mehr, ist aber das Gefälle. Den Begriff des Gefälles gibt es in der Mathematik nämlich nicht. Man spricht immer noch von Steigung; da sich aber *y* hierbei nach unten ändert (also entgegen der Pfeilrichtung der *y*-Achse), ist $\Delta y$ und damit die Steigung negativ. Auf dem zugehörigen Verkehrszeichen ist das (vielleicht zur Vermeidung eines Schocks bei Nichtmathematikern, bei dem sie die Lenkung verreißen) nicht angegeben, dafür ist das Dreieck umgedreht.

Wenn Sie bis hierher folgen konnten, sollte auch klar sein, dass 100 % Steigung mitnichten eine senkrechte Wand darstellen: Wenn man auf 100 waagerechte Meter zugleich 100 m an Höhe gewinnt, ist das vielmehr ein Winkel von 45°. Beim Fahrrad brauchen Sie dafür allerdings eine verdammt gute Untersetzung. Oder Sie tragen das Rad die Treppe hoch.

## Stellenwertsysteme

Rechenschema für Tintenfische und Aliens. Allerdings auch für normale Menschen. Jedoch nicht für Römer (die ja bekanntlich spinnen, vgl. Asterix). Normale Menschen rechnen im Zehnersystem. Das bedeutet, dass jede Ziffer einer Zahl einen bestimmten Wert hat, und zwar sind hinten die Einer, die vorletzte sind die Zehner, die drittletzte die Hunderter usw.

Im Zehnersystem (aka Dezimalsystem) bedeutet 432:

| 10 000er | 1000er | 100er | 10er | 1er |
|----------|--------|-------|------|-----|
| - | - | 4 | 3 | 2 |

also 4 Hunderter, 3 Zehner und 2 Einer. Eine 0 bedeutet, dass dieser Wert gerade nicht gebraucht wird. Beispiel 780:

| 10 000er | 1000er | 100er | 10er | 1er |
|----------|--------|-------|------|-----|
| - | - | 7 | 8 | 0 |

Das sind 7 Hunderter, 8 Zehner, keine Einer. Bei den Römern ging das anders. Beispiel: DCCLXXX:

| M | D | C | L | X | V | I |
|---|---|---|---|---|---|---|
| 1000er | 500er | 100er | 50er | 10er | 5er | 1er |
| - | D | CC | L | XXX | - | - |

bedeutete 1 Fünfhunderter, 2 Hunderter, ein Fünfziger und 3 Zehner.

Die letzten drei Stellen von DCCLXXX bedeuteten also alle Zehner, und dass es keine Fünfer und Einer gab, sah man nur daran, dass keine V oder I dastanden. Das war also *kein* Stellenwertsystem. Der Wert einer Ziffer ergab sich nicht aus der Stelle, sondern aus dem Symbol.

Dass wir im Zehnersystem rechnen, geht angeblich darauf zurück, dass wir an den Fingern bis 10 zählen können. Wenn das stimmt, gab es früher Leute mit 12 Fingern, denn da gab es auch dieses System:

| 1728er | 144er | 12er | 1er |
|--------|-------|------|-----|
| Großgros | Gros | Dutzend | Einer |
| | | | |

Ein Tintenfisch mit acht Armen würde dann sicher ein System wie dieses bevorzugen:

| 4096er | 512er | 64er | 8er | 1er |
|--------|-------|------|-----|-----|
| | | | | |

Er könnte ja nur bis 8 Einer zählen, dann muss er einen Übertrag machen (1 Achter) und kann nun erst wieder Einer hinzufügen, bis 16, das sind dann 2 Achter. Hat er acht Achter voll, macht er einen Übertrag in die dritte Stelle, merkt sich einen 64er und zählt weiter. Dass Tintenfische hoch intelligent sind, weiß man ja seit Paul. Die kriegen das bestimmt hin. 432 würde für einen Oktopus also bedeuten:

| 4096er | 512er | 64er | 8er | 1er |
|--------|-------|------|-----|-----|
| - | - | 4 | 3 | 2 |

also vier 64er, drei 8er und zwei Einer. Für Menschen mit Zehnersystem umgerechnet wäre das $4 \cdot 64 + 3 \cdot 8 + 2 \cdot 1 = 282$. Zur Vermeidung von Missverständnissen schreibt man $432_{(8)}$ für den Oktopus und $282_{(10)}$ für Menschen. Nota bene: Es ist die gleiche Zahl, nur in unterschiedlichen Stellenwertsystemen. Da wir uns aber gern als Mittelpunkt der Welt sehen, nehmen wir uns die Freiheit, die $_{(10)}$ wegzulassen, denn „die ist ja selbstverständlich". Eine Zahl wie $282_{(8)}$ kann es übrigens gar nicht geben, denn bei 8 hätte der Oktopus schon einen Übertrag gemacht, er zählt ja in jeder Stelle nur maximal bis 7.

Aliens mit nur 4 Fingern würden vielleicht in folgendem Stellenwertsystem rechnen:

| 256er | 64er | 16er | 4er | 1er |
|-------|------|------|-----|-----|
|  |  |  |  |  |

Bei ihnen wäre $10122_{(4)}$:

| 256er | 64er | 16er | 4er | 1er |
|-------|------|------|-----|-----|
| 1 | 0 | 1 | 2 | 2 |

gleich ein 256er, kein 64er, ein 16er, 2 Vierer und 2 Einer. Für Menschen umgerechnet: $1 \cdot 256 + 0 \cdot 64 + 1 \cdot 16 + 2 \cdot 4 + 2 \cdot 1 = 282_{(10)}$. So leicht könnte Völkerverständigung sein.

Und dann gibt es noch die Computer. Die rechnen tief im Innern bekanntlich nur mit Strom an und Strom aus, können also nur zählen 0, 1 - und bei 2 kommt dann schon ein

Übertrag. Das ist das Zweiersystem (aka Binärsystem, aka Dualsystem, letzteres hat aber nichts mit Mülltrennung zu tun). Eine Zahl besteht dann nur noch aus Nullen und Einsen, z.B. $101101_{(2)}$:

| 128er | 64er | 32er | 16er | 8er | 4er | 2er | 1er |
|-------|------|------|------|-----|-----|-----|-----|
| -     | -    | 1    | 0    | 1   | 1   | 0   | 1   |

wäre dann ein 32er, kein 16er, ein 8er, ein 4er, kein 2er und ein 1er. Umgerechnet: $1 \cdot 32 + 0 \cdot 16 + 1 \cdot 8 + 1 \cdot 4 + 0 \cdot 2 + 1 \cdot 1 = 45_{(10)}$.

Extra für Programmierer wurde übrigens noch das Sechzehnersystem (aka Hexagesimalsystem) erfunden. Weil die Binärzahlen immer so unübersichtlich lang sind, werden dabei jeweils vier Stellen zu einer zusammengefasst. Beim Aufschreiben ergibt sich dann nur das Problem, dass man damit bis zu 15 Einern zählen kann, ehe der Übertrag zum 16er kommt. Da reichen die normalen Ziffern nicht mehr, und man zählt ab 9 mit Buchstaben weiter: 0 1 2 3 4 5 6 7 8 9 A B C D E F.

| 128er | 64er | 32er | 16er | 8er | 4er | 2er | 1er |
|-------|------|------|------|-----|-----|-----|-----|
| -     | -    | 1    | 0    | 1   | 1   | 0   | 1   |
| 16er  |      |      |      | 1er |     |     |     |
| 2     |      |      |      | D (= 13) | | |   |

F entspricht 15 und dann kommt der Übertrag. Eine Zahl kann dann etwa so aussehen: $B20A_{(16)}$ oder B20Ah. Das kleine „h" wird oft statt $_{(16)}$ für „hexagesimal" benutzt (übrigens: die auch verwendete Bezeichnung „hexa*dezi*mal" gilt als unschön, weil sie aus Griechisch und Latein zusammengemixt ist).

$B20A_{(16)}$ beziehungsweise B20Ah bedeutet:

| 4096er | 256er | 16er | 1er |
|--------|-------|------|-----|
| B      | 2     | 0    | A   |

Das sind B (also elf) 4096er, zwei 256er, kein 16er und A (also zehn) 1er. Umgerechnet: $11 \cdot 4096 + 2 \cdot 256 + 0 \cdot 16 + 10 \cdot 1 = 45578_{(10)}$. Klar soweit? Wenn nein: kein Problem, solange Sie oder die Kids nicht Computer programmieren müssen.

## Strahlensätze

Sie handeln von Strahlen. Nicht zwingend von radioaktiven, aber z.B. von Lichtstrahlen. Wo Licht ist, ist auch Schatten. Als man Kinder noch mit Schattenspielen begeistern konnte, nahm man eine Kerze oder ein Taschenlampenleuchtmittel (vulgo Glühbirnchen) als Lichtquelle und formte mit den Händen Gestalten, deren Schatten an der Wand als Hund oder Hase oder Ente oder Adler erschienen. Einen wohligen Grusel erzeugte die Monsterhand; das war der Schatten einer Hand, die man allmählich der Lichtquelle näherte, wobei ihr Schatten immer größer wurde und alle Anwesenden zu ergreifen schien (Heute muss man dafür Stephen King gucken). Hand und Wand müssen dabei parallel liegen, sonst erkennt man keine Hand im Schatten.

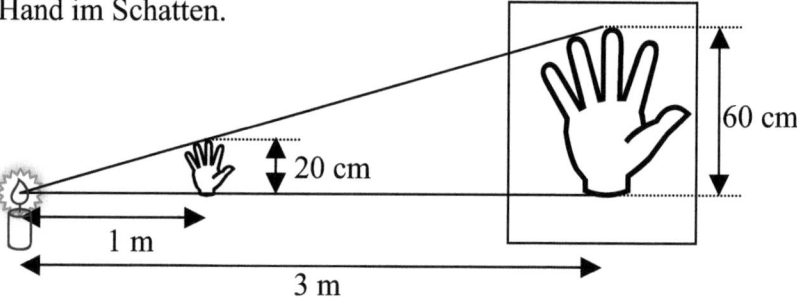

Die Strahlensätze behandeln die Geometrie der Monsterhand. Sie wird im gleichen Maße größer, wie man mit der Hand näher an die Lampe kommt, also der Abstand zwischen Lampe und Wand (*B* wie Bild) im Verhältnis zum Abstand zwischen Lampe und Hand (*G* wie Gegenstand) größer wird. Die Abbildung oben zeigt ein Beispiel. Unten in Buchstaben:

$$\frac{\text{Bildgröße}}{\text{Gegenstandsgröße}} = \frac{\text{Bildweite}}{\text{Gegenstandsweite}} \quad \text{oder kurz} \quad \frac{B}{G} = \frac{b}{g}.$$

Spielt übrigens beim Thema Optik auch in der Physik eine Rolle.

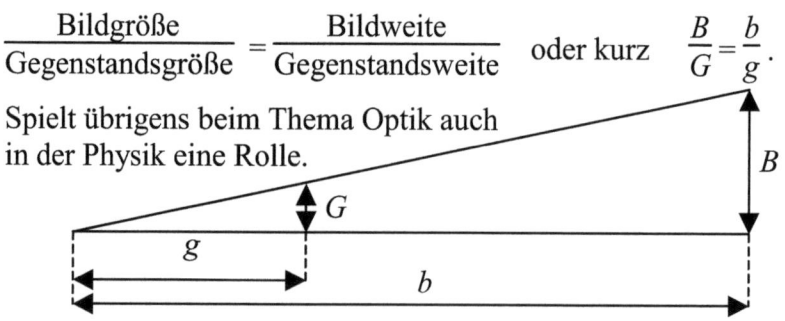

Man kann die Strahlensätze auch als Lehrsätze in Worten formulieren, aber dann ist es noch mehr Horror als Stephen King, das erspare ich Ihnen.

Das Ganze gilt übrigens auch für die Projektion mit einem Filmprojektor oder Beamer, nur sorgt die Optik dann dafür, dass die Lichtstrahlen einmal über Kreuz verlaufen. Die Abstände sind dann immer von der Optik aus zu messen, einmal nach der Seite mit dem Film und einmal nach der Seite mit der Projektionswand.

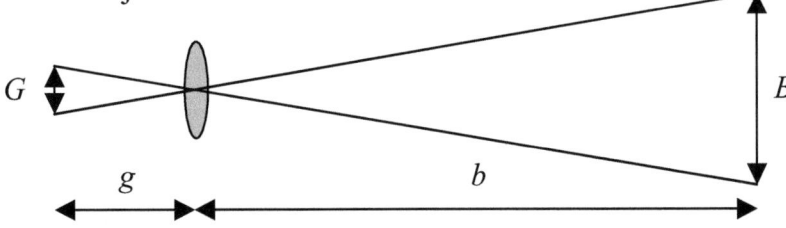

Bis hier war es der so genannte zweite Strahlensatz, es gibt auch noch einen ersten. Der ist noch trivialer, er besagt, dass die Lichtwege oben und unten im gleichen Verhältnis stehen:

Allgemein und mit Buchstaben: $\dfrac{y}{x} = \dfrac{b}{g}$.

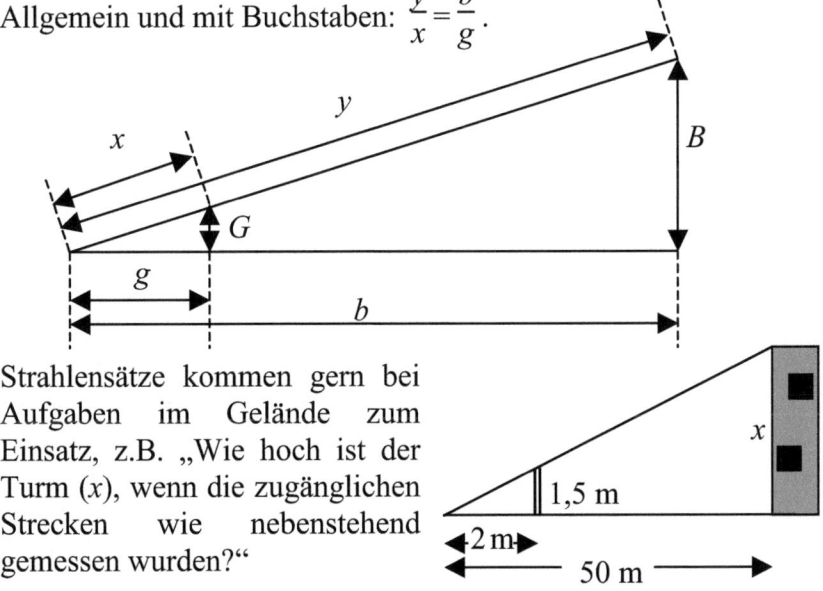

Strahlensätze kommen gern bei Aufgaben im Gelände zum Einsatz, z.B. „Wie hoch ist der Turm ($x$), wenn die zugänglichen Strecken wie nebenstehend gemessen wurden?"

Lösung: Nach dem 2. Strahlensatz ist:

$$\frac{x}{1{,}5\ \text{m}} = \frac{50\ \text{m}}{2\ \text{m}} \qquad | \ T \quad (\text{rechte Seite ausrechnen})$$

$$\frac{x}{1{,}5\ \text{m}} = 25 \qquad | \ \cdot 1{,}5\ \text{m}$$

$$x = 37{,}5\ \text{m}$$

Antwort: Der Turm ist 37,5 m hoch.

Eigentlich tut man hier zwar, als ob beim Anpeilen des Turms über die 1,5 m lange Messlatte die Lichtstrahlen vom Auge des Peilenden ausgehen (wie es Aristoteles tatsächlich vermutete), aber die Rechnung verkompliziert sich unnötig, wenn man den Lichtstrahl in der umgekehrten Richtung verfolgt. Außerdem spielen gedachte Lichtstrahlen, die vom Auge ausgehen, in der Berechnung von Computergrafiken wieder eine große Rolle, man nennt das dann Raytracing (= Strahlverfolgung).

Wichtig beim zweiten Strahlensatz und beliebte Fehlerquelle: Die Abstände werden immer vom Scheitelpunkt, also dem Schnittpunkt der Strahlen (Auge, Lichtquelle, Optik) aus gemessen. Bei der obigen Turmaufgabe also die 50 m vom Auge des Peilenden aus, nicht die 48 m von der Messlatte aus.

Wenn Sie eine Figur sehen, auf die die Strahlensätze anwendbar sind, werden Sie sie erkennen: Zwei Geraden oder Halbgeraden (die sind nicht halb gerade, sondern gehen jenseits des Scheitels nicht mehr weiter) mit gemeinsamem Scheitel schneiden zwei Parallelen.

Mit dem zweiten Strahlensatz kann man eine Strecke im beliebigen Verhältnis teilen. Beispiel: Die Strecke *AB* soll im Verhältnis 3:2 geteilt werden. Man zeichnet an den Endpunkten nach verschiedenen Seiten unter 90° Strecken von 3 cm und 2 cm und verbindet deren Endpunkte miteinander. Die Verbindungsgerade (gestrichelt) teilt die Strecke in *P* im gewünschten Verhältnis. 90°-Winkel müssen es dazu eigentlich gar nicht sein, aber so erhält man am einfachsten die beiden für den Strahlensatz erforderlichen Parallelen.

## Symmetrie

Das, was die Welt für einen Mathematiker schön macht; in Blättern, Blüten und Kristallen zu finden. Und im Mathebuch; dort meist an Spiegelsymmetrie und Drehsymmetrie festgemacht. Gemeint ist, dass eine Figur nach einer Spiegelung oder Drehung wieder so aussieht wie vorher.

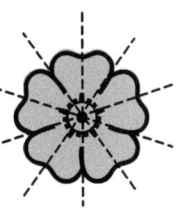

Betrachten Sie die Großbuchstaben unter diesem Aspekt, so werden Sie bemerken, dass einige davon sich bei einer Drehung um 180° nicht ändern (H,I,N,O,S,X,Z), einige bei einer waagerechten (A,H,I,M,O,T,U,V,W,X,Y) oder senkrechten (B,C,D,E,H,I,O,X) Spiegelung. Das ermöglicht Spielchen mit gespiegelten Wörtern wie

$$\frac{\text{HEIDI}}{\text{HEIDI}} \quad \text{oder} \quad \begin{array}{c|c} \text{M} & \text{M} \\ \text{A} & \text{A} \\ \text{X} & \text{X} \end{array} \quad \text{oder} \quad \text{OTTO} \,|\, \text{OTTO} \;.$$

Beschäftigen Sie Ihre Kinder gern damit, weitere Beispiele zu finden.

Spiegelung erfolgt an einer „Spiegelachse", das ist die Linie, an der Sie einen (beidseitigen) Spiegel aufstellen müssten, damit es klappt (Glasplatte geht auch).

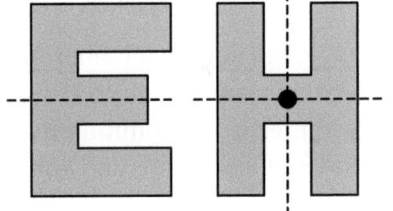

Drehung erfolgt um einen Drehpunkt, und dann um einen bestimmten Winkel, z.B. 90°. Denken Sie sich die Figur auf Folie kopiert und die Kopie deckungsgleich auf das Original gelegt. Dann pieksen Sie eine Zirkelspitze in den Drehpunkt und drehen die oben liegende Kopie so weit, bis sie mit dem Original wieder zur Deckung kommt, spätestens bei 360° sollte das der Fall sein; die spannenden Fälle sind die, bei denen das schon vorher passiert.

Ich zeige Ihnen das mal an ein paar Verkehrszeichen, die irgendwie spiegel- oder drehsymmetrisch sind.

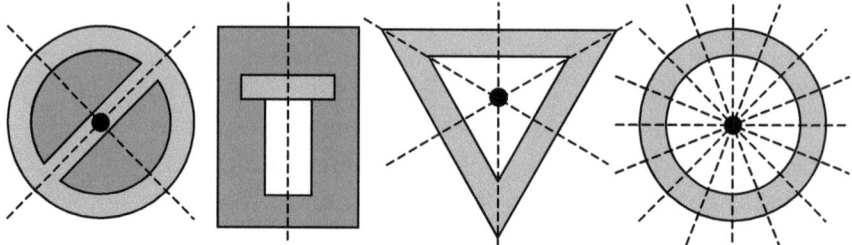

„Einfahrt verboten" ist der Champion, es ist bei jedem Winkel um den Mittelpunkt drehsymmetrisch und an jeder Achse durch den Mittelpunkt spiegelsymmetrisch.

„Überholverbot" hätte *fast* spiegelsymmetrisch sein können, wären die beiden Autochen darauf nicht unterschiedlich gefärbt.

Wenn Sie noch Ihr Fahrschul-Lehrbuch haben, schlagen Sie doch mal die Verkehrszeichen auf und lassen Sie Ihre Lieben darin nach Symmetrien suchen. Bei der Gelegenheit können Sie gleich ein bisschen Verkehrserziehung mit ihnen machen.

Es gäbe noch viel über Symmetrien zu sagen, z.B. dass für Mathematiker auch in einer Formel wie $a + b = b + a$ eine tiefe Symmetrie („Kommutativgesetz") steckt, aber das ist eine andere Geschichte und soll von jemand anders erzählt werden.

## Taschenrechner

Um es gleich zu sagen: Die Dinger, die es als Werbegeschenk oder für 1,95 Euro im Kaffeegeschäft gibt, können Sie vergessen. Solange man mit denen noch auskommt, sollte man lieber das schriftliche Rechnen oder Kopfrechnen trainieren. Für die Schule einzig sinnvoll ist ein „wissenschaftlicher Taschenrechner", der neben den Grundrechenarten auch noch Potenzen, Wurzeln, Winkelfunktionen und Logarithmen beherrscht. Im Hinblick auf die Oberstufe gern auch noch

Statistikfunktionen. Manche können auch Einheiten umrechnen (Meilen in km oder Grad Celsius in Grad Fahrenheit). Und heben Sie die Gebrauchsanweisung gut auf. Die ist zwar meist recht unverständlich, aber besser als nichts. Zu speziellen Taschenrechnern gibt es im Buchhandel auch eigens Anleitungsbücher (nicht etwa vom Hersteller, sondern von einem enthusiastischen Anwender geschrieben), die ich in dem Falle wärmstens empfehlen möchte. Im Buchhandel fragen oder im Onlineshop suchen!

Einen speziellen Taschenrechner kann ich hier natürlich nicht beschreiben, es gibt einfach zu viele. Trotzdem zumindest ein paar wichtige Hinweise:

Alle modernen Taschenrechner verfügen über mehrere Speicherplätze. Wie man an die rankommt: read manual. Sie ermöglichen es, Zwischenergebnisse zur späteren Verwendung abzuspeichern und bei Bedarf wieder abzurufen. Die Kids ignorieren diese Möglichkeit gern, weil sie dazu zwei Tasten mehr drücken müssten; statt dessen schreiben sie sich die Zwischenergebnisse lieber (auf einem Löschblatt und dort auf 10 Nachkommastellen) auf und tippen sie später wieder ein. Falls sie sie dann noch finden und lesen können. Und selbst wenn das klappt, verlieren sie (möglicherweise entscheidende) Genauigkeit, denn jeder moderne Taschenrechner rechnet zur Vermeidung von Rundungsfehlern mit drei Stellen mehr als er anzeigt. Und diese drei Stellen speichert er auch mit ab; das leistet kein Löschpapier. Tipp: Beim Aufschreiben des Zwischenergebnisses (im Rechenweg, nicht auf dem Löschblatt!) statt sämtlicher Nachkommastellen lieber sofort daneben notieren, in welchem Speicherplatz es abgelegt wurde:

Radius: $r = 6,5$ cm.

Umfang: $U = 2 \cdot \pi \cdot r = 2 \cdot \pi \cdot 6,5$ cm $\approx 40,84$ cm $\rightarrow$ M1

Fläche: $A = \pi \cdot r^2 = \pi \cdot (6,5 \text{ cm})^2 \approx 132,72 \text{ cm}^2 \rightarrow$ M2

Dann weiß man, wenn man die Fläche nachher wieder braucht (z.B. für ein Zylindervolumen), dass man sie in Speicher 2

(M2) wiederfindet. Bei anderen Rechnern heißen die Speicher vielleicht A, B, C, das notiert man dann natürlich sinngemäß.

Manche Taschenrechner sind programmierbar und/oder haben die Möglichkeit zur grafischen Darstellung von Funktionsgraphen (mit einer erbärmlichen Auflösung, die an die Klötzchengrafik von *Space Invaders* erinnert, falls Sie das Spiel noch aus der Anfangszeit der Spielekonsolen kennen). Es kann sein, dass solche Rechner bei Klassenarbeiten und Klausuren nicht zugelassen sind - wegen der Chancengleichheit. Klären Sie das ggf. vorher anlässlich einer Elternversammlung, ehe Sie so etwas anschaffen. Vielleicht erfahren Sie dann auch, dass ein bestimmter Typ von Rechner an der Schule Ihrer Kinder empfohlen wird. Dann halten Sie sich am besten auch daran. Wenn es im Unterricht Fragen zur Bedienung des Rechners gibt, kann die Lehrkraft sie am besten beantworten, wenn sie sich auf den eingeführten Typ beziehen und nicht auf einen Exoten, den sie auch noch nie gesehen hat.

Verbreitet sind heute Taschenrechner mit „algebraischer Eingabe", was sinngemäß bedeutet: so wie man die Aufgabe auch schreibt.

$34 + 25 \cdot 7$ tippt man ein als „34 + 25 x 7". Sollte der Rechner die Regel „Punktrechnung vor Strichrechnung" nicht beherrschen (read manual oder ausprobieren), müsste man tippen „34 + (25 x 7)". Es gibt Rechner, die zeigen das im Display sogar so an und liefern das Ergebnis nach Tippen von „=" in einer zweiten Zeile. Im Falle eines rechtzeitig bemerkten Tippfehlers muss man dann nicht noch einmal von vorn anfangen, sondern kann mit einem Cursor durch die Formel fahren und den Fehler korrigieren.

Es gibt Rechner, die rechnen mit Bruchzahlen und ermöglichen sowohl die Eingabe als auch die Anzeige von Brüchen. Auf Tastendruck verwandeln sie einen Bruch in eine Dezimalzahl oder umgekehrt. Read manual.

Fast alle Rechner beherrschen heute die „scientific notation", d.h. das Schreiben von sehr großen oder sehr kleinen Zahlen mit Zehnerpotenzen, wie z.B. $5793 = 5{,}793 \cdot 10^3$.

Zur Eingabe des Zehnerexponenten wählen Unbedarfte gern die Tastenfolge „5,793 x 10 $y^x$ 3", also „5,793 mal 10 hoch 3". $y^x$ steht für die Potenziertaste; die Aufschrift kann auch anders lauten. Das funktioniert, falls vom Rechner „Potenzrechnung vor Punktrechnung" beherrscht wird. Es gibt aber eine Taste, die das „mal 10 hoch" in einem Tastendruck zusammenfasst. Sie kann „$\times 10^x$" beschriftet sein oder „EE" (Exponenten-Eingabe) oder noch anders. Read manual. Beim Antippen dieser Taste denkt man am besten leise *„mal 10 hoch"* mit, dann kann nichts passieren - und es kommt nicht zu Eingabefehlern, wie der Kombination aus beidem: „5,793 x 10 $y^x$ EE 3" oder ähnlichen Katastrophen. Richtig wäre hier z.B. „5,793 EE 3"; lies: „5,793 *mal 10 hoch* 3". Am besten bereits vor Eintreten des Ernstfalls Klassenarbeit ausprobieren.

Viele Taschenrechner haben eine Solarzelle, die den Strom zum Betrieb liefert. Das soll Energie sparen. Tut es aber nicht immer, weil dann im Gegenteil meist die Deckenbeleuchtung im Klassenzimmer eingeschaltet werden muss, damit auch Taschenrechner von Leuten, die nicht direkt am Fenster sitzen, genug Strom bekommen. Sinnvoller sind Rechner, die zusätzlich zur Solarzelle eine Batterie haben. Je nach Platz an der Sonne muss die dann eben seltener oder häufiger ersetzt werden. Man achte auf die Anzeige „Batterie schwach", falls es eine gibt, damit das nicht in der Klausur passiert. Aber selbst da gibt es dann ja noch den Rettungsanker (O-Ton): „Können wir mal das Licht einschalten? Mein Rechner geht nicht!"

Gute Taschenrechner sind Wertgegenstände. Ich weiß nicht, wie oft pro Jahr Sie einen neuen kaufen können. Raten Sie Ihren Kindern, damit sorgfältig umzugehen (also z.B. keine Verwendung als Tischtennisschläger oder Frisbee). Farbiges Anmalen des Gehäuses erleichtert das Wiedererkennen. Statt dessen kann man natürlich auch den Namen eingravieren lassen (manche Hersteller bieten das ernsthaft an). Nicht zu empfehlen ist es, die Tasten poppig bunt anzumalen. Man kann dann nämlich nicht mehr lesen, was draufsteht. Ehrlich!

Abschließend, weil ich es Ihnen auf Seite 169 versprochen habe, noch etwas zu UPN-Rechnern. Es gab sie, es gibt sie noch. Aber sie sterben aus. UPN steht für „umgekehrte polnische Notation". Sie hat eine charmante, aber ungewohnte Rechenlogik. Bei der algebraischen Notation entsteht z.B. bei 18 + 91 das Problem, dass beim Eintippen des „+" der Rechner noch gar nicht weiß, was eigentlich addiert werden soll. Er muss das „+" also gewissermaßen in der Schwebe halten, bis er die zweite Zahl erfährt, genannt „pending operation" (= schwebende Operation). Das Problem verschärft sich, falls noch mehr Operationen kommen. Bei 18 + 91 · 7 ist auch nach Eingabe der 91 immer noch nicht klar, was addiert werden soll, denn nun kommt noch das „·" als weitere schwebende Operation dazu. Genau deshalb tun sich Billigrechner mit „Punkt vor Strich" so schwer; sie können höchstens eine Operation in der Schwebe halten. Ein UPN-Rechner hält hingegen gar keine Operationen in der Schwebe. Man gibt erst die Zahlen ein, dann die Operation. 18 + 91 wird zu

18 Eingabe 91 +

Dazu gibt es eigens eine Taste „Eingabe" („Enter"), mit der die erste Zahl abgeschlossen wird. Dann kommt die zweite Zahl und dann erst, wenn der Rechner alle Zahlen kennt, das Rechenzeichen. Aus 18 + 91 · 7 wird dann

18 Eingabe 91 Eingabe 7 x +

Das „x" berechnet das Produkt aus den letzten beiden Zahlen und das „+" die Summe aus dem Ergebnis und der ersten Zahl. In jedem Augenblick ist also dem Rechner bekannt, auf welche Zahlen sich eine Rechenoperation bezieht. Ehrlich, man kann sich daran gewöhnen. Muss es aber heutzutage nicht. Es sei denn, man will Systemprogrammierer werden. Computer denken immer so. Kein Computer kann rechnen, solange er die

Zahlen nicht kennt. Auch ein normaler Taschenrechner denkt so. Er verbirgt es nur in den Tiefen seiner Eingeweide und zeigt in der Anzeige, was der Benutzer zu sehen gewohnt ist. Wer die Musik bezahlt, bestimmt auch hier, was gespielt wird.

## Teilbarkeitsregeln

Regeln, um rasch zu prüfen, ob eine gegebene Zahl durch andere teilbar ist. Leider gibt es keinen vollständigen Satz von Teilbarkeitsregeln, aber immerhin ein paar:

Eine Zahl ist durch 2 teilbar, wenn sie eine gerade Zahl ist (Endziffer 0, 2, 4, 6 oder 8).

Eine Zahl ist durch 3 teilbar, wenn die Quersumme (siehe dort) durch 3 teilbar ist. 2031 ist durch 3 teilbar (Quersumme 6).

Eine Zahl ist durch 4 teilbar, wenn die aus den beiden Endziffern gebildete zweistellige Zahl durch 4 teilbar ist.

Eine Zahl ist durch 5 teilbar, wenn die Endziffer eine 0 oder eine 5 ist.

Eine Zahl ist durch 6 teilbar, wenn sie durch 2 und durch 3 teilbar ist. 342 ist durch 6 teilbar (gerade und Quersumme 9).

Keine Regel für 7.

Eine Zahl ist durch 8 teilbar, wenn die aus den drei Endziffern gebildete dreistellige Zahl durch 8 teilbar ist.

Eine Zahl ist durch 9 teilbar, wenn die Quersumme durch 9 teilbar ist. 44163 ist durch 9 teilbar (Quersumme 18).

Eine Zahl ist durch 10 teilbar, wenn die Endziffer eine 0 ist.

Keine allgemeine Regel für 11, aber zumindest für dreistellige Zahlen: Sie sind durch 11 teilbar, wenn die mittlere Ziffer die Summe der äußeren Ziffern ist. Klappt aber in reiner Form nur, wenn es dabei keinen Übertrag in die linke Stelle gibt. Wer gut im Kopfrechnen ist, kann das allerdings noch mit berücksichtigen. 374 ist durch 11 teilbar (3 + 4 = 7).

Eine Zahl ist durch 12 teilbar, wenn sie durch 3 und 4 teilbar ist. 180 ist durch 12 teilbar (Quersumme 9 und Endziffern 80).

Keine Regel für 13.

Keine Regel für 14. Zwar ist eine Zahl durch 14 teilbar, wenn sie durch 2 und 7 teilbar ist, aber es gibt keine Regel für die 7.

Eine Zahl ist durch 15 teilbar, wenn sie durch 3 und durch 5 teilbar ist. 885 ist durch 15 teilbar (Quersumme 21 und Endziffer 5).

Eine Zahl ist durch 16 teilbar, wenn die aus den vier Endziffern gebildete vierstellige Zahl durch 16 teilbar ist.

Ab hier dürfte man den praktischen Nutzen der Regeln allmählich anzweifeln. Aber trivialerweise bleibt noch zu bemerken, dass eine Zahl durch 100, 1000, 10000... teilbar ist, wenn die Endziffern 00, 000, 0000... sind. Hatten Sie sich fast gedacht, ich weiß.


**Teiler**

(Natürliche) Zahlen, durch die eine gegebene Zahl ohne Rest geteilt (dividiert) werden kann (vulgo: die Division geht auf).

Beispiel: 3 ist Teiler von 12, denn 12 : 3 = 4. Schreibweise: 3 | 12. „|" wird hier gelesen als „ist Teiler von".

5 ist kein Teiler von 12, denn 12 : 5 = 2 Rest 2. Schreibweise: 5 ∤ 12. „∤" wird gelesen als „ist kein Teiler von".

Die Menge (siehe Mengen) aller Teiler einer Zahl ist eine beliebte Beschäftigungstherapie in der Orientierungsstufe und nennt sich ihre Teilermenge (nein, *nicht* Teilmenge!).

Beispiel: Teilermenge von 12, Schreibweise $T_{12}$,

$$T_{12} = \{ 1 ; 2 ; 3 ; 4 ; 6 ; 12 \}.$$

Tipp: Wenn die Zahlen nach der Größe sortiert sind, kann man die Vollständigkeit prüfen, indem man von außen nach innen

Paare bildet. Als Produkt (vulgo beim Malnehmen) muss dabei immer die Ausgangszahl herauskommen:

$$T_{12} = \{\ 1\ ;\quad 2\ ;\quad 3\ ;\quad 4\ ;\quad 6\ ;\quad 12\ \}.$$

$$1 \qquad\qquad\cdot\qquad\qquad 12 \quad = 12$$
$$2 \qquad\cdot\qquad 6 \qquad\quad = 12$$
$$3 \ \cdot\ 4 \qquad\qquad\quad = 12$$

Sollte in der Mitte eine einzelne Zahl übrig bleiben, so muss diese mit sich selbst multipliziert die Ausgangszahl liefern:

$$T_{36} = \{\ 1\ ;\quad 2\ ;\quad 3\ ;\quad 4\ ;\quad 6\ ;\quad 9\ ;\quad 12\ ;\quad 18\ ;\quad 36\ \}.$$

Bei Primzahlen (siehe dort) stehen nur zwei Elemente in der Teilermenge.

$$T_7 = \{\ 1\ ;\ 7\ \}.$$

Die einzige Zahl mit nur einem Teiler ist die 1.

$$T_1 = \{\ 1\ \}.$$

Die grafische Darstellung einer Teilermenge ist ein Teilerbaum (Beispiel $T_{12}$ siehe rechts).

Unten steht stets 1, oben die Ausgangszahl. In der zweiten Ebene von unten stehen immer Primzahlen. Verbindungslinien geben an, welche Zahlen dabei auch noch Teiler voneinander sind. Aus Symmetriegründen ergeben sich meist recht kunstvolle ein-, zwei-, drei oder mehrdimensional anmutende Figuren, vor allem wenn sauber mit Lineal gezeichnet würde.

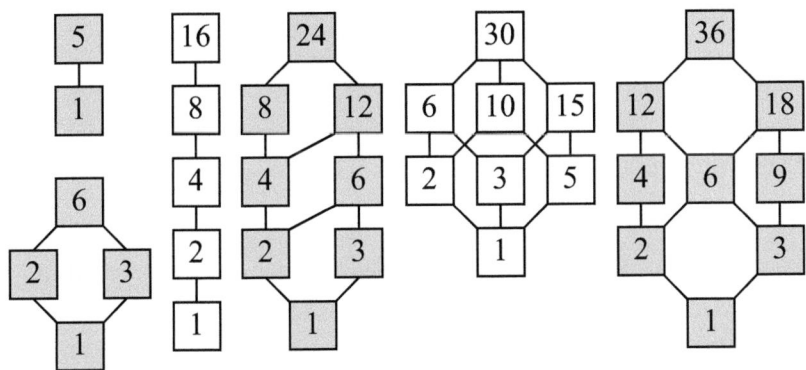

Sieht im Heft allerdings meistens furchtbar aus, kann aber Kinder mit einem gewissen Sinn für Ästhetik immerhin motivieren, sich eine Weile mit Teilern zu beschäftigen. Braucht ansonsten kein Mensch. Höchstens noch als Muster zum Besticken von Wandteppichen.

## Terme ausklammern

Ist im Prinzip das Gegenteil vom Ausmultiplizieren (siehe Terme ausmultiplizieren). Man hat eine Summe von Termen und ist bestrebt, sie als Produkt (also mit Mal) zu schreiben. Geometrisch gesehen kann so etwas als Puzzle mit Rechtecken interpretiert werden. Beispiel:

$4 \cdot a + 4 \cdot b$

Als Rechteck:

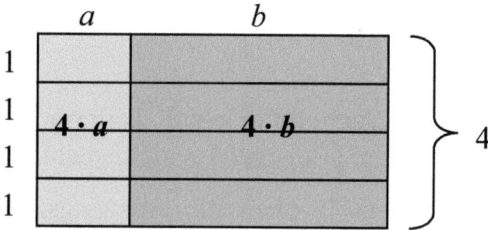

Offenbar kann man je zwei kleine nebeneinander liegende Rechtecke zu einem größeren zusammenfassen:

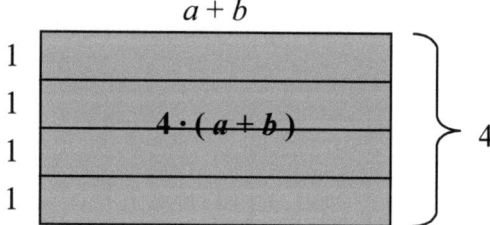

Das war's auch schon:

$4 \cdot a + 4 \cdot b = 4 \cdot ( a + b )$.

Bekannt als „Distributivgesetz" (lat. Distributio = Verteilung, die 4 wird auf $a$ und $b$ verteilt). Regel: Man suche gemeinsame Faktoren in den Termen und schreibe diese vor die Klammer (innen drin steht dann nur noch der Rest). Im Beispiel ist der gemeinsame Faktor 4 „ausgeklammert" worden.

Bei komplizierteren Termen ist es hilfreich, zuerst die Terme in Faktoren zu zerlegen (die Zahlen dabei in Primfaktoren), damit man gemeinsame Faktoren überhaupt erkennt.

Beispiel:

$24 \cdot a^2 \cdot b + 32 \cdot a \cdot b^2 = \underline{2} \cdot \underline{2} \cdot 2 \cdot 3 \cdot \underline{a} \cdot a \cdot \underline{b} + \underline{2} \cdot \underline{2} \cdot \underline{2} \cdot 2 \cdot 2 \cdot \underline{a} \cdot \underline{b} \cdot b.$

Man erkennt nun, welche Faktoren in beiden Teilen gemeinsam auftreten, nämlich $2 \cdot 2 \cdot 2 \cdot a \cdot b$. Man schreibt sie vor die Klammer und lässt den Rest innen stehen:

$= 2 \cdot 2 \cdot 2 \cdot a \cdot b \cdot ( 3 \cdot a + 2 \cdot 2 \cdot b ).$

Jetzt, wenn möglich, die Einzelteile wieder ausmultiplizieren:

$= 8 \cdot a \cdot b \cdot ( 3 \cdot a + 4 \cdot b).$

Eine gemeine Falle tut sich auf, wenn beim Ausklammern anscheinend nichts übrig bleibt:

$40 \cdot a^2 + 8 \cdot a = \underline{2} \cdot \underline{2} \cdot \underline{2} \cdot 5 \cdot \underline{a} \cdot a + \underline{2} \cdot \underline{2} \cdot \underline{2} \cdot \underline{a}.$

Gemeinsame Faktoren: $2 \cdot 2 \cdot 2 \cdot a$.

$= 2 \cdot 2 \cdot 2 \cdot a \cdot ( 5 \cdot a + ? ).$

Verdammt, was steht denn nun noch beim Fragezeichen? Es ist doch alles schon ausgeklammert! Der Term wird dann gern aber fälschlich weggelassen. Tatsächlich steht da aber immer noch eine 1. Denn:

$\underline{2} \cdot \underline{2} \cdot \underline{2} \cdot 5 \cdot \underline{a} \cdot a + \underline{2} \cdot \underline{2} \cdot \underline{2} \cdot \underline{a}$

$= \underline{2} \cdot \underline{2} \cdot \underline{2} \cdot 5 \cdot \underline{a} \cdot a + \underline{2} \cdot \underline{2} \cdot \underline{2} \cdot \underline{a} \cdot 1.$

Die 1 ist normalerweise nicht zu sehen, denn mal 1 ändert ja nichts am Wert. Aber wenn man alles andere ausgeklammert hat, muss sie übrig bleiben:

$= 2 \cdot 2 \cdot 2 \cdot a \cdot ( 5 \cdot a + 1 ) = 8 \cdot a \cdot ( 5 \cdot a + 1 ).$

Wer's nicht glaubt, mache die Probe durch Ausmultiplizieren.

## Terme ausmultiplizieren

So nennt man die Kunst des Klammerauflösens, z.B. bei

$( a + b ) \cdot ( c + d )$.

Ein Produkt kann man auch geometrisch als Flächenberechung Länge mal Breite eines Rechtecks auffassen. Wenn Länge und Breite dabei jeweils aus einzelnen Strecken zusammengesetzt sind, steht man genau vor der obigen Situation. Die Gesamtfläche setzt sich aus kleinen Rechtecken zusammen, die den einzelnen Summanden entsprechen.

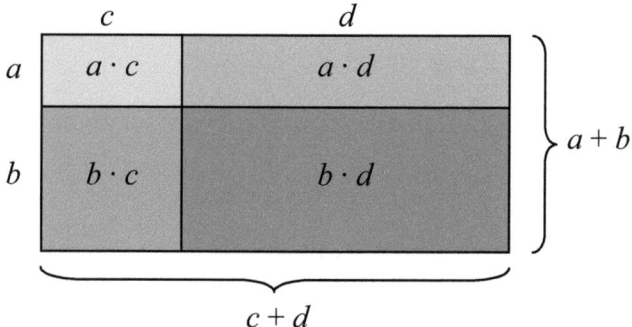

Also:

$( a + b ) \cdot ( c + d ) = a \cdot c + a \cdot d + b \cdot c + b \cdot d$.

Regel: Jeder Summand der einen Klammer mal jeden Summanden der anderen Klammer.

Fies, wenn in den Klammern gar keine Summe zu sehen ist, sondern eine Differenz.

$( 3 + a ) \cdot ( 4 - b ) = 12 + 4 \cdot a - 3 \cdot b - a \cdot b$.

Auch das kriegt man aber in den Griff, wenn man $4 - b$ als $4 + (-b)$ auffasst, also Addieren von etwas Negativem; dann ist es nämlich wieder eine Summe.

Ist für jeden beherrschbar, wenn man sich die Bestandteile der Klammern an den Rand einer Tabelle schreibt, die man gern bei den Nebenrechnungen (siehe dort) aufmalen darf. Die eine

Klammer wird auf den oberen Rand verteilt, die andere auf den linken Rand, entspricht also eigentlich der Rechteckberechung wie oben. Wichtig: Eventuelle Minuszeichen dabei mitnehmen. Im Beispiel: $( 3 + a ) \cdot ( 4 - b )$.

|      | 3 | $a$ |
|------|---|-----|
| 4    |   |     |
| $-b$ |   |     |

Jetzt in die Plätze der Tabelle die Produkte aus den Termen am Rand schreiben:

|      | 3            | $a$          |
|------|--------------|--------------|
| 4    | $4 \cdot 3$  | $4 \cdot a$  |
| $-b$ | $-b \cdot 3$ | $-b \cdot a$ |

Dann alles, was man in die Felder geschrieben hat, als Summe zusammenfassen. Als *Summe*! Minusse erst mal in Ruhe lassen!

$$= 4 \cdot 3 + 4 \cdot a + (-b \cdot 3) + (-b \cdot a).$$

So weit eigentlich fertig, aber unhandlich. Also vereinfachen unter Beachtung folgender Konventionen: Aus $+ -$ wird $-$, aus $- -$ wird $+$ (und aus $+ +$ natürlich $+$). Produkte ausrechnen, soweit sie aus Zahlen bestehen. Ergibt:

$$= 12 + 4 \cdot a - b \cdot 3 - b \cdot a.$$

In den nun verbliebenen Produkten die Zahlen nach vorn und die Buchstaben nach hinten, dabei die Buchstaben nach dem Alphabet sortieren, ergibt:

$$= 12 + 4 \cdot a - 3 \cdot b - a \cdot b.$$

Multiplikationszeichen dürfen wie immer weggelassen werden, außer zwischen Zahlen. $4 \cdot a$ wird also zu $4a$, aber $4 \cdot 3$ wird nicht zu 43, sondern natürlich zu 12. Zur Vermeidung von Missverständnissen verzichte ich aber auf diese Vereinfachung.

Mit obigem Trick sollte dann auch so etwas Grausiges klappen:

$$( 4 \cdot a^2 \cdot b + 7 \cdot a \cdot b + 13 ) \cdot ( 2 \cdot a \cdot b^2 - 5 \cdot b ).$$

Tabelle anlegen:

|  | $4 \cdot a^2 \cdot b$ | $7 \cdot a \cdot b$ | $13$ |
|---|---|---|---|
| $2 \cdot a \cdot b^2$ |  |  |  |
| $-5 \cdot b$ |  |  |  |

Tabelle ausfüllen:

|  | $4 \cdot a^2 \cdot b$ | $7 \cdot a \cdot b$ | $13$ |
|---|---|---|---|
| $2 \cdot a \cdot b^2$ | $2{\cdot}a{\cdot}b^2 \cdot 4{\cdot}a^2{\cdot}b$ | $2{\cdot}a{\cdot}b^2 \cdot 7{\cdot}a{\cdot}b$ | $2{\cdot}a{\cdot}b^2 \cdot 13$ |
| $-5 \cdot b$ | $-5{\cdot}b \cdot 4{\cdot}a^2{\cdot}b$ | $-5{\cdot}b \cdot 7{\cdot}a{\cdot}b$ | $-5{\cdot}b \cdot 13$ |

Summiert:

$$= 2{\cdot}a{\cdot}b^2{\cdot}4{\cdot}a^2{\cdot}b + 2{\cdot}a{\cdot}b^2{\cdot}7{\cdot}a{\cdot}b + 2{\cdot}a{\cdot}b^2{\cdot}13$$

$$+ (-5{\cdot}b{\cdot}4{\cdot}a^2{\cdot}b) + (-5{\cdot}b{\cdot}7{\cdot}a{\cdot}b) + (-5{\cdot}b{\cdot}13)$$

Vereinfacht und sortiert:

$$=8{\cdot}a{\cdot}a^2{\cdot}b^2{\cdot}b+14{\cdot}a{\cdot}a{\cdot}b^2{\cdot}b+26{\cdot}a{\cdot}b^2-20{\cdot}a^2{\cdot}b{\cdot}b-35{\cdot}a{\cdot}b{\cdot}b-65{\cdot}b.$$

In diesem Falle geht das Vereinfachen noch weiter zu treiben, wenn man die Potenzen mit gleicher Basis zusammenfasst: $a{\cdot}a^2$ = $a^3$ (denn $a{\cdot}a^2$ ist ja eigentlich $a \cdot a{\cdot}a$ usw.) Ergibt:

$$= 8{\cdot}a^3{\cdot}b^3 - 14{\cdot}a^2{\cdot}b^3 + 26{\cdot}a{\cdot}b^2 - 20{\cdot}a^2{\cdot}b^2 - 35{\cdot}a{\cdot}b^2 - 65{\cdot}b.$$

Jetzt könnte man noch den Blick schweifen lassen, ob es Terme gibt, die exakt die gleiche Buchstabenkombination (einschließlich Exponenten) aufweisen; im Beispiel wird man fündig bei $+ 26{\cdot}a{\cdot}b^2$ und $- 35{\cdot}a{\cdot}b^2$. Diese Terme sind, wie man sagt, „gleichnamig". Dann kann man sie auch noch einmal zusammenfassen. Was auch immer $a{\cdot}b^2$ sein mag, wenn man 26 davon hat und 35 davon subtrahiert, erhält man -9 davon. Und somit:

$$= 8 \cdot a^3 \cdot b^3 - 14 \cdot a^2 \cdot b^3 - 9 \cdot a \cdot b^2 - 20 \cdot a^2 \cdot b^2 - 65 \cdot b.$$

„Ungleichnamige" Terme (z.B. $a \cdot b^2$ und $a^2 \cdot b^2$) kann man leider ebensowenig zusammenfassen wie Ameisen und Bären zu Ameisenbären, ergo sollte man davon die Finger lassen.

Ich weiß, es gibt spannendere Tätigkeiten als das Ausmultiplizieren von Klammern. Betrachten Sie es als Konzentrationsübung für sich und Ihre Sprösslinge. Andere belegen dafür Volkshochschulkurse in Meditationstechniken.

## Terme zusammenfassen

Zusammenfassen kann man Gleichnamiges. Herr Schulze und Frau Schulze ergeben (falls sie miteinander verheiratet sind) das Ehepaar Schulze. In der Mathematik beginnt das schon bei der Addition von Brüchen; ehe man sie addieren kann, muss man sie gleichnamig machen (d.h. „auf den Hauptnenner bringen"). Dazu erweitert man sie geeignet (siehe unter kgV):

$$\frac{3}{4}+\frac{2}{5} = \frac{3}{4}\cdot 1+\frac{2}{5}\cdot 1 = \frac{3}{4}\cdot\frac{5}{5}+\frac{2}{5}\cdot\frac{4}{4} = \frac{15}{20}+\frac{8}{20} = \frac{23}{20}.$$

Auch Terme kann man nur addieren, wenn sie gleichnamig sind. Das bezieht sich aber meist nicht auf den Hauptnenner, sondern auf die Buchstabenkombination (siehe auch Terme ausmultiplizieren).

$$2 \cdot a \cdot b + 5 \cdot a \cdot b$$

kann man zu $7 \cdot a \cdot b$ zusammenfassen. Egal, was $a \cdot b$ ist, wenn man 2 davon und dann noch 5 davon hat, hat man insgesamt 7 von den Dingern.

$$2 \cdot b + 5 \cdot a$$

kann man *nicht* zusammenfassen, denn $b$ und $a$ sind unterschiedlich wie Bären und Ameisen, und zwei Bären plus fünf Ameisen sind nicht sieben Ameisenbären. Auch wenn da

$$99 \cdot a \cdot b + 1 \cdot b$$

steht und es noch so verlockend ist, aus $99 + 1$ eine $100$ zu machen, man darf es nicht (vgl. Matthäus 6, 13)!

In komplizierten Termen kann es durchaus etwas Arbeit machen, eventuell gleichnamige überhaupt zu finden. Da zahlt es sich aus, wenn man sich an die Konvention hält, Zahlen in Termen nach vorn und Buchstaben nach dem Alphabet sortiert nach hinten zu schreiben. Mathematisch ist das kein Problem, denn $b \cdot 3 \cdot a$ ist mathematisch dasselbe wie $3 \cdot a \cdot b$; beim Multiplizieren ist die Reihenfolge egal. Aber gerade weil das so ist, kann man Terme übersichtlicher machen, indem man sie sortiert. Falls Potenzen auftreten, müssen zur Gleichnamigkeit auch die Exponenten übereinstimmen. Beispiel:

$$9 \cdot c \cdot b^2 \cdot a + 7 \cdot b \cdot c^2 - 6 \cdot b \cdot b \cdot c + 2 \cdot c \cdot b \cdot c - 6 \cdot b \cdot c \cdot a \cdot b$$

$$= 9 \cdot a \cdot b^2 \cdot c + 7 \cdot b \cdot c^2 - 6 \cdot b^2 \cdot c + 2 \cdot b \cdot c \cdot c - 6 \cdot a \cdot b \cdot b \cdot c$$

$$= 9 \cdot a \cdot b^2 \cdot c + 7 \cdot b \cdot c^2 - 6 \cdot b^2 \cdot c + 2 \cdot b \cdot c^2 - 6 \cdot a \cdot b^2 \cdot c$$

Die Terme $9 \cdot a \cdot b^2 \cdot c$ und $-6 \cdot a \cdot b^2 \cdot c$ sind gleichnamig, ebenso $7 \cdot b \cdot c^2$ und $2 \cdot b \cdot c^2$. Der Term $-6 \cdot b^2 \cdot c$ hat keine gleichnamigen Partner. Ergibt zusammengefasst also:

$$= 3 \cdot a \cdot b^2 \cdot c + 9 \cdot b \cdot c^2 - 6 \cdot b^2 \cdot c \,.$$

Wenn man will, kann man jetzt noch über das Ausklammern (siehe Terme ausklammern) nachdenken, indem man in Faktoren zerlegt:

$$= \underline{3} \cdot a \cdot \underline{b} \cdot b \cdot c + \underline{3} \cdot 3 \cdot \underline{b} \cdot c \cdot c - 2 \cdot \underline{3} \cdot \underline{b} \cdot b \cdot c$$

Man erkennt dann womöglich die gemeinsamen Faktoren $3 \cdot b$ und könnte schreiben:

$$= 3 \cdot b \cdot ( a \cdot b \cdot c + 3 \cdot c^2 - 2 \cdot b \cdot c ) .$$

Tipp für Klassenarbeiten: Im Zweifel lieber nicht ausklammern (kostet eventuell einen Punkt) als falsch ausklammern (kostet bestimmt mehrere Punkte).

## Termumformungen

Dazu wäre zunächst zu klären, was ein Term ist. Ein Term ist ein Bruchstück einer Formel, eigentlich jedes beliebige, solange es keine komplette Formel (mit Gleichheitszeichen) ist. Diese heißt dann Gleichung. In der Formel

$a^2 + b^2 = c^2$

ist also $a^2$ ein Term, $a^2 + b^2$ ist auch einer. Selbst $a$ allein ist einer, aber so winzig wie er ist, wird er selten beachtet. $b^2 = c^2$ ist zwar ein Bruchstück der Formel, aber kein Term. Sondern eine Gleichung. Und zwar eine falsche.

Umgeformt werden Terme in der Hoffnung, sie dabei zu vereinfachen oder sonst irgendwie handhabbarer zu machen. Das hängt aber jeweils vom beabsichtigten Zweck ab. $a^2$ in $a{\cdot}a$ umzuformen, kann in der einen Situation hilfreich sein, in der anderen sinnlos.

Beim Umformen muss der Wert des Terms erhalten bleiben, d.h. wenn man für die Buchstaben Zahlen einsetzt, muss in beiden Varianten das Gleiche herauskommen. Wenn man $a = 3$ in $a^2$ einsetzt, ergibt es $3^2$, also 9. Wenn man $a = 3$ in $a{\cdot}a$ einsetzt, ergibt es $3{\cdot}3$, was auch 9 ist (Äquivalenzumformung).

Die wichtigsten Termumformungen sind Ausklammern, Ausmultiplizieren und Zusammenfassen. Ich habe ihnen eigene Stichworte gewidmet, damit sie schneller zu finden sind.

## Thaleskreis

Nach Thales von Milet (625 - 545 v.Chr.) benannte geometrische Konstruktion, die dem Ei des Kolumbus ähnelt, nur noch runder. Mit ihm gemeinsam hat sie auch, dass man die Unterseite demolieren muss, damit es funktioniert.

Zeichnen Sie ein beliebiges Rechteck, dazu seine beiden Diagonalen. Wo die sich schneiden, ist der Mittelpunkt des Rechtecks. Wenn Sie dort hinein eine Zirkelspitze pieksen, können Sie einen Kreis durch alle Eckpunkte legen, denn die liegen von der Mitte natürlich alle gleich weit weg. Als Letztes sägen Sie die untere Hälfte der Figur weg.

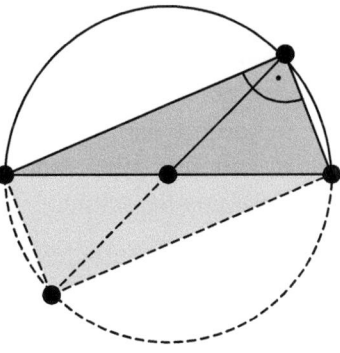

Voilà: Der Winkel im Halbkreis ist immer ein rechter Winkel (= Satz von Thales). Immerhin stammt er ja aus einem Rechteck. Das war's schon.


## transzendent

Hat nichts mit transzendentaler Meditation zu tun, außer dass es sich in der Wortbedeutung um eine Grenzüberschreitung (trans cedere) handelt. In der Mathematik wird hier die Grenze überschritten, bis zu der alle Zahlen sich als Lösungen algebraischer Gleichungen auffassen lassen. Die rationale Zahl (siehe rational) $\frac{3}{4}$ ist z.b. Lösung der Gleichung $4 \cdot x = 3$. Die irrationale Zahl (siehe irrational) $\sqrt{5}$ ist Lösung der Gleichung $x^2 = 5$. Diese Art Gleichungen (Potenzen von $x$ mit Faktoren davor) nennt man algebraisch. Man kommt damit ganz schön weit, aber es gibt weitere irrationale Zahlen, die unter diesem Radar durchtauchen und durch keine solche Gleichung erfasst werden. Die nennt man dann transzendente Zahlen. $\pi$ ist ein prominentes Beispiel dafür, aber es gibt unendlich viele.


## Überschlagsrechnung

Das ist keine olympische Disziplin, die beim Handstand-Überschlag durchgeführt wird (obwohl man das im Interesse geistiger wie körperlicher Ertüchtigung natürlich auch tun könnte). Es handelt sich vielmehr um eine grobe (ungefähre) Rechnung mit mehr oder weniger stark gerundeten Zahlenwerten (siehe Runden), die man im Kopf ausführt, um ein ebenso grobes (ungefähres) Ergebnis zu erhalten. Man bekommt damit eine Vorstellung von der Größenordnung des Resultates, ehe man mit dem Taschenrechner das genaue Ergebnis berechnet.

Da das zusätzliche Arbeit macht, sehen die Lernenden das natürlich nicht ein: Wozu soll man erst ein ungenaues Ergebnis berechnen, wenn man hinterher mit dem Taschenrechner ein genaues bekommen kann? Ein Grund ist zum Beispiel, dass beim Kopfrechnen keine Tippfehler auftreten können. Sollte nachher das Taschenrechner-Ergebnis von der Überschlagsrechnung eklatant abweichen, deutet das darauf hin, dass man sich vertippt hat.

Beispiel: 134,7 : 18 = ?

Für die Überschlagsrechnung rundet man brutal, bis man Werte erhält, die im Kopf zu beherrschen sind:

150 : 20 = 15 : 2 = 7,5.

Die genaue Rechnung ergibt: 134,7 : 18 = 7,48$\overline{3}$.

Das muss nicht immer so gut klappen. Auch bei 162,7 : 19 hätte man gerundet als Überschlag berechnet 150 : 20 = 7,5; das genaue Ergebnis wäre hier 162,5 : 19 = 8,8.

Der Überschlag kann also zwischen 7,48$\overline{3}$ und 8,8 nicht unterscheiden. Muss er aber auch nicht. Wer allerdings beim Eintippen in den Rechner etwa anstelle des Kommas die daneben liegende Null erwischt hat, erhielte

13407 : 18 = 744,8$\overline{3}$.

Und das liegt so weit abseits des Überschlagsergebnisses 7,5, dass man stutzig werden und die Rechnung noch einmal überprüfen sollte.

Der Überschlag liefert nur die Größenordnung des Ergebnisses. Er kann nicht zwischen 7 und 9 unterscheiden. Je nach Aufgabe vielleicht nicht einmal zwischen 5 und 15. Aber auf jeden Fall zwischen 7 und 700.

Zahlengläubige Kinderchen schreiben ja gern das Ergebnis, das der Taschenrechner anzeigt, kritiklos hin, denn was der Taschenrechner sagt, muss ja stimmen.

Eine Überschlagsrechnung ist auch hilfreich, um an der Supermarktkasse nicht feststellen zu müssen, dass das Geld für den Einkauf nicht reicht. Man guckt vorher ins Portemonnaie und stellt fest, dass noch 20 Euro drin sind. Dann addiert man die Preise der Einkäufe überschlagsmäßig im Kopf mit. Aus 0,89 + 3,95 + 5,17 + 4,99 + 3,25 wird so 1 + 4 + 5 + 5 + 3 = 18. 20 Euro müssten also reichen. An der Kasse erfährt man dann, dass 0,89 + 3,95 + 5,17 + 4,99 + 3,25 = 18,25 Euro ist.

Sollten die Zahlen allerdings hartnäckig um xxx,49 € herum liegen, wäre es eine gute Idee, abwechselnd nach unten und nach oben zu runden (Na ja, Sie zahlen vermutlich ohnehin mit Karte und verzichten auf die Kopfrechenübung). Das Gleiche gilt z.B. bei einer Multiplikation wie 247 · 341. Beide Male nach unten gerundet ergäbe 200 · 300 = 60000. Einmal rauf und einmal runter wäre 300 · 300 = 90000 oder 200 · 400 = 80000. Tatsächlich ist 247 · 341 = 84227. Urteilen Sie selbst.

Regelmäßig erforderlich ist eine Überschlagsrechnung auch bei der schriftlichen Division (siehe unter Grundrechenarten).

### Umfangswinkelkreis

Verallgemeinerung des Thaleskreises (siehe dort) für andere Winkel als 90°. Während bei Thales die Strecke, die der Kreis überspannt, genau der Durchmesser des Kreises ist, liegt sie ansonsten dezentral. Dadurch wird der Winkel, um den es geht, größer oder kleiner als 90°. Entscheidend ist, dass er trotzdem auf dem ganzen Kreisbogen immer gleich groß ist.

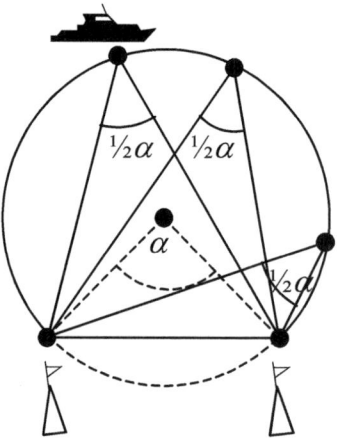

Und übrigens halb so groß wie der, der am Kreismittelpunkt entsteht, siehe Abbildung. Er spielt bei der Seenavigation eine Rolle: Man peilt den Winkel zwischen zwei Seezeichen und erhält einen Kreis, auf dem sich das Schiff befinden muss. (Eine zweite Peilung liefert dann die endgültige Position.)

## Ungleichung

Wie Gleichung, nur nicht mit Gleichheitszeichen. Statt dessen mit < (links ist kleiner als rechts) oder > (links ist größer als rechts). Damit lassen sich Aussagen wie 4 < 5 bilden; 4 ist kleiner als 5. Oder 7 > 1; 7 ist größer als 1. Dient wie auch eine Gleichung (siehe dort) zur Bestimmung von unbekannten Größen, meist $x$. Wird dann wie auch eine Gleichung mittels Äquivalenzumformungen nach $x$ aufgelöst. Beispiel:

$$3 \cdot x > x + 10 \qquad | -x$$
$$2 \cdot x > \quad 10 \qquad | :2$$
$$x > \quad 5$$

Die Lösungsmenge enthält jetzt sehr viele Zahlen, nämlich alle, die größer als 5 sind. Da man die nicht alle hinschreiben kann, benutzt man die Schreibweise:

$$L = \{ x \mid x > 5 \}$$

In Worten: Menge aller $x$, für die gilt, dass sie größer als 5 sind. Der senkrechte Strich „|" wird in diesem Falle gelesen als „für die gilt" oder „mit der Eigenschaft".

Achtung: Eine Besonderheit ist gegenüber Gleichungen zu beachten: Links und rechts vom Gleichheitszeichen steht dort das Gleiche (oder sollte zumindest). Daher kann man links und rechts bedenkenlos vertauschen. Wenn $x = 5$ ist, ist auch $5 = x$.

Bei Ungleichungen ist das anders; wenn $x > 5$ ist, ist $5 < x$. Folglich: Beim Vertauschen der Seiten muss das Ungleichheitszeichen mit umgedreht werden. Gleiches gilt, wenn man das Vorzeichen ändert, indem man z.B. mit einer negativen Zahl multipliziert oder dividiert. Dazu noch einmal das obige Beispiel, jetzt in einer anderen Weise gelöst:

$$3 \cdot x > \quad x + 10 \qquad | -3 \cdot x$$
$$0 > -2 \cdot x + 10 \qquad | -10$$
$$-10 > -2 \cdot x \qquad | :(-2) \quad \text{Achtung, jetzt passiert's!}$$
$$5 < \quad x$$

Ist gleichwertig mit der obigen Lösung, wenn man daran gedacht hat, beim Teilen durch minus aus dem > ein < zu machen. Dividieren oder Multiplizieren mit einer negativen Zahl macht aus positiven Zahlen negative Zahlen (vulgo aus Pluszahlen Minuszahlen) und umgekehrt. Es ist zwar $1 < 2$, aber $-1 > -2$, wie Sie an der Zahlengeraden sehen können:

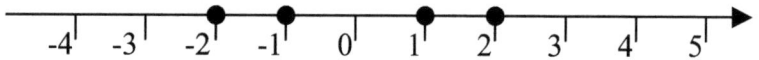

Wenn man nicht daran gedacht hat, ist es falsch. Aber wer ist auch so ungeschickt, als ersten Umformungsschritt ausgerechnet $-3 \cdot x$ zu wählen, obwohl doch dann ein $-2 \cdot x$ entsteht, und jeder weiß, wie hinterhältig Minuszahlen sind?

## Vektoren

Stehen in der Mathematik (und Physik) für Größen, die eine Richtung haben. Eine Temperatur hat z.b. *keine* Richtung, Sie können ein Thermometer gerade oder schräg oder über Kopf halten, es zeigt immer die gleiche Temperatur (Sie müssen nur ggf. die Anzeige über Kopf ablesen). Eine Geschwindigkeit hingegen hat eine Richtung. Auch wenn sie immer den gleichen Betrag hat, z.B. 15 Meter pro Sekunde (15 m/s), macht es einen Unterschied, ob Sie einen Ball mit 15 m/s waagerecht oder senkrecht werfen. Im letzteren Fall kommt er nicht weit, sondern fällt Ihnen auf den Kopf.

In der Sekundarstufe II gibt es auch Vektoren im Raum, in der Mittelstufe beschränkt man sich auf Vektoren in zwei Dimensionen. Im Koordinatensystem kennzeichnet man sie durch Pfeile und beschreibt sie durch ihre $x$-Komponente ($x$-Anteil) und ihre $y$-Komponente ($y$-Anteil). Beispiel: Die dicken schwarzen Vektoren im folgenden Bild haben alle die Länge 2,5 cm, die grauen alle 5 cm. Sie zeigen aber in völlig unterschiedliche Richtungen. Ihre Komponenten können Sie an den Kästchen abzählen (über das Kästchenzählen geht die Vektorgeometrie in der Mittelstufe auch nicht weit hinaus). Man schreibt Vektoren mit Klammern, in denen zwei (im

Raum drei) Zahlen *untereinander* stehen (aber bitte *ohne* einen Bruchstrich dazwischen!). Die Zahlen sind der Reihe nach die x-Komponente, die y-Komponente (und im Raum dann noch die z-Komponente). Die Namen von Vektoren sind Buchstaben mit einem Pfeil darüber.

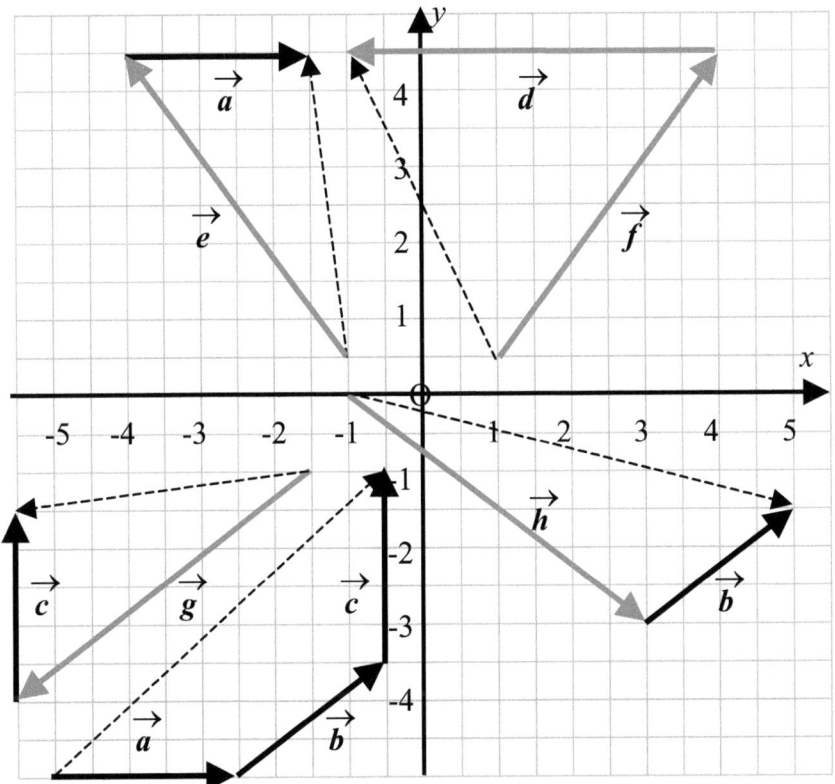

Im Beispiel sind:

$$\vec{a} = \begin{pmatrix} 2{,}5 \\ 0 \end{pmatrix} ; \ \vec{b} = \begin{pmatrix} 2 \\ 1{,}5 \end{pmatrix} ; \ \vec{c} = \begin{pmatrix} 0 \\ 2{,}5 \end{pmatrix} ;$$

$$\vec{d} = \begin{pmatrix} -5 \\ 0 \end{pmatrix} ; \ \vec{e} = \begin{pmatrix} -3 \\ 4 \end{pmatrix} ; \ \vec{f} = \begin{pmatrix} 3 \\ 4 \end{pmatrix} ; \ \vec{g} = \begin{pmatrix} -4 \\ -3 \end{pmatrix} ; \ \vec{h} = \begin{pmatrix} 4 \\ -3 \end{pmatrix} .$$

Wundern Sie sich nicht, wenn einige Vektoren mehrfach in der Abbildung auftreten; wenn Sie die Kästchen zählen, werden Sie feststellen, dass es wirklich die gleichen Vektoren sind.

So geht z.B. $\vec{b} = \begin{pmatrix} 2 \\ 1,5 \end{pmatrix}$ stets 2 cm nach rechts und 1,5 cm nach oben, egal an welcher Stelle des Koordinatensystems.

Es gibt ein paar Rechenoperationen mit Vektoren (In der Oberstufe gibt es dann sogar viel mehr Rechenoperationen mit Vektoren als den Lernenden lieb ist). Man kann Vektoren addieren, indem man ihre Komponenten einzeln addiert.

$$\vec{a} + \vec{b} + \vec{c} = \begin{pmatrix} 2,5 \\ 0 \end{pmatrix} + \begin{pmatrix} 2 \\ 1,5 \end{pmatrix} + \begin{pmatrix} 0 \\ 2,5 \end{pmatrix} = \begin{pmatrix} 2,5+2+0 \\ 0+1,5+2,5 \end{pmatrix} = \begin{pmatrix} 4,5 \\ 4 \end{pmatrix};$$

$$\vec{g} + \vec{c} = \begin{pmatrix} -4 \\ -3 \end{pmatrix} + \begin{pmatrix} 0 \\ 2,5 \end{pmatrix} = \begin{pmatrix} -4+0 \\ -3+2,5 \end{pmatrix} = \begin{pmatrix} -4 \\ -0,5 \end{pmatrix};$$

$$\vec{h} + \vec{b} = \begin{pmatrix} 4 \\ -3 \end{pmatrix} + \begin{pmatrix} 2 \\ 1,5 \end{pmatrix} = \begin{pmatrix} 4+2 \\ -3+1,5 \end{pmatrix} = \begin{pmatrix} 6 \\ -1,5 \end{pmatrix};$$

$$\vec{e} + \vec{a} = \begin{pmatrix} -3 \\ 4 \end{pmatrix} + \begin{pmatrix} 2,5 \\ 0 \end{pmatrix} = \begin{pmatrix} -3+2,5 \\ 4+0 \end{pmatrix} = \begin{pmatrix} -0,5 \\ 4 \end{pmatrix};$$

$$\vec{f} + \vec{d} = \begin{pmatrix} 3 \\ 4 \end{pmatrix} + \begin{pmatrix} -5 \\ 0 \end{pmatrix} = \begin{pmatrix} 3+(-5) \\ 4+0 \end{pmatrix} = \begin{pmatrix} -2 \\ 4 \end{pmatrix}.$$

Das entspricht dem Aneinanderlegen der Pfeile, der Ergebnispfeil (Summenpfeil) ist im Bild jeweils gestrichelt.

Man kann sie subtrahieren, indem man ihre Komponenten einzeln subtrahiert. Sollte dabei in beiden Komponenten zufällig zugleich 0 herauskommen, so ist es der Nullvektor $\begin{pmatrix} 0 \\ 0 \end{pmatrix}$. Wie ein Kompass am Pol zeigt der nirgendwo hin.

Man kann Vektoren mit einem Faktor multiplizieren („S-Multiplikation") indem man jede Komponente einzeln mit dieser Zahl multipliziert.

$$4 \cdot \vec{b} = 4 \cdot \begin{pmatrix} 2 \\ 1,5 \end{pmatrix} = \begin{pmatrix} 4 \cdot 2 \\ 4 \cdot 1,5 \end{pmatrix} = \begin{pmatrix} 8 \\ 6 \end{pmatrix}.$$

Das Ergebnis ist ein um den Faktor vergrößerter Vektor in der alten Richtung. Da sich in dieser Rechnung einfache Zahlen und Vektoren begegnen, nennt man die einfache Zahl zur

Unterscheidung vom Vektor einen Skalar (das ist hier aber kein Zierfisch). Das „S" in „S-Multiplikation" steht für Skalar.

Wenn geometrische Figuren im Koordinatensystem herumgeschoben werden sollen, kann man diese Bewegung mit einem „Verschiebungsvektor" (etwas kindgerechter auch Verschiebungspfeil genannt) beschreiben. Zu den Koordinaten eines Punktes werden zwecks Verschiebung die entsprechenden Koordinaten des Verschiebungsvektors addiert.

Beispiel: Verschiebe $A$ ( 3 | -1 ) um den Vektor $\vec{v} = \binom{2}{4}$. Der verschobene Punkt ist dann $A'$ ( 3+2 | -1+4 ) = $A'$ ( 5 | 3 ). Zwecks ökonomischen Umgangs mit den (auf 26 Stück beschränkten) Buchstaben benennt man verschobene oder sonstwie bewegte Punkte gern mit einem Strich am alten Buchstaben. $A$ wird zu $A'$, $B$ zu $B'$ und so weiter, wie in der Abbildung.

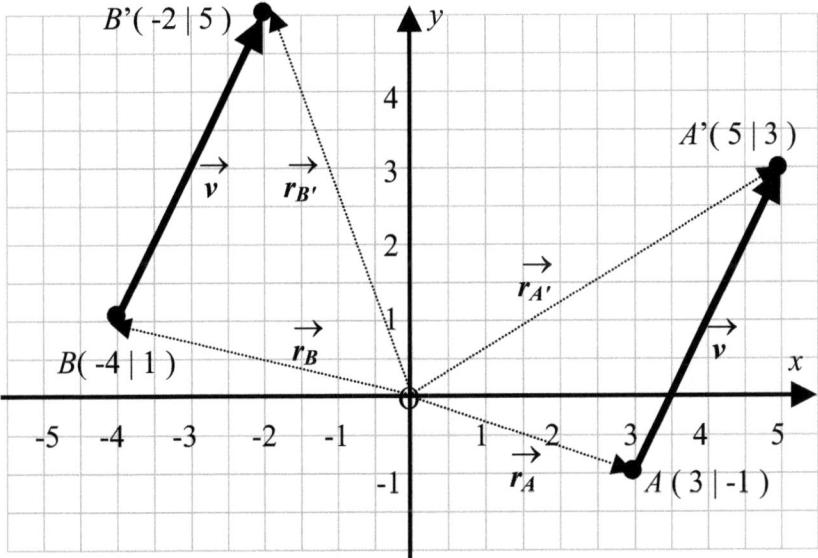

Mehrmalige Verschiebung mit mehreren Vektoren ergibt eine Verschiebung mit dem Summenvektor.

Achtung: Man addiert die Koordinaten einzeln. Man addiert *nicht* den Punkt mit dem Vektor. Weil man unterschiedliche

Dinge nicht addieren kann. Es gibt aber eigens Vektoren, die die gleichen Koordinaten wie der gemeinte Punkt haben: Sie führen vom Koordinatenursprung zu den jeweiligen Punkten und werden „Ortsvektoren" genannt (die gepunkteten Pfeile in der Abbildung). $A(\ 3\ |\ \text{-}1\ )$ hat dann den Ortsvektor $\vec{r_A} = \begin{pmatrix} 3 \\ \text{-}1 \end{pmatrix}$.

Anstelle des verschobenen Punktes $A$' kann man nun dessen Ortsvektor $\vec{r_{A'}}$ tatsächlich aus

$$\vec{r_{A'}} = \vec{r_A} + \vec{v} = \begin{pmatrix} 3 \\ \text{-}1 \end{pmatrix} + \begin{pmatrix} 2 \\ 4 \end{pmatrix} = \begin{pmatrix} 3+2 \\ \text{-}1+4 \end{pmatrix} = \begin{pmatrix} 5 \\ 3 \end{pmatrix}$$

berechnen, denn jetzt ist es eine regelkonforme Addition von Vektoren. Für $B$ und $B$' dürfen Sie es selbst nachrechnen.

## Viereck

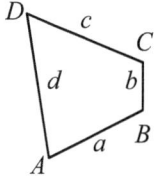

Ein Viereck ist ein Viereck. Jedenfalls hat es vier Ecken: $A,B,C,D$. Und folglich auch vier Seiten: $a,b,c,d$. Da man es durch Einzeichnen einer Diagonalen in zwei Dreiecke zerteilen kann, ist seine Winkelsumme zweimal so groß wie die eines Dreiecks. Also $2 \cdot 180° = 360°$.

Zur Flächenberechnung berechnet man diese beiden Dreiecke und addiert sie. Im Falle symmetrischer Vierecke (siehe Symmetrie) kann sich das vereinfachen, weil die beiden Dreiecke dann gleich groß sind. Im Falle von Rechtecken ist es noch einfacher, dann ist der Flächeninhalt gleich Länge mal Breite. Für den Umfang addiert man alle Seitenlängen. Sollten einige davon gleich lang sein, vereinfacht sich auch das etwas.

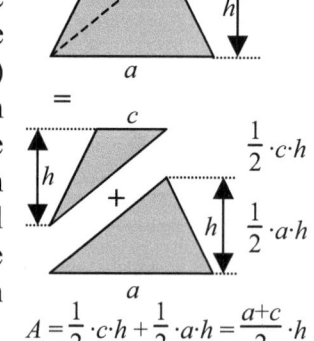

$$A = \frac{1}{2} \cdot c \cdot h + \frac{1}{2} \cdot a \cdot h = \frac{a+c}{2} \cdot h$$

Vierecke lassen sich in einem Stammbaum klassifizieren wie Hunderassen. Jede Rasse hat besondere Merkmale. Beim Viereck spezialisiert sich das vom total beliebigen Viereck („allgemeines Viereck") bis runter zum total speziellen Viereck, nämlich dem Quadrat.

Die Merkmale sind die Beziehungen von Winkeln und Seiten.

Je zwei benachbarte Seiten gleich lang: Drachenviereck. Es gibt dann auch ein Paar (gegenüberliegender) gleicher Winkel.

Je zwei gegenüberliegende Seiten gleich lang: Parallelogramm. Es gibt dann auch zwei Paare (gegenüberliegender) gleich großer Winkel.

Alle Seiten gleich lang: Raute. Es gibt zwei Paare (gegenüberliegender) gleich großer Winkel.

Alle Winkel 90°: Rechteck.

Ein Quadrat ist also eine rechteckige Raute (90°-Winkel und gleich lange Seiten).

Außerdem noch: Das Trapez. Zwei gegenüberliegende Seiten parallel. Die anderen beiden können, müssen aber keine weiteren besonderen Eigenschaften haben. Wenn sie parallel sind, ist es ein Parallelogramm. Sie sind dann auch gleich lang. Wenn sie gleich lang, aber nicht parallel sind, ist es ein gleichschenkliges Trapez. In ihm gibt es zwei Paare (benachbarter) gleich großer Winkel.

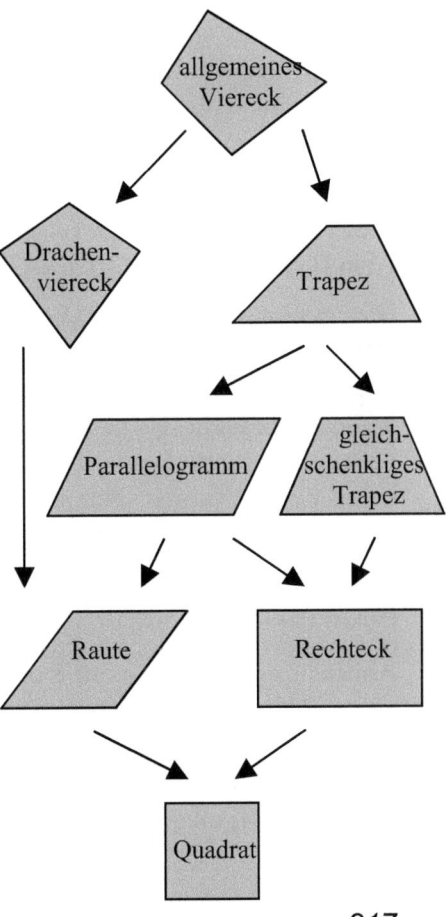

Das nebenstehende Schema („Baum der Vierecke") systematisiert, soweit für den Unterricht relevant, diesen Stammbaum. Eigenschaften werden längs der Pfeile von oben nach unten vererbt.

217

Soll heißen: Jedes Viereck hat auch die Eigenschaften seines Ahnherrn (von dem ein Pfeil zu ihm führt), aber weitere spezielle Merkmale zusätzlich. So ist z.b. jedes Quadrat auch eine Raute (aber zusätzlich mit rechten Winkeln), und jedes Quadrat ist auch ein Rechteck (aber zusätzlich mit gleich langen Seiten). Jedes Parallelogramm ist auch ein Trapez (aber mit zusätzlich zwei weiteren parallelen Seiten). Und so weiter.

## Vorsätze für Zehnerpotenzen

Nein, keine Silvestervorsätze! Es geht um die Vorsätze, mit denen man Maßeinheiten dekoriert, um sie als Vielfache (10-fach, 100-fach...) oder Bruchteile (Zehntel, Hundertstel...) der Grundeinheit auszuweisen. (Bitte ggf. vorher den Abschnitt über Potenzen lesen!) Wenn Sie sagen, Sie haben fünf *Kilo*gramm abgenommen und finden das *mega*mäßig *giga*ntisch, dann haben Sie das Wichtigste bereits im Griff:

Kilo (k) = Tausend ($10^3$), 1 Kilometer (km) = 1 000 m;
Mega (M) = Million ($10^6$), 1 Megatonne (Mt) = 1 000 000 t;
Giga (G) = Milliarde ($10^9$), 1 Gigahertz (GHz) = 1 000 000 000 Hz.

Das geht im Prinzip darüber noch weiter: Tera (T) = Billion ($10^{12}$), Peta (P) = Billiarde ($10^{15}$), Exa (E) = Trillion ($10^{18}$), aber im normalen Sprachgebrauch (und im Unterricht) spielt es keine Rolle mehr. Na ja, außer bei Terabyte-Festplatten. Wie Sie vermutlich bemerken, gibt es für je drei Nullen mehr jeweils einen neuen Namen. Nur in der Nähe des Kommas kann man etwas kleinschrittiger arbeiten (muss man aber nicht):

Deka (da) = Zehn ($10^1$), 1 Dekagramm (dag) = 10 g;
Hekto (h) = Hundert ($10^2$), 1 Hektoliter (hl) = 100 l.

Ähnliches gilt rechts vom Komma, auch die Bruchteile kriegen eigene Namen; erst kleinschrittig, dann in Dreierblöcken:

Dezi (d) = Zehntel ($10^{-1}$), 1 Dezimeter (dm) = $\frac{1}{10}$ m (aka 10 cm);

Zenti (c) = Hundertstel ($10^{-2}$), 1 Zentiliter (cl) = $\frac{1}{100}$ l (aka 10 cm³);

Milli (m) = Tausendstel ($10^{-3}$), 1 Milligramm (mg) = $\dfrac{1}{1\,000}$ g;

Mikro ($\mu$) = Millionstel ($10^{-6}$), 1 Mikrometer ($\mu$m) = $\dfrac{1}{1\,000\,000}$ m.

Auch das geht noch weiter: Nano (n) = Milliardstel ($10^{-9}$), Piko (p) = Billionstel ($10^{-12}$), Femto (f) = Billiardstel ($10^{-15}$), Atto (a) = Trillionstel ($10^{-18}$). Im Physikunterricht kommt es bisweilen sogar vor, Atome sind z.b. 100 bis 500 pm (Pikometer) groß.

## Wahrscheinlichkeit

Die Chance, eine Wette zu gewinnen - wobei man ggf. bereit sein muss, auf so abstruse Dinge zu wetten wie darauf, dass beim Würfeln der Würfel auf der Kante stehen bleibt. Erstaunlicherweise geben immer noch Leute Geld für Glücksspiele aus, obwohl die Wahrscheinlichkeitsrechnung seit Pierre Laplace (1749 - 1827), also seit 200 Jahren, bekannt ist.

In der Mathematik wettet man immer auf das Eintreten (oder Nicht-Eintreten) von so genannten *Ereignissen*. Bleiben wir beim Würfeln. Ein normaler Würfel kann die Augenzahlen (*Ergebnisse*) 1, 2, 3, 4, 5 oder 6 liefern. Ein ungezinkter Würfel („Laplace-Würfel") liefert jede davon mit der gleichen Chance.

Wetten tut man allerdings nicht auf *Ergebnisse*, sondern auf *Ereignisse*. Die beiden Begriffe müssen streng unterschieden werden; Ergebnisse sind die möglichen Augenzahlen, Ereignisse sind mathematische Mengen (siehe Mengen).

$G$ = { 2 ; 4 ; 6 } ist z.B. die Menge der geraden Augenzahlen und damit das Ereignis: „Es wird eine gerade Augenzahl gewürfelt". Mengen erkennt man an den geschweiften Klammern. $A$ = { 1 } ist das Ereignis „Es wird eine 1 gewürfelt". Da es nur ein Ergebnis enthält, nennt man es ein „elementares Ereignis". Man kann auch auf „kleine Augenzahl" $K$ = { 1 ; 2 } oder „ungerade Augenzahl" $U$ = { 1 ; 3 ; 5 } oder sonstige schöne Dinge wetten. Das absolut nicht zu verfehlende Ereignis heißt immer $\Omega$ (griechisches „Omega"), in diesem Falle:

$\Omega = \{\ 1\ ;\ 2\ ;\ 3\ ;\ 4\ ;\ 5\ ;\ 6\ \}$,

„Es wird eine Augenzahl von 1 bis 6 gewürfelt". Man nennt dies das „sichere Ereignis". Das anfänglich erwähnte Ereignis „Der Würfel bleibt auf der Kante stehen" liefert gar keine Augenzahl. Man kann es als Menge daher als $\{\ \}$ schreiben; man nennt es das „unmögliche Ereignis". Mengentechnisch ist es die leere Menge.

Die Gewinnchancen beim Wetten errechnet man, indem man die Anzahlen der Elemente (aka Mächtigkeit) der Ereignismengen zählt und mit der Mächtigkeit von $\Omega$ vergleicht. Die Mächtigkeit einer Menge schreibt man in Mathe-Steno mit senkrechten Strichen (aka Betragsstrichen):

$|\Omega| = |\ \{\ 1\ ;\ 2\ ;\ 3\ ;\ 4\ ;\ 5\ ;\ 6\ \}\ | = 6$,

$|A| = |\ \{\ 1\ \}\ | = 1$;

$|G| = |\ \{\ 2\ ;\ 4\ ;\ 6\ \}\ | = 3$;

$|U| = |\ \{\ 1\ ;\ 3\ ;\ 5\ \}\ | = 3$;

$|K| = |\ \{\ 1\ ;\ 2\ \}\ | = 2$.

Die Gewinnchance beim Wetten auf $K$ ist dann z.B. $\frac{|K|}{|\Omega|} = \frac{2}{6} = \frac{1}{3}$, beim Wetten auf $A$ entsprechend $\frac{|A|}{|\Omega|} = \frac{1}{6}$. Da sich in $\{\ \}$ gar keine Elemente befinden, ist die Chance auf einen Gewinn hier natürlich $\frac{0}{6} = 0$. Mit anderen Worten, wer darauf wettet, ist selbst schuld. Die Gewinnchance beim Wetten auf $\Omega$ ist $\frac{|\Omega|}{|\Omega|} = \frac{6}{6}$ = 1 (oder auch 100 %). Da wird man nur kaum jemanden finden, der dagegen setzt.

Wahrscheinlichkeiten kürzt man traditionell mit $p$ ab (von englisch probability = Wahrscheinlichkeit) und schreibt z.B. $p(K) = \frac{1}{3}$, in Worten „$p$ von $K$ ist gleich $\frac{1}{3}$". Wie immer bei Funktionen liest man die Klammern als „von".

Jegliche Wahrscheinlichkeit liegt immer zwischen den Extremen 0 und 1. Das Gegenereignis zu einem Ereignis ist der Rest, der es zu $\Omega$ ergänzt. Man schreibt es mit einem Querstrich, $\overline{G}$ (lies „$G$ quer") ist das Gegenereignis zu „gerade Augenzahl", also eine ungerade Augenzahl. Folglich $\overline{G} = U$.

Das Gegenereignis zu $K$ ist $\overline{K}$ und enthält die restlichen Ergebnisse, die zu $\Omega$ fehlen, also { 3; 4; 5; 6 }. Auf die Menge der restlichen Ergebnisse entfällt dann auch die restliche Wahrscheinlichkeit, d.h. da $p(K) = \frac{1}{3}$ ist, muss $p(\overline{K}) = 1 - \frac{1}{3} = \frac{2}{3}$

sein. Ebenso ist $p(\overline{G}) = 1 - \frac{1}{2} = \frac{1}{2}$. Das Ereignis „keine Eins" ist

$B = $ { 2; 3; 4; 5; 6 } $= \overline{A}$. Man kann seine Wahrscheinlichkeit als $p(B) = \frac{|B|}{|\Omega|} = \frac{5}{6}$ berechnen oder aus $p(B) = 1 - p(A) = 1 - \frac{1}{6} = \frac{5}{6}$.

„Ereignisketten" (wie mehrmaliges Würfeln) bekommt man am besten mit einem „Baumdiagramm" in den Griff. Dazu verzweigt man bei jedem Würfeln in die möglichen Ereignisse dieses Wurfes, bis man am Ende ein Gestrüpp hat, das durch alle Möglichkeiten führt. Bei jedem Wurf schreibt man die zugehörigen Wahrscheinlichkeiten an die Zweige. Geht es z.B. um die Frage nach der Chance, bei dreimaligem Würfeln zwei Sechsen zu werfen, so könnte man folgenden Baum zeichnen:

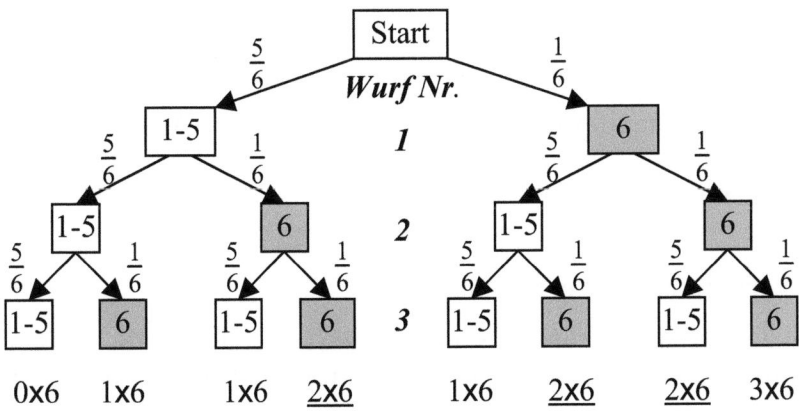

Er dokumentiert die drei Würfe und verzweigt sich jeweils je nachdem, ob eine Sechs (6) oder keine Sechs (1-5) kommt. Neben den Zweigen steht immer die zugehörige Wahrscheinlichkeit. Man kann den Baum auch von links nach rechts zeichnen, wenn der Platz im Heft das erfordert.

An jedem Weg von oben nach unten durch dieses Gestrüpp (mathematisch „Pfad" genannt) steht unten, wie oft auf diesem Weg eine Sechs erschien. Die mit den gewünschten zwei Sechsen habe ich unterstrichen. Die Wahrscheinlichkeiten längs eines Pfades werden multipliziert und ergeben die Wahrscheinlichkeit für das Ereignis, das am Ende dieses Pfades herauskommt, z.B. „erster Wurf 6, zweiter Wurf 6, dritter Wurf keine 6". Wenn Sie die Pfade, die jeweils bei 2x6 enden, durchmultiplizieren, erhalten Sie der Reihe nach von links nach rechts zunächst einmal $\frac{5}{6} \cdot \frac{1}{6} \cdot \frac{1}{6}$, dann $\frac{1}{6} \cdot \frac{5}{6} \cdot \frac{1}{6}$ und schließlich $\frac{1}{6} \cdot \frac{1}{6} \cdot \frac{5}{6}$. Das Produkt ist jedes Mal $\frac{5}{216}$. Da es nur darum geht, zwei Sechsen zu werfen (egal, bei welchen der Würfe sie erscheinen), addiert man jetzt noch die Wahrscheinlichkeiten aller Ausgänge, die zum gewünschten Resultat führen, also $\frac{5}{216} + \frac{5}{216} + \frac{5}{216} = \frac{15}{216} = \frac{5}{72}$. Dies ist schließlich die gesuchte Wahrscheinlichkeit, mit drei Würfen zwei Sechsen zu erzielen. $\frac{5}{72}$ ist etwa 0,069 oder in Prozent ausgedrückt 6,9 %. Ob Sie darauf wetten mögen, liegt allerdings bei Ihnen.

Je nach Kompliziertheit des Problems sind die Methoden der Kombinatorik (siehe dort) hilfreich, um die möglichen Ergebnisse zu zählen.

### Wertebereich (Wertemenge)

Während der Definitionsbereich $D$ (siehe dort) alle Zahlen umfasst, die für $x$ in eine Funktionsgleichung eingesetzt werden können, ohne eine Katastrophe auszulösen, enthält der Wertebereich $W$ (aka Wertemenge) alle Zahlen, die bei der Funktionsberechnung rauskommen können. Wird manchmal in Klassenarbeiten abgefragt, spielt aber in der Praxis eine wesentlich unbedeutendere Rolle als der Definitionsbereich. Was rauskommt, sieht man ja beim Berechnen. Was man einsetzen darf, ist schon spannender, damit man nichts einsetzt, was auf eine mission impossible hinausläuft. Beispiele:

Bei $y = f(x) = 2 \cdot x + 1$ kann man alle (reellen) Zahlen für $x$ einsetzen, und es können bei $y$ auch alle rauskommen. Also ist der Definitionsbereich $D = $ R und der Wertebereich $W = $ R.

Bei $f(x) = x^2$ kann man ebenfalls alles für $x$ einsetzen, aber es können keine negativen Zahlen rauskommen. Man schreibt daher $D = $ R und $W = \{\, y \mid y \geq 0 \,\}$, in Worten: Menge aller $y$ mit der Eigenschaft, dass sie größer oder gleich 0 sind.

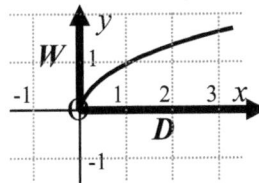

Bei $f(x) = \sqrt{x}$ kann man nur Zahlen von 0 an aufwärts einsetzen und es kommen auch nur solche raus (s. Bild). Man schreibt folglich:

$$D = \{\, x \mid x \geq 0 \,\} \text{ und } W = \{\, y \mid y \geq 0 \,\}.$$

Natürlich gibt es weitere Beispiele in Fülle, aber das ist eine andere Geschichte und soll von jemand anders erzählt werden.

## Wertetabelle

Eine Tabelle mit Werten, wer hätte das gedacht? In der Mathematik sind es die Funktionswerte $y$ zu verschiedenen $x$ (siehe Funktion). Dient meist als Grundlage zum Zeichnen eines Funktionsgraphen (siehe Funktionsgraph).

Dazu berechnet man für eine geeignete Auswahl von $x$-Werten (aka Argumenten) jeweils den zugehörigen $y$-Wert, indem man den $x$-Wert in die Funktionsgleichung einsetzt.

Beispiel: Wenn die Funktionsgleichung $y = f(x) = x^2 - 1$ lautet, könnte eine Wertetabelle so aussehen:

Variante fauler Sack:

| $x =$ | 0 | 1 | 2 | 3 |
|---|---|---|---|---|
| $y = x^2 - 1$ | -1 | 0 | 3 | 8 |

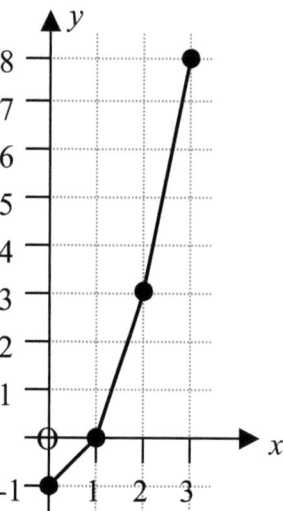

Rechts sehen Sie das grafische Ergebnis. Die Präzision lässt zu wünschen übrig, vor allem wenn die einzelnen Punkte mit dem Lineal verbunden werden, obwohl es eine Kurve ist. Dazu kommt, dass die negativen $x$ fehlen. Immerhin hat besagtes Faultier bei $x = 3$ aufgehört, als es merkte, dass die $y$ allmählich zu groß für die Zeichnung werden. Auch das merkt ja nicht jeder.

Variante akribische Emse:

| $x =$ | -2,5 | -2 | -1,5 | -1 | -0,5 | 0 | 0,5 | 1 | 1,5 | 2 | 2,5 |
|---|---|---|---|---|---|---|---|---|---|---|---|
| $y =$ | 5,25 | 3 | 1,25 | 0 | -0,75 | -1 | -0,75 | 0 | 1,25 | 3 | 5,25 |

Merke: Es gibt nicht nur positive ganze Zahlen. Die negativen sollte man zumindest in Erwägung ziehen; und wenn man den Eindruck hat, dass einem Details der Kurve entgehen, darf man gern auch Kommazahlen einsetzen. Tipp: Moderne Taschenrechner können ganze Wertetabellen auf einmal berechnen.

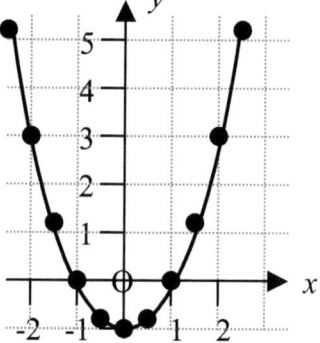

# Winkel

Es gibt stille Winkel, Schmollwinkel, Schlupfwinkel und verschwiegene Winkel. Ihnen gemeinsam ist die Vorstellung, dass man sich in einer Ecke verkriechen kann, wo z.B. zwei Mauern aneinander stoßen, so dass man zumindest von diesen beiden Seiten her geschützt ist.

Wenn die Mauern wie normale Zimmerwände (also nicht im Falle eines avantgardistischen Architekten) unter einem 90°-Winkel zusammenstoßen, spricht man von einem rechten

Winkel. Einen linken Winkel gibt es nicht. Der rechte Winkel heißt so, weil der Maurer zu seinem Azubi (= Lehrling), der die Mauern so hingekriegt hat, sagt: „So ist es recht, mein Junge."

Mathematische Winkel sehen so ähnlich aus, die Mauern werden durch Geraden ersetzt, die in einer Ecke zusammenstoßen. Da in dieser Vorstellung die Geraden hinter dem Winkel nicht mehr weitergehen, nennt man sie Halbgeraden (oder Strahlen; letzteres, weil sie von diesem besagten Eckpunkt auszustrahlen scheinen). Die (Halb)geraden nennt man die Schenkel, den Eckpunkt den Scheitelpunkt des Winkels. Biologisch gesehen ist ein Winkel also eine Art Kopffüßler. Wenn man in einer Zeichnung ausdrücklich Wert darauf legt, dass ein Winkel ein rechter Winkel ist, muss man nicht 90° reinschreiben, man malt einfach einen Punkt hinein.

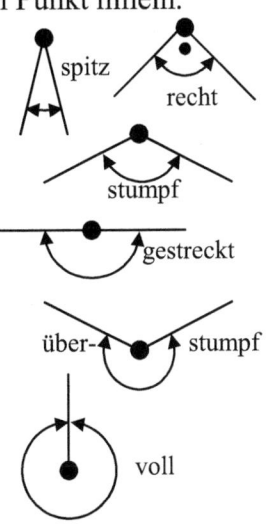

Beträgt der Winkel weniger als 90°, so spricht man von einem spitzen Winkel. Das versteht man am besten, wenn man sich auf die andere Seite des Scheitelpunktes begibt; dort entsteht dann nämlich eine Spitze, mit der man jemanden pieken kann. In Kriminalfilmen handelt es sich hier um eine Verletzung mit einem spitzen Gegenstand (Stichwunde). Ist der Winkel größer als 90°, so entsteht ein stumpfer Winkel bzw. ein Schädelbruch (Der Gerichtsmediziner spricht dann von einem Schlag mit einem stumpfen Gegenstand).

Mathematiker unterscheiden darüber hinaus noch den gestreckten Winkel (180°), bei dem man gar keinen Winkel sieht. Die Schenkel machen dann nämlich einen Spagat. Oberhalb von 180° kommen mathematisch die überstumpfen Winkel. Als Turnübung jedoch nicht zu empfehlen. Dies gilt erst recht für den Vollwinkel (360°), denn da schlagen die Schenkel über dem Scheitel zusammen; das schaffen höchstens chinesische Zirkusartistinnen.

225

## Winkelfunktionen: Sinus, Kosinus, Tangens, Kotangens

Wurden angeblich von den Muslimen erfunden, um überall auf der Welt die Gebetsrichtung nach Mekka berechnen zu können. Sinus = Busen (eigentlich Meerbusen), tangere = berühren. Der Rest ist weniger erotisch, als die Begriffe es vermuten lassen. Winkelfunktionen (aka trigonometrische Funktionen) sind Funktionen (siehe Funktion) eines Winkels, d.h. einem Winkel wird eine Zahl zugeordnet. Der Winkel ist dabei ein Winkel in einem rechtwinkligen Dreieck, und zwar nicht gerade der rechte, denn der ist ja immer gleich und daher langweilig.

Betrachtet man einen der beiden anderen, so liegt eine der Katheten an dem Winkel *an*, man nennt sie „*An*kathete" (*A*). Die andere liegt dem Winkel *gegen*über, man nennt sie sinnigerweise die „*Gegen*kathete" (*G*).

Dem rechten Winkel gegenüber liegt, wie in jedem rechtwinkligen Dreieck, die Hypotenuse (*H*). Siehe unter Pythagoras.

Der Rest ist einfach, man kann aus *A*, *G* und *H* (siehe obige Abbildung) verschiedene Verhältnisse bilden:

$$\frac{G}{H} = \frac{\text{Gegenkathete}}{\text{Hypotenuse}} = \text{Sinus des Winkels (sin),}$$

$$\frac{A}{H} = \frac{\text{Ankathete}}{\text{Hypotenuse}} = \text{Kosinus des Winkels (cos),}$$

$$\frac{G}{A} = \frac{\text{Gegenkathete}}{\text{Ankathete}} = \text{Tangens des Winkels (tan),}$$

$$\frac{A}{G} = \frac{\text{Ankathete}}{\text{Gegenkathete}} = \text{Kotangens des Winkels (cot oder ctg).}$$

$\frac{H}{A}$ und $\frac{H}{G}$ gibt es auch noch (Sekans und Kosekans), kommen aber im Schulunterricht nicht vor. Selbst der Kotangens spielt schon ein Schattendasein und wird kaum noch erwähnt. Da diese drei letzteren eigentlich nur Kehrwerte der ersten drei sind, werden sie auch auf einem Taschenrechner nicht als eigene Tasten angeboten, das Bilden eines Kehrwertes traut man dem Anwender offenbar zu (Taste $^1/_x$, falls vorhanden).

Der Merkspruch „GAGA HühnerHof-AG" beschreibt, wie die Funktionen sin, cos, tan und cot der Reihe nach aus den Dreiecksseiten gebildet werden:

$\dfrac{GAGA}{HHAG}$, nämlich:

$\text{Sinus} = \dfrac{G}{H}$, $\text{Kosinus} = \dfrac{A}{H}$, $\text{Tangens} = \dfrac{G}{A}$, $\text{Kotangens} = \dfrac{A}{G}$.

Für einige Winkel nehmen die Werte der Winkelfunktionen recht bequeme Werte an, weil das Dreieck dann eine besondere Form annimmt: bei 45° ist es die Hälfte eines Quadrates, bei 30° bzw. 60° die Hälfte eines gleichseitigen Dreiecks (siehe Bilder). Über den Satz von Pythagoras folgen dann spezielle Werte der Winkelfunktionen; kurz zusammengefasst:

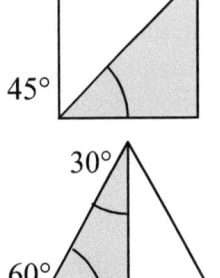

| Winkel $\alpha =$ | 0° | 30° | 45° | 60° | 90° |
|---|---|---|---|---|---|
| $\sin(\alpha) =$ | 0 | $\dfrac{1}{2}$ | $\dfrac{1}{2} \cdot \sqrt{2}$ | $\dfrac{1}{2} \cdot \sqrt{3}$ | 1 |
| $\cos(\alpha) =$ | 1 | $\dfrac{1}{2} \cdot \sqrt{3}$ | $\dfrac{1}{2} \cdot \sqrt{2}$ | $\dfrac{1}{2}$ | 0 |
| $\tan(\alpha) =$ | 0 | $\dfrac{1}{3} \cdot \sqrt{3}$ | 1 | $\sqrt{3}$ | - |
| $\cot(\alpha) =$ | - | $\sqrt{3}$ | 1 | $\dfrac{1}{3} \cdot \sqrt{3}$ | 0 |

Wenn Sie lange genug auf die Tabelle gucken, werden Sie eine gewisse Symmetrie bemerken. Bei 0° hat allerdings der Kotangens keinen Wert, bei 90° der Tangens, weil es dort auf eine Division durch 0 hinauslaufen würde. Als weitere Merkhilfe kann auch die folgende Systematik dienen:

| Winkel $\alpha =$ | 0° | 30° | 45° | 60° | 90° |
|---|---|---|---|---|---|
| $\sin(\alpha) =$ | 0 | $\frac{1}{2}$ | $\frac{1}{2} \cdot \sqrt{2}$ | $\frac{1}{2} \cdot \sqrt{3}$ | 1 |
| oder $\sin(\alpha) =$ | $\frac{1}{2} \cdot \sqrt{0}$ | $\frac{1}{2} \cdot \sqrt{1}$ | $\frac{1}{2} \cdot \sqrt{2}$ | $\frac{1}{2} \cdot \sqrt{3}$ | $\frac{1}{2} \cdot \sqrt{4}$ |
| auf 2 Stellen: | 0,00 | 0,50 | 0,71 | 0,87 | 1,00 |

Die Werte dazwischen kann man dann beinahe schon schätzen.

Zwischen den vier (drei) in der Schule noch behandelten Winkelfunktionen bestehen einige Zusammenhänge, die sich auch in der vorherigen Tabelle abzeichnen, wie z.B.:

$$\sin(\alpha) = \cos(90° - \alpha); \quad \cos(\alpha) = \sin(90° - \alpha); \quad \tan(\alpha) = \frac{\sin(\alpha)}{\cos(\alpha)}.$$

Ein ganz wichtiger Zusammenhang folgt aus dem Satz von Pythagoras (siehe Pythagoras; Summe der Kathetenquadrate = Hypotenusenquadrat):

$$(\sin(\alpha))^2 + (\cos(\alpha))^2 = (\frac{G}{H})^2 + (\frac{A}{H})^2 = \frac{G^2 + A^2}{H^2} = \frac{H^2}{H^2} = 1,$$

volkstümlich kurz: „Sinus hoch 2 plus Kosinus hoch 2 gleich 1", was hilfreich ist, um sin und cos ineinander umzurechnen.

Da in der Welt (und sogar in Dreiecken) auch Winkel über 90° vorkommen können, werden die Winkelfunktionen über 90° hinaus fortgesetzt. Statt der Dreiecksseiten betrachtet man nun Koordinaten in einem kartesischen Koordinatensystem (siehe dort), wo sie auch negative Werte haben können. (Steigen Sie hier getrost aus, wenn es Ihnen jetzt zu abstrakt wird.)

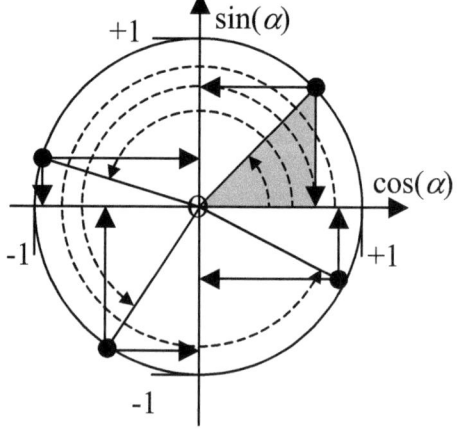

Einmal um den Kreis rum variieren die Winkelfunktionen dadurch ihre Vorzeichen und sind mal plus (+) und mal minus (–). Obacht: Der kurze Strich (-) steht für: „kein gültiger Wert".

| $\alpha =$ | 0° | bis | 90° | bis | 180° | bis | 270° | bis | 360° |
|---|---|---|---|---|---|---|---|---|---|
| sin($\alpha$) | 0 | + | 1 | + | 0 | − | -1 | − | 0 |
| cos($\alpha$) | 1 | + | 0 | − | -1 | − | 0 | + | 1 |
| tan($\alpha$) | 0 | + | - | − | 0 | + | - | − | 0 |
| cot($\alpha$) | - | + | 0 | − | - | + | 0 | − | - |

Die Grafik zeigt das Gesamtprogramm:

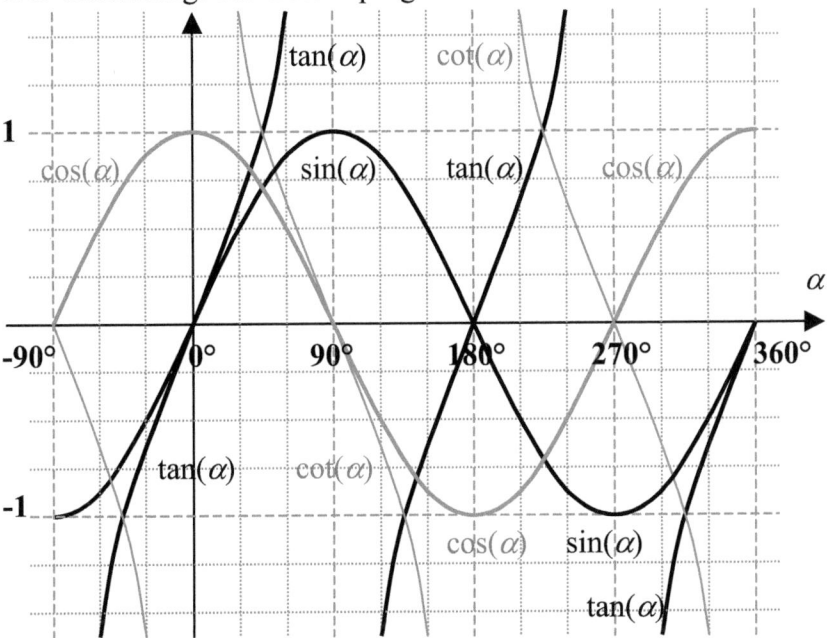

Man kann die Winkelfunktionen auch rückwärts benutzen und aus ihrem Wert den zugehörigen Winkel berechnen. Die Umkehrungen nennen sich Arcussinus, Arcuskosinus, Arcustangens und Arcuskontangens, kurz arcsin, arccos, arctan, arccot oder noch kürzer asin, acos, atan, acot genannt.

Auf einem Taschenrechner heißen sie in irreführender Weise meist sin$^{-1}$, cos$^{-1}$, tan$^{-1}$ (da es cot nicht gibt, fehlt auch cot$^{-1}$), obwohl es sich *nicht* um Potenzen handelt. Man erreicht sie, indem man vor der Taste sin, cos oder tan eine Umschalttaste tippt (Shift, 2nd, Inv oder so ähnlich; read manual).

Weil sin(30°) = 0,5 ist, ergibt arcsin(0,5) = 30°. Leider ist (siehe Grafik) auch sin(150°) = 0,5. Daher muss man das Ergebnis von arcsin (und auch von den anderen Umkehrungen) argwöhnisch betrachten; man erhält nur einen von mehreren möglichen Werten und muss anhand des konkreten Problems bewerten, ob noch eine Korrektur nötig ist oder man vielleicht sogar alle Werte braucht.

Um Winkelfunktionen auch in beliebigen Dreiecken anzuwenden, gibt es eigens zwei liebliche Sätze.

Sinussatz: $\dfrac{\sin(\alpha)}{a} = \dfrac{\sin(\beta)}{b} = \dfrac{\sin(\gamma)}{c}$ ;

Kosinussatz: $a^2 + b^2 = c^2 + 2 \cdot a \cdot b \cdot \cos(\gamma)$ .

Letzterer ist die Ausweitung des Satzes von Pythagoras auf nicht-rechtwinklige Dreiecke. Ist $\gamma$ spitz (kleiner als 90°), so werden die Kathetenquadrate gegenüber Pythagoras zu groß, nämlich größer als $c^2$, daher muss, damit die Gleichung wieder stimmt, zu $c^2$ noch etwas addiert werden, und zwar $2 \cdot a \cdot b \cdot \cos(\gamma)$. Ist $\gamma$ stumpf (größer als 90°), so werden die Kathetenquadrate gegenüber Pythagoras zu klein und es muss etwas von $c^2$ subtrahiert werden; das leistet der Kosinussatz trotz des Plus perfekt, denn oberhalb von 90° wird der Kosinus seinerseits negativ, und schon wird subtrahiert. Sollte $\gamma$ genau 90° betragen, fällt der Korrekturterm weg (denn cos(90°) = 0) und der Satz von Pythagoras bleibt übrig.

Da in einem nicht-rechtwinkligen Dreieck keine Seite und kein Winkel mehr bevorzugt ist, funktioniert der gleiche Satz auch von den anderen Seiten aus:

$a^2 + c^2 = b^2 + 2 \cdot a \cdot c \cdot \cos(\beta)$ ;

$b^2 + c^2 = a^2 + 2 \cdot b \cdot c \cdot \cos(\alpha)$ .

Ausgerüstet mit Sinus- und Kosinussatz kann man (und muss man im Unterricht leider auch) beliebige Dreiecke berechnen.

Vorbehaltlich Ihrer Geduld zeige ich Ihnen das mal an einem Beispiel: In einem Dreieck ist $a = 6$ cm; $b = 4$ cm; $\gamma = 60°$. Die übrigen Stücke $\alpha$, $\beta$ und $c$ sind zu berechnen.

Lösung (unter Einsatz eines Taschenrechners; sehen Sie aber ggf. trotzdem unter „Gleichung" nach, wie man überhaupt eine Gleichung löst!):

Planskizze:

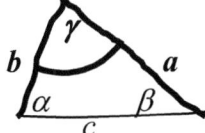

Der Kosinussatz $a^2 + b^2 = c^2 + 2 \cdot a \cdot b \cdot \cos(\gamma)$ ergibt:

$$
\begin{aligned}
6^2 + 4^2 &= c^2 + 2 \cdot 6 \cdot 4 \cdot \cos(60°) &&|\ T \\
36 + 16 &= c^2 + \quad\ 48 \cdot 0{,}5 &&|\ T \\
52 &= c^2 + \qquad 24 &&|\ {-24} \\
28 &= c^2 &&|\ \pm\sqrt{\ } \\
\sqrt{28} &= c
\end{aligned}
$$

$c$ beträgt $\sqrt{28}$ cm oder ca. 5,29 cm ($-\sqrt{28}$ wird verworfen).

Der Sinussatz $\dfrac{\sin(\beta)}{b} = \dfrac{\sin(\gamma)}{c}$ ergibt jetzt:

$$
\frac{\sin(\beta)}{4} = \frac{\sin(60°)}{\sqrt{28}} \qquad |\ \cdot 4
$$

$$
\sin(\beta) = \frac{\sin(60°)}{\sqrt{28}} \cdot 4 \qquad |\ \arcsin
$$

Ein mathematischer Schöngeist würde an dieser Stelle erst noch

$$
\frac{\sin(60°)}{\sqrt{28}} \cdot 4 = \frac{\frac{1}{2} \cdot \sqrt{3}}{\sqrt{28}} \cdot 4 = \frac{2 \cdot \sqrt{3}}{\sqrt{28}} = \frac{\cancel{2} \cdot \sqrt{3}}{\cancel{2} \cdot \sqrt{7}} \cdot \frac{\sqrt{7}}{\sqrt{7}} = \frac{\sqrt{21}}{7}
$$

umformen, Sie können aber auch direkt in den Rechner tippen:

$$
\beta = \arcsin\left(\frac{\sin(60°)}{\sqrt{28}} \cdot 4\right).
$$

Das ergibt $\beta = 40{,}89339464913090560548252252598699...°$, was man runden könnte: $\beta \approx 40{,}89°$. Wie oben erwähnt, muss man bei arcsin misstrauisch sein; tatsächlich gibt es eine zweite

Lösung bei $\beta' \approx 180° - 40,89° \approx 139,11°$. Zusammen mit $\gamma = 60°$ wären es dann aber schon mehr als 180°, daher kann diese zweite Lösung getrost verworfen werden.

Fehlt noch $\alpha$, dieser Winkel ergibt sich aus der Winkelsumme im Dreieck: $\alpha = 180° - \gamma - \beta \approx 180° - 60° - 40,89° \approx 79,11°$.

Okay, ich glaube, jetzt habe ich Ihre Geduld überstrapaziert. Jedenfalls sehen Sie da mal, was Ihre Lieben so mitmachen müssen. Bleibt noch anzumerken, warum das alles unter dem abschreckenden Oberbegriff „Trigonometrie" laufen muss, in Worten: Tri-go-no-met-rie. Das Wort bedeutet nichts anderes als Dreiecksvermessung, und genau dazu benutzt man es.

## Winkelsätze

Mathematische Lehrsätze über Winkel. Es gibt massenhaft Sätze, die sich irgendwie mit Winkeln befassen, daher hier nur ein paar prominente.

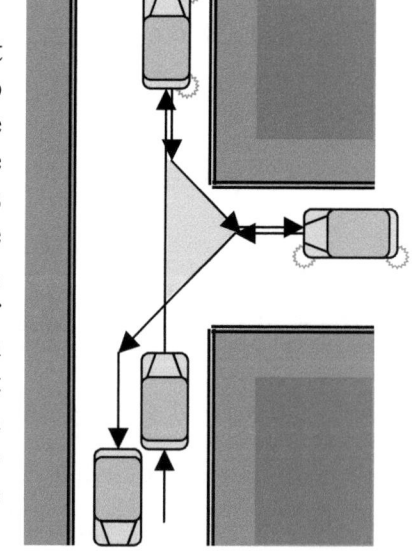

*Winkelsumme im Dreieck:* Kennt jeder Kraftfahrer, der sein Auto schon mal, wie in der Fahrschule gelernt, durch Zurücksetzen in eine Seitenstraße gewendet hat. Das Manöver umreißt, bis auf die kurvigen Ecken, ein Dreieck, wobei sich der Wagen an jeder Ecke genau um den dortigen Winkel dreht. Am Schluss steht das Fahrzeug andersrum, also um 180° gedreht (gern mit Modellauto probieren). Das ist also die Summe aller drei Winkel im Dreieck.

*Winkelsumme im Viereck:* Da man ein Viereck aus zwei Dreiecken zusammenbasteln kann, ist die Winkelsumme zweimal 180°, macht 360°.

*Winkel an Geradenschnittpunkten:* Da eine Gerade gerade ist, ergeben benachbarte Winkel („Nebenwinkel") zusammen 180°. Da sie das an jeder Geraden tun, sind gegenüberliegende Winkel („Scheitelwinkel", weil sie am Scheitelpunkt zusammenstoßen) gleich groß.

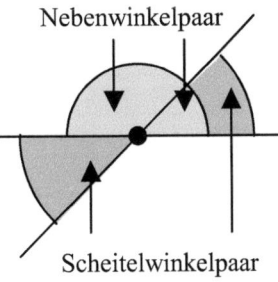

Nebenwinkelpaar

Scheitelwinkelpaar

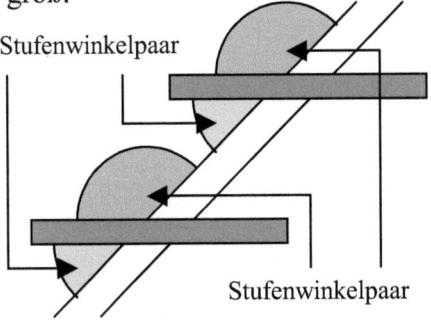

Stufenwinkelpaar

Stufenwinkelpaar

Bei einer Treppe sind die Stufen (zumindest hoffentlich) parallel, die „Stufenwinkel" sind daher gleich groß. Das gilt auch von der anderen Seite, wo es dann ja die Nebenwinkel dazu sind.

## Wurzel

Wächst mit intensivem Bodenkontakt. Lateinisch Radix wie Radieschen, Radi, Rettich. Mathematisch der Teil eines Quadrates, der Bodenkontakt hat, wenn man es aufrecht hinstellt wie ein Epitaph; also eine seiner Seiten. Wenn das Quadrat z.B. den Flächeninhalt 4 m² aufweist, ist seine Wurzel, auf der es steht, 2 m lang. Das Symbol ähnelt daher auch einer Wurzel: $\sqrt{4} = 2$.

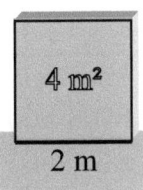

4 m²

2 m

Die Wurzel ist die Gegenrechnung zum Quadrieren. $5^2 = 25$; $\sqrt{25} = 5$. Der Rechenvorgang wird „Radizieren" genannt (vulgo Wurzelziehen, was allerdings sehr nach Zahnarzt klingt). Der Inhalt der Wurzel, also die 25 bei $\sqrt{25}$, wird auch der „Radikand" genannt (wörtlich: der zu Wurzelnde; aber das ist ein Name, der - wie bei einem gewissen dunklen Zauberer - nicht genannt werden darf, den darf man höchstens denken).

Wenn man die Quadratzahlen im Kopf hat, hat man auch die zugehörigen Wurzeln im Kopf:

| $x =$ | 0 | 1 | 4 | 9 | 16 | 25 | 36 | 49 | 64 | 81 | 100 |
|---|---|---|---|---|---|---|---|---|---|---|---|
| $\sqrt{x} =$ | 0 | 1 | 2 | 3 | 4 | 5 | 6 | 7 | 8 | 9 | 10 |

Das klappt auch mit Brüchen ( $\frac{1}{0}$ gibt es nicht und fehlt daher):

| $x =$ | | 1 | $\frac{1}{4}$ | $\frac{1}{9}$ | $\frac{1}{16}$ | $\frac{1}{25}$ | $\frac{1}{36}$ | $\frac{1}{49}$ | $\frac{1}{64}$ | $\frac{1}{81}$ | $\frac{1}{100}$ |
|---|---|---|---|---|---|---|---|---|---|---|---|
| $\sqrt{x} =$ | | 1 | $\frac{1}{2}$ | $\frac{1}{3}$ | $\frac{1}{4}$ | $\frac{1}{5}$ | $\frac{1}{6}$ | $\frac{1}{7}$ | $\frac{1}{8}$ | $\frac{1}{9}$ | $\frac{1}{10}$ |

Oder mit Dezimalbrüchen:

| $x =$ | 0 | 0,01 | 0,04 | 0,09 | 0,16 | 0,25 | 0,36 | 0,49 | 0,64 | 0,81 | 1,00 |
|---|---|---|---|---|---|---|---|---|---|---|---|
| $\sqrt{x} =$ | 0 | 0,1 | 0,2 | 0,3 | 0,4 | 0,5 | 0,6 | 0,7 | 0,8 | 0,9 | 1,0 |

Meistens gehen Wurzeln nicht so schön auf, und dann sind sie auch gleich irrational (siehe dort):

$\sqrt{2} = 1{,}4142135623730950488016887242096980785696 7...$

$\sqrt{3} = 1{,}7320508075688772935274463415058723669428 0...$

Für grobe Abschätzungen darf man sich gern merken:

$\sqrt{2} \approx 1{,}41; \sqrt{3} \approx 1{,}73.$

Am Kopierer vergrößert man von A4 auf A3 mit 141% $\approx \sqrt{2}$: die Kantenlängen werden $\sqrt{2}$ mal so groß, die Fläche $\sqrt{2} \cdot \sqrt{2} = 2$ mal, also verdoppelt.

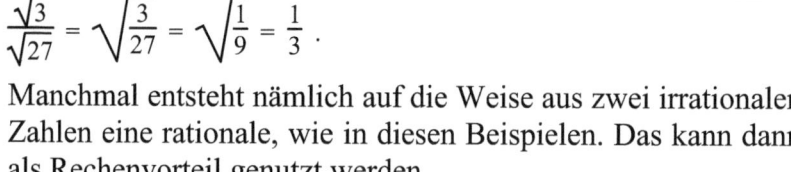

Rechenregeln: Wurzeln dürfen auf Produkte und Brüche verteilt werden, was zuweilen recht hilfreich ist und anscheinend irrationale Wurzeln doch noch aufgehen lässt:

$\sqrt{3} \cdot \sqrt{27} = \sqrt{3 \cdot 27} = \sqrt{81} = 9$,

$\dfrac{\sqrt{3}}{\sqrt{27}} = \sqrt{\dfrac{3}{27}} = \sqrt{\dfrac{1}{9}} = \dfrac{1}{3}$.

Manchmal entsteht nämlich auf die Weise aus zwei irrationalen Zahlen eine rationale, wie in diesen Beispielen. Das kann dann als Rechenvorteil genutzt werden.

Manchmal kann man auf diese Weise zumindest den irrationalen Brocken handlicher machen:

$$\sqrt{20} = \sqrt{4 \cdot 5} = \sqrt{4} \cdot \sqrt{5} = 2 \cdot \sqrt{5} \; ;$$
$$\sqrt{200} = \sqrt{100 \cdot 2} = \sqrt{100} \cdot \sqrt{2} = 10 \cdot \sqrt{2} \; .$$

Dieser Vorgang wird dann partielles (= teilweises) Radizieren (= Wurzelziehen) genannt. Moderne Taschenrechner machen das sogar automatisch.

Achtung: Wurzeln können *nicht* auf Summen oder Differenzen verteilt werden. $\sqrt{9 + 16}$ ist *nicht* $\sqrt{9} + \sqrt{16} = 3 + 4 = 7$, sondern $\sqrt{9 + 16}$ ist $\sqrt{25} = 5$. Und *nein*, es geht auch *nicht* mit Buchstaben! $\sqrt{a^2 + b^2}$ ist *nicht* $\sqrt{a^2} + \sqrt{b^2} = a + b$.

Und noch ein Hinweis: $y = f(x) = \sqrt{x}$ ist mathematisch gesehen eine Funktion (siehe Funktion). Als solche kann sie zu einem $x$ auch nur ein Ergebnis $y$ haben (siehe Zuordnung). Obwohl also $2^2 = 4$ und auch $(-2)^2 = 4$ ist, ist $\sqrt{4}$ nur gleich 2, aber nicht auch noch -2. Die Gleichung $x^2 = 4$ hat zwei Lösungen: $\pm\sqrt{4}$. Also $x_1 = \sqrt{4} = 2$ und $x_2 = -\sqrt{4} = -2$. Aber $\sqrt{4}$ ist immer nur 2.

Das Bild zeigt den Graphen der Wurzelfunktion $f(x) = \sqrt{x}$. Es ist die Hälfte einer auf der Seite liegenden Normalparabel $f(x) = x^2$ (siehe Parabel). Die zweite Hälfte fehlt, eben weil es sonst keine Funktion mehr wäre: es gäbe zu einem $x$ zwei Ergebnisse. Wenn Sie die zweite Hälfte sehen wollen, müssen Sie zusätzlich die Funktion $f(x) = -\sqrt{x}$ eintragen (gestrichelt).

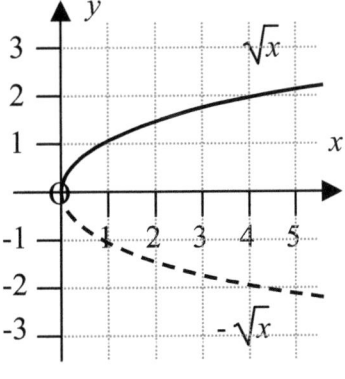

Wurzeln aus negativen Zahlen gibt es in der Mittelstufenmathematik nicht, wie Sie auch an obiger Grafik sehen. Mathematisch gibt es sie zwar, aber dann sind es keine reellen Zahlen mehr. $\sqrt{x}$ kann also nur berechnet werden für $x \geq 0$. $\sqrt{x+7}$ kann nur berechnet werden für $x \geq -7$. $\sqrt{x^2+7}$ kann hingegen immer berechnet werden, denn der Inhalt dieser Wurzel (= Radikand) wird nie negativ. Wenn Sie das überrascht, prüfen Sie es gern anhand einer Wertetabelle nach.

Mittels des Satzes von Pythagoras können alle Wurzeln natürlicher Zahlen konstruiert werden.

Die Abfolge dieser Dreiecke nennt sich Wurzelschnecke oder viel schöner: genetrix irrationalium. Man beginnt mit einem rechtwinkligen Dreieck mit den Katheten 1 cm und 1 cm. Sodann wird dessen Hypotenuse zur einen Kathete des nächsten Dreiecks, die andere Kathete ist wieder 1 cm. Die Hypotenusen sind dann der Reihe nach $\sqrt{2}$, $\sqrt{3}$ und so weiter.

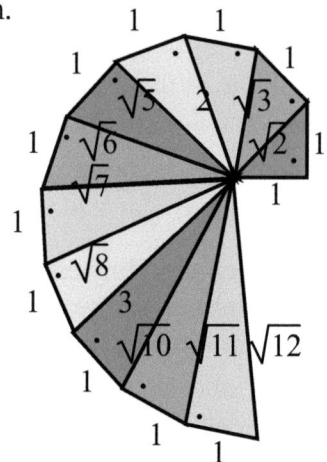

Natürlich muss man z.B. für $\sqrt{11}$ nicht bei 1 anfangen; es genügt bei 3 anzufangen, denn dann ist $\sqrt{11}$ schon der übernächste Schritt. Sollte man überhaupt jemals das Bedürfnis verspüren, Wurzeln geometrisch zu konstruieren, nachdem es doch Taschenrechner gibt.

Damit es auch zu Operationen wie hoch 3, hoch 4 usw. eine Gegenoperation gibt, sind die dritte Wurzel $\sqrt[3]{\phantom{x}}$, die vierte Wurzel $\sqrt[4]{\phantom{x}}$ usw. eingeführt worden. $\sqrt[3]{\phantom{x}}$ wird auch Kubikwurzel genannt. Um bei dem ganzen Gemüse nicht die Übersicht zu verlieren, kann man die „normale" Wurzel auch Quadratwurzel nennen und $\sqrt[2]{\phantom{x}}$ schreiben. Muss man aber nicht. Übrigens: $\sqrt[3]{\phantom{x}}$ funktioniert auch bei negativen Zahlen. Da nämlich z.B. $(-2)^3 = (-2) \cdot (-2) \cdot (-2) = -8$ ist, ist $\sqrt[3]{-8} = -2$.

Wurzeln erweitern das Potenzieren (siehe Potenzen) auf krumme Exponenten („krumm" darf man natürlich auch nicht sagen, sondern nur denken; der korrekte Begriff wäre „nicht-ganzzahlig"). So ist zum Beispiel

$$25^{\frac{1}{2}} = \sqrt[2]{25} = 5 \; .$$

Es ist nämlich $(25^{\frac{1}{2}})^2 = 25^{\frac{1}{2}} \cdot 25^{\frac{1}{2}} = 25^{\frac{1}{2}+\frac{1}{2}} = 25^1 = 25$, und

auch $(\sqrt[2]{25})^2 = \sqrt[2]{25} \cdot \sqrt[2]{25} = 25$. Also muss $25^{\frac{1}{2}} = \sqrt[2]{25}$ sein.

Ebenso ist: $4^{\frac{3}{2}} = \sqrt[2]{4^3} = \sqrt[2]{64} = 8$ oder $8^{\frac{2}{3}} = \sqrt[3]{8^2} = \sqrt[3]{64} = 4$

oder $7^{\frac{1}{5}} = \sqrt[5]{7} = 1{,}4757731615945552069276916695632244 10...$

oder $5^{1,27} = 5^{\frac{127}{100}} = \sqrt[100]{5^{127}} = 7{,}72132629222081731795...$

Kurz: Wenn ein Bruch im Exponenten steht, dann wird mit dessen Zähler potenziert und mit dem Nenner radiziert. Die Reihenfolge ist dabei egal:

$$8^{\frac{2}{3}} = \sqrt[3]{8^2} = \sqrt[3]{64} = 4 \quad \text{oder} \quad 8^{\frac{2}{3}} = (\sqrt[3]{8})^2 = 2^2 = 4.$$

Wenn Sie jetzt sagen, dann doch lieber zum Zahnarzt, dann haben Sie mein volles Verständnis.

## Wurzelgleichung

Wer hätte das gedacht: eine Gleichung (siehe dort), in der die Unbekannte $x$ in einer Wurzel vorkommt. Frage an Radio Eriwan: Werden Wurzelgleichungen wie normale Gleichungen gelöst? Antwort: Im Prinzip ja.

Die Heimtücke besteht darin, dass man, um die Wurzeln loszuwerden, quadrieren muss (man erinnert sich: Wurzel und Quadrat sind zueinander entgegengesetzte Operationen wie plus und minus oder mal und geteilt). Wenn man aber quadriert, wird plus mal plus zu plus, aber auch minus mal minus zu plus. Das kann Phantomlösungen erzeugen, die ursprünglich nicht da waren (siehe auch unter Probe).

Beispiel einer harmlosen Wurzelgleichung:

$$\sqrt{x+1} = 4 \quad |^2 \text{ (Quadrieren)}$$
$$x+1 = 16 \quad |-1$$
$$x = 15$$

Probe (15 für $x$ einsetzen):

$$\sqrt{15+1} = 4\ ?$$
$$\sqrt{16} = 4\ ?$$
$$4 = 4 \text{ okay.}$$

Lösungsmenge: $L = \{\ 15\ \}$.

Beispiel einer fiesen Wurzelgleichung:

$$\sqrt{2 \cdot x + 5} = x + 1 \quad |^2 \text{ (Quadrieren)}$$
$$2 \cdot x + 5 = (x+1)^2 \quad | \text{ T (1. binomische Formel)}$$
$$2 \cdot x + 5 = x^2 + 2 \cdot x + 1 \ | -2 \cdot x$$
$$5 = x^2 + 1\ |-1$$
$$4 = x^2 \quad |+\sqrt{}\text{ oder } -\sqrt{}$$
$$x_1 = 2 \text{ bzw. } x_2 = -2\ .$$

Probe (2 für $x$ einsetzen):

$$\sqrt{2 \cdot 2 + 5} = 2 + 1\ ?$$
$$\sqrt{9} = 3\ ?$$
$$3 = 3 \text{ okay.}$$

Probe (-2 für $x$ einsetzen):

$$\sqrt{2 \cdot (-2) + 5} = -2 + 1\ ?$$
$$\sqrt{1} = -1\ ?$$
$$1 = -1 \text{ falsch.}$$

Lösungsmenge: $L = \{\ 2\ \}$. Die vermeintliche Lösung bei -2 war ein Phantom.

Merke: Bei Wurzelgleichungen *immer* die Probe machen, um eventuelle Phantome auszusondern.

Und noch ein Tipp: Quadrieren ist nur zielführend, wenn die Wurzel allein auf einer Seite steht. Da $(\sqrt{x} + 6)^2$ *nicht* $(\sqrt{x})^2 + 6^2 = x + 36$ ist, sondern nach der ersten binomischen Formel (siehe binomische Formeln) gleich $(\sqrt{x})^2 + 2 \cdot \sqrt{x} \cdot 6 + 6^2$, wird man eine Wurzel, die nicht allein steht, auf die Weise nicht los! Oder wenn man sie doch los wird, hat man falsch gerechnet.

Beispiel (Lösungsverfahren siehe quadratische Gleichung):

$$
\begin{array}{lll}
\sqrt{x} + 6 &= 2 \cdot x & |-6 \\
\sqrt{x} &= 2 \cdot x - 6 & |^2 \text{ (Quadrieren)} \\
x &= (2 \cdot x - 6)^2 & | \text{ T (2. binomische Formel)} \\
x &= 4 \cdot x^2 - 24 \cdot x + 36 & |-x \\
0 &= 4 \cdot x^2 - 25 \cdot x + 36 & |:4 \\
0 &= x^2 - 6{,}25 \cdot x + 9 & | \text{ p-q-Formel } (p = -6{,}25; \, q = 9)
\end{array}
$$

$$
x_1 = -\frac{p}{2} + \sqrt{\left(\frac{p}{2}\right)^2 - q} = -\frac{-6{,}25}{2} + \sqrt{\left(\frac{-6{,}25}{2}\right)^2 - 9}
$$

$$
= 3{,}125 + \sqrt{0{,}765625}
$$

$$
= 3{,}125 + 0{,}875 = 4 \, ;
$$

$$
x_2 = 3{,}125 - 0{,}875 = 2{,}25 \, .
$$

Probe (4 für $x$ einsetzen):

$$
\begin{array}{lll}
\sqrt{4} + 6 &= 2 \cdot 4 & ? \\
2 + 6 &= 8 & ? \\
8 &= 8 & \text{okay.}
\end{array}
$$

Probe (2,25 für $x$ einsetzen):

$$
\begin{array}{lll}
\sqrt{2{,}25} + 6 &= 2 \cdot 2{,}25 & ? \\
1{,}5 + 6 &= 4{,}5 & ? \\
7{,}5 &= 4{,}5 & \text{falsch; Phantomlösung!}
\end{array}
$$

Lösungsmenge: $L = \{\, 4 \,\}$.

Manchmal gibt es aber auch wirklich zwei Lösungen; bei der Probe wird man das dann hoffentlich feststellen.

## x

$X$ ist die große Unbekannte. Sie kann allerdings auch klein geschrieben werden: $x$; unbekannt ist sie trotzdem. Einem ungeschriebenen Gesetz folgend steht $x$ gern für eine Größe, deren Zahlenwert man nicht kennt. Wenn man mehrere Größen nicht kennt, kommen $y$ und $z$ dazu. Jedenfalls sind es immer die hinteren Buchstaben im Alphabet. Die vorderen: $a$, $b$, $c$ ... stehen für Größen, deren Wert man kennt und (wie den Personalausweis) auf Verlangen vorzeigen d.h. anstelle von $a$, $b$, $c$ einsetzen kann. Eine weitere Sonderrolle kommt den mittleren Buchstaben im Alphabet zu: $i$, $j$, $k$ stehen oftmals für natürliche oder ganze Zahlen: (...-3, -2, -1,) 0, 1, 2, 3...

Das ist weder auf dem Sinai in Stein gehauen (vgl. 2. Mose 20, 1-17) noch mit Blut unterzeichnet; die ganze Mathematik funktioniert auch, wenn man bekannte Werte mit $x$, $y$, $z$ und unbekannte mit $a$, $b$, $c$ bezeichnet. Wenn man das macht, muss man nur konzentriert im Gedächtnis behalten, dass das so ist, sonst rutscht man unwillkürlich ins falsche Rechenschema. Etwa so, als ob Sie umgezogen sind, und dann auf dem Heimweg von der Arbeit ganz im Tran die alte Strecke fahren.

Das Bestimmen von $x$ (d.h. des gesuchten Zahlenwertes) erfolgt dann durch Lösen einer oder mehrerer Gleichungen (siehe Gleichung). Dazu muss man bei gegebenem Problem die Gleichung(en) allerdings erst einmal haben. Auf mathematisch: Es wird eine Gleichung „aufgestellt". Vermutlich, weil man dann gut aufgestellt ist.

Beispiel: Ein Quader hat die Abmessungen Länge $l$ = 8 cm; Breite $b$ = 5 cm. Sein Volumen beträgt $V$ = 180 cm³. Wie hoch ist er?

Zur Lösung erinnert man sich daran, dass ein Quadervolumen gemäß

$$V = l \cdot b \cdot h$$

berechnet wird („Lösungsansatz"). So herum nützt die Formel hier aber nichts, da man die Höhe nicht kennt. Also nennt man sie nicht $h$, sondern $x$:

$V = l \cdot b \cdot x$ .

Die bekannten Werte setzt man anstelle der Buchstaben ein:

$180 = 8 \cdot 5 \cdot x$ .

$8 \cdot 5$ kann man ausrechnen (das nennt man eine Termumformung, kurz T):

$180 = 40 \quad \cdot x$ .

Wenn das 40-fache von $x$ so viel wie 180 ist, dann ist das einfache $x$ gleich 180:40, also 4,5:

$180 = 40 \cdot x \quad | :40$

$4,5 = \quad x$

Damit ist die Höhe zu 4,5 cm bestimmt.

Und nun noch mal zum Mitschreiben:

Aufgabe:

Eine Quader hat die Abmessungen Länge $l$ = 8 cm; Breite $b$ = 5 cm. Sein Volumen beträgt $V$ = 180cm³. Wie hoch ist er?

Lösung:

Für einen Quader gilt $V = l \cdot b \cdot h$ .

Gegeben: $l$, $b$, $V$. Gesucht: $h$. Wir nennen die unbekannte Höhe $x$ und setzen die bekannten Werte ein.

$180 = 8 \cdot 5 \cdot x \quad | \text{T}$

$180 = 40 \quad \cdot x \quad | :40$

$4,5 = \quad x$

Antwort:

Die Höhe des Quaders beträgt 4,5 cm.

Faustregel: Wenn man *eine* Unbekannte hat, braucht man *eine* Gleichung. Wenn man *zwei* Unbekannte hat, braucht man *zwei* Gleichungen. Und so weiter (siehe Gleichungssystem). Das ist allerdings etwas tricky, weil es (von pädagogischen Fieslingen eigens für diesen Zweck ersonnene) Sonderfälle gibt, in denen man trotz genügender Anzahl von Gleichungen keine Lösung bekommt. Beim Berechnen des Schnittpunktes zweier paralleler Geraden zum Beispiel. Jede Gerade liefert eine Gleichung. Trotzdem gibt es keine Lösung, weil sich parallele Geraden gar nicht schneiden. Ätsch!

## y

Bei Gleichungssystemen (siehe dort) ist $y$ die zweite Unbekannte; die erste heißt traditionsgemäß $x$. Im Koordinatensystem (siehe dort) ist $y$ die übliche Bezeichnung für die senkrechte Achse ($y$-Achse, Ordinatenachse, Hochachse). Bei Funktionen (siehe dort) ist $y$ meist die Bezeichnung des Funktionswertes: $y = f(x)$, in Worten: $y$ ist $f$ von $x$, also der Funktionswert an der Stelle $x$.

Da man auch Gleichungen als Funktionen grafisch im Koordinatensystem darstellen kann, bedeutet das alles eigentlich dasselbe.

Während die zulässigen $x$-Werte den Definitionsbereich (siehe dort) bilden, nennt man die Menge aller auftretenden $y$-Werte den Wertebereich (siehe dort) der Funktion. Beispiel:

$f(x) = \sqrt{4 - x^2}$ .

Bei $x = 2$ ist $y = f(2) = \sqrt{4 - 2^2} = \sqrt{0} = 0$.

Bei $x = 0$ ist $y = f(0) = \sqrt{4 - 0^2} = \sqrt{4} = 2$.

Der Definitionsbereich ist $D = \{ x \mid -2 \leq x \text{ und } x \leq 2 \}$, also alle $x$ zwischen -2 und 2. Der Wertebereich ist $W = \{ y \mid 0 \leq y \text{ und } y \leq 2 \}$, also alle $y$ zwischen 0 und 2. Berechnen Sie gern eine Wertetabelle (siehe dort), wenn Sie es so nicht einsehen.

## Zahlenbereiche

Sie spiegeln in gewisser Weise die Geschichte der Mathematik wider, wobei sie zu immer komplizierteren Gebilden wachsen.

*1. Natürliche Zahlen:*

1, 2, 3, 4, ... dienen zum Abzählen von Dingen. Werden in der Mathematik als Menge N (wie „natürlich") bezeichnet. Da Mengen traditionsgemäß durch geschweifte Klammern gekennzeichnet werden (siehe Mengen), also

$N = \{\ 1; 2; 3; 4; ...\ \}$.

Wenn sie als Variable auftreten, gerne mit den Buchstaben in der Mitte des Alphabets abgekürzt: $i, j, k, l, m, n$.

Ob die 0 zu den natürlichen Zahlen gehört, ist Geschmackssache. Ist ja eigentlich beim Abzählen erforderlich, um festzustellen, dass nichts da ist. Da diese Frage aber nie endgültig geklärt wurde, gibt es zwei Mengen der natürlichen Zahlen: N wie oben, und $N_0$, wenn die 0 mit drin ist:

$N_0 = \{\ 0; 1; 2; 3; 4; ...\ \}$.

*2. Ganze Zahlen:*

Wurden erforderlich, um zu dokumentieren, dass man Dinge geborgt hat und sie einem anderen schuldet. Mit anderen Worten, die negativen Zahlen kommen dazu. Mathematische Abkürzung Z (wie „Zahl").

$Z = \{\ ... \text{-}3; \text{-}2; \text{-}1; 0; 1; 2; 3; ...\ \}$.

Wie Sie sehen, sind die natürlichen Zahlen darin enthalten, oder mathematisch: „$N_0$ bildet eine Teilmenge von Z". N natürlich auch.

In Mathe-Steno: $N_0 \subset Z$ beziehungsweise $N \subset Z$.

*3. Rationale Zahlen:*

Werden erforderlich, wenn man nicht gerecht teilen kann, ohne Dinge zu zerbrechen. Zwei Äpfel auf vier Kinder verteilt ergeben einen halben für jeden (in einer Überflussgesellschaft natürlich eine unvorstellbare Situation). Kurz gesagt, die Bruchzahlen. Wobei auch ganze Zahlen als Bruchzahlen aufgefasst werden können, wie z.B. $5 = \frac{5}{1}$. Mathematische Abkürzung Q (wie „Quotient"). Das Aufzählen in einer Mengenklammer ist prinzipiell möglich, aber sehr verwirrend.

$$Q = \{ \; \ldots \; \frac{-4}{1}, \frac{-3}{2}, \frac{-2}{3}, \frac{-1}{4}, \frac{-3}{1}, \frac{-1}{3}, \frac{-2}{1}, \frac{-1}{2}, \frac{-1}{1}, \frac{0}{1}, \frac{1}{1}, \frac{1}{2}, \frac{2}{1}, \frac{1}{3}, \frac{3}{1}, \frac{1}{4}, \frac{2}{3}, \frac{3}{2}, \frac{4}{1}, \; \ldots \; \}$$

Eben. Sag ich doch. Da die ganzen Zahlen darin enthalten sind (z.B. $-2 = \frac{-2}{1}$ oder $3 = \frac{3}{1}$), ist Z eine Teilmenge von Q: $Z \subset Q$.

*4. Reelle Zahlen:*

Erweitern die rationalen Zahlen um die irrationalen Zahlen, wie $\sqrt{2}$, $\sqrt{3}$ und viele andere. So viele, dass man sie nun beim besten Willen nicht mehr aufzählen kann. Mathematische Abkürzung R (wie „reell"). Rein geistiges Konstrukt, das praktisch nicht mehr lebensnotwendig ist; alle Computer der Welt arbeiten nur mit endlich vielen Nachkommastellen, also mit rationalen Zahlen (unendlich viele Nachkommastellen würden gar nicht ins Universum passen). Trotzdem nicht mehr aus der Welt zu schaffen, seit Pythagoras die Irrationalität von $\sqrt{2}$ entdeckte und vergeblich zu verheimlichen versuchte (siehe Pythagoras). Die rationalen Zahlen sind natürlich immer noch in R enthalten, $Q \subset R$; es sind die, die nach dem Komma irgendwann abbrechen oder periodisch werden.

*5. Komplexe Zahlen:*

Sind noch abgedrehter, weil zweidimensional („Realteil" und „Imaginärteil") und Dinge wie $\sqrt{-1}$ enthaltend. Kommen manchmal in der Sekundarstufe II vor und erstaunlicherweise auch in der realen (wenn auch nicht mehr reellen) Welt. Zum Beispiel wenn man Wellen mathematisch erfassen will. Enthalten die reellen Zahlen als diejenigen, deren Imaginärteil

0 ist. Müssen Sie nicht verstehen, ist aber so. Mathematische Abkürzung C (wie „complex").

Insgesamt ergibt sich folgende Hierarchie (das „$\subset$" spricht man immer als „ist Teilmenge von"):

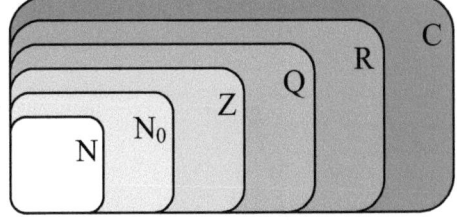

$N \subset N_0 \subset Z \subset Q \subset R \subset C$.

Durchaus beruhigend ist es, dass alle mathematischen Gesetze, die in N gelten, in den übergeordneten Zahlenmengen gültig bleiben, so dass man nicht jedes Mal eine neue Mathematik lernen muss. $a + b = b + a$ oder $a + a = 2 \cdot a$ gilt in N ebenso wie in C. Es kommen nur immer neue Möglichkeiten dazu (Schulden, Brüche, Wurzeln...), die man vorher nicht hatte.

## zentrische Streckung

Dehnübung für geometrische Figuren. Von einem Zentrum (gern dem Koordinatenursprung) aus wird eine Figur gestreckt, indem man die Koordinaten aller Punkte mit einem (Streck-)Faktor multipliziert, der meist $k$ genannt wird.

Dabei strecken sich praktischerweise auch alle Verbindungslinien um den gleichen Faktor (Bild umseitig).

Beispiel: Das Dreieck $A( 2 | -2 )$ $B( 3 | 1 )$ $C( 1 | 2 )$ wird um den Faktor $k = 1,5$ gestreckt. Man erhält, indem man alle Koordinaten mit 1,5 multipliziert, das neue Dreieck: $A'( 3 | -3 )$ $B'( 4,5 | 1,5 )$ $C'( 1,5 | 3 )$. Zusammengehörige Punkte $AA'$, $BB'$ und $CC'$ liegen auf Strahlen, die vom Zentrum ausgehen.

Ist der Streckfaktor größer als 1, so wird die Figur vergrößert, ist er kleiner als 1 (aber noch größer als 0), so wird sie verkleinert. Mit negativem Streckfaktor wird die Figur auf die andere Seite des Ursprungs gespiegelt. Bis -1 ist sie immer noch kleiner als das Original, ab da dann wieder größer.

Als Beispiel wird das anfängliche Dreieck jetzt mit dem Faktor $k = -2$ gestreckt, ergibt: $A''( -4 | 4 )$ $B''( -6 | -2 )$ $C''( -2 | -4 )$.

Man beachte minus minus gleich plus; wäre das nicht so, so würde die Streckung die Figur komplett ruinieren.

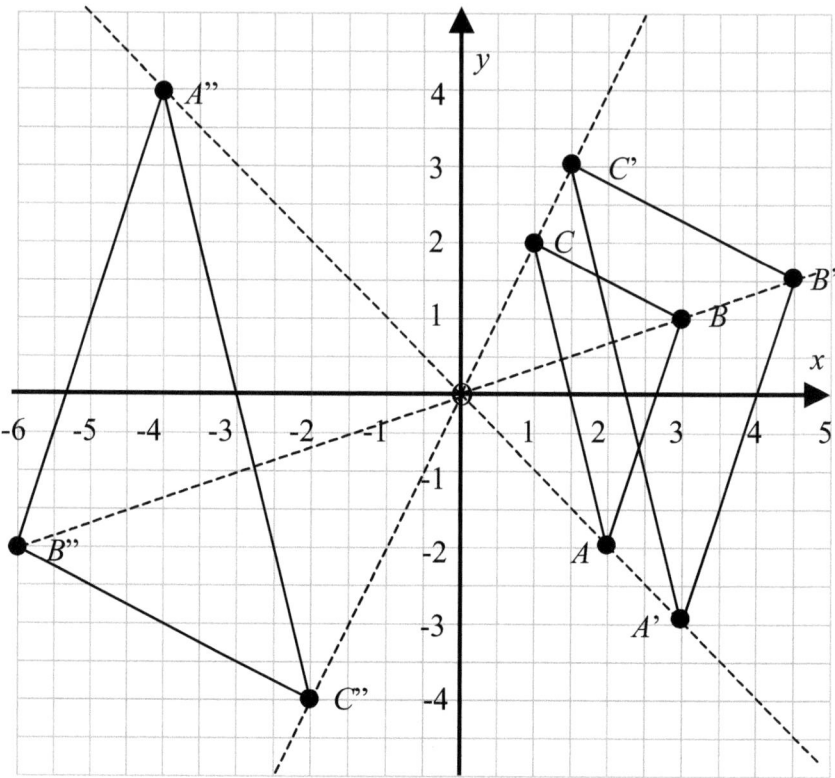

Zum Strecken von einem anderen Punkt als dem Koordinatenursprung verschiebt man zunächst alle Punkte so, dass das Zentrum im Ursprung zu liegen kommt, dann streckt man wohlgemut, und am Ende verschiebt man alles wieder zurück (siehe Bewegungen).

## Zinsrechnung

Da sich die Zinsrechnung in der Schule auf Sparguthaben und Kredite beschränkt, lohnt es sich fast nicht mehr, sie zu behandeln. Die Banken brechen unter der Last jedes Euro, den man bei ihnen deponiert, jammernd zusammen, also stopft man das Geld am besten in den Sparstrumpf. Oder haut es auf den Kopf, das kurbelt die Volkswirtschaft an. Wenn man sich dabei allerdings verkalkuliert, gerät man in die so genannte Schuldenfalle (nein, SCHUFA ist *nicht* die Abkürzung dafür), und dann wird Zinsrechnung plötzlich doch wieder interessant.

Zinsrechnung ist im Prinzip Prozentrechnung und benutzt die gleichen Formeln. Lesen Sie unter Prozentrechnung nach, dort finden Sie:

$$p = \frac{P}{G} \cdot 100 \; ; \; P = G \cdot \frac{p}{100} \; ; \; G = P \cdot \frac{100}{p} \; ,$$

wenn $G$ = Grundwert, $P$ = Prozentwert und $p$ = Prozentsatz bedeutet.

Bei Bankgeschäften wird der Grundwert zum Kapital ($K$), der Prozentwert zum Zins ($Z$) und der Prozentsatz wird der Zinssatz, heißt aber weiterhin $p$. Da Buchstaben nur Namen und Namen nur Schall und Rauch sind, ändert sich eigentlich gar nichts. Unter Prozentrechnung fanden Sie das Beispiel:

28 g Zucker in 350 g Ketchup sind $\frac{28}{350} = 0,08 = 8\%$.

Hier könnte es lauten:

28 € Zinsen für einen Kredit von 350 € sind $\frac{28}{350} = 0,08 = 8\%$.

Sie haben also 8% Zinsen berappt.

Die Formeln lauten jetzt (mit neuen Buchstaben aufgehübscht, aber im mathematischen Inhalt unverändert):

$$p = \frac{Z}{K} \cdot 100 \; ; \; Z = K \cdot \frac{p}{100} \; ; \; K = Z \cdot \frac{100}{p} \; .$$

Die obige Rechnung wird dann zu

$$p = \frac{Z}{K} \cdot 100 = \frac{28}{350} \cdot 100 = 8.$$

*Ohne* % dahinter. Dafür steckt die 100 schon in der Formel drin; sie berechnet den Zinssatz $p$, und der ist nur $p = 8$. Wo oben 0,08 rauskam, da waren das $\frac{8}{100}$, also 8%. Ja, das muss man auseinander halten. Prozent bedeutet Hundertstel, und jedes „%" kann man durch „:100" ersetzen. Und wo man das nicht kann, ist es auch kein %.

Was bei Bankgeschäften dazu kommt, ist der Zeitfaktor. Der Zinssatz gilt für eine Laufzeit von einem Bankjahr (per anno, kurz p.a. genannt. Das dauert rechnerisch 360 Tage und hat 12 Monate zu je 30 Tagen). Für kürzere Zeiträume benutzt man den Zeitfaktor $t$ ($t$ wie time), der den Bruchteil des Jahres angibt, über den das Geschäft läuft. Für einen Monat ist also einfach $t = \frac{1}{12}$. Für 11 Tage ist $t = \frac{11}{360}$.

Bankgeschäfte werden nur an Werktagen abgeschlossen. Außerdem wird für Kredite 1 Tag mehr berechnet und für Einlagen 1 Tag weniger. Das alles aber wird in den Aufgaben des Matheunterrichts nicht thematisiert und muss Ihre Kinder nicht belasten. Im späteren Leben kommt es früh genug.

Beispiel: Jemand (im Mathebuch gern Herr Leihmann oder Frau Borg; dies dürfte sich in Zukunft verkomplizieren, will man politisch korrekt bleiben) nimmt für 5 Monate einen Kredit von 6000 € zu 8 % Jahreszins auf. Wie viel muss am Ende zurückgezahlt werden?

Jahreszins: $Z = K \cdot \dfrac{p}{100} = 6000\ \text{€} \cdot \dfrac{8}{100} = 480\ \text{€}$.

Zeitfaktor für 5 Monate: $t = \dfrac{5}{12}$.

Zeitzins: $Z_\text{t} = Z \cdot t = 480\ \text{€} \cdot \dfrac{5}{12} = 200\ \text{€}$.

Herr Leihmann bzw. Frau Borg muss also 6200 € zurückzahlen. Nein, *nicht* 200 €, schön wär's. Aber das geliehene Geld muss ja auch noch zurückgezahlt werden.

Bisweilen wird das auch in einer Formel zusammengefasst:

Zeitzins: $Z_t = K \cdot \dfrac{p}{100} \cdot t = 6000\ € \cdot \dfrac{8}{100} \cdot \dfrac{5}{12} = 200\ €$ .

Bei Zinsgeschäften, die mehrere Jahren übergreifen, spielt der Zinseszins eine Rolle. Am Jahresende werden die aktuellen Zinsen berechnet, auf das Kapital aufgeschlagen, und ab da wird mit dem erhöhten Kapital weitergerechnet.

Das kann man Jahr für Jahr einzeln machen oder die Zinseszinsformel benutzen. Diese resultiert daraus, dass sich das Kapital jedes Jahr um den gleichen Faktor vermehrt. Bei 2% Zins z.B. um den Faktor $\dfrac{102}{100}$ ( $= 1 + \dfrac{2}{100}$ ), wobei jedes Jahr erneut diesen Faktor in die Rechnung einbringt. Wiederholtes Multiplizieren kann man durch Potenzieren ersetzen. Bei 7 Jahren wäre es also der Faktor $(\dfrac{102}{100})^7$ oder $(1 + \dfrac{2}{100})^7$. Als Formel: Das Kapital $K_n$ nach $n$ Jahren ist

$$K_n = K \cdot ( 1 + \frac{p}{100} )^n.$$

Ein Kapital von 5 € (früher verschenkten Sparkassen ein Sparbuch mit 5 € zur Konfirmation) würde bei einer Verzinsung mit 1 % p.a. innerhalb von 25 Jahren auf

$$K_{25} = 5\ € \cdot ( 1 + \frac{1}{100} )^{25} = 6{,}41\ €$$

anwachsen. Innerhalb von 250 Jahren wären es

$$K_{250} = 5\ € \cdot ( 1 + \frac{1}{100} )^{250} = 60{,}16\ €.$$

Innerhalb von 2500 Jahren wären es

$$K_{2500} = 5\ € \cdot ( 1 + \frac{1}{100} )^{2500} = 317\,983\,408\,982{,}43\ €$$

(also rund 318 Milliarden Euro). Woran man erkennt, dass ab und zu ein Börsencrash unvermeidlich ist, um die Volkswirtschaft stabil zu halten.

## Zirkel

Sprachlich verwandt mit zirkulieren und Zirkus. Meint etwas Rundes, in sich geschlossenes, wie eine Zirkusarena oder einen Geheimbund. Im deutschsprachigen Kulturkreis auch Bezeichnung für das Werkzeug, mit dem solche runden Dinge gemalt werden: es besteht wie ein Winkel (siehe dort) aus zwei Schenkeln, die im Scheitelpunkt mit einem Gelenk verbunden sind. Der eine trägt eine Spitze, der andere ein Schreibgerät (meist Bleistiftmine). Die Spitze piekt man ins Papier, mit der Mine malt man den Kreis (Fachausdruck: Man schlägt den Kreis. Aua!). Den Abstand der beiden Spitzen, die Zirkelweite, kann man einstellen, er bildet den Kreisradius, der also materiell gar nicht vorhanden ist, weil der Zirkel vornehm darüber hinwegsteigt (die Gärtnerkonstruktion mit zwei Pflöcken und einer Schnur ist da entschieden sinnlicher). Wenn beide Enden spitz sind, handelt es sich um einen Abgreifzirkel oder Stechzirkel; er dient aber nicht zum Stechen, sondern z.B. zum Abgreifen einer Strecke, um sie mit einem Maßstab zu vergleichen (häufig bei der Navigation in Seekarten angewendet, wo man am Kartenrand eine Skala der Seemeilen findet. Landratten dürfen diese Anmerkung ignorieren).

Schulzirkel gibt es in einer Ausführung mit frei verstellbaren Schenkeln und in einer Ausführung mit einer Gewindestange zwischen den Schenkeln, bei der man an einer Rändelschraube den Radius einstellt. Das dauert länger, ist aber stabiler gegen versehentliches Verstellen. Sollte sich die Kreislinie, nachdem man mit der Mine einmal herum ist, nicht schließen, bringen Sie das Ding zurück in den Laden und reklamieren Sie es.

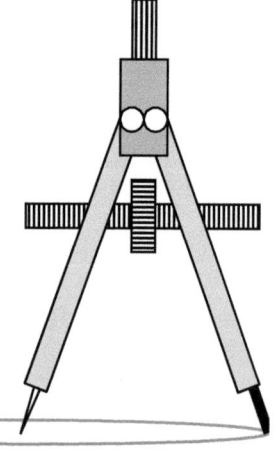

Bei manchen Schulzirkeln kann man durch Austauschen der Mine gegen eine Nadel auch einen Stechzirkel daraus machen.

Bis dahin ist die Nadel allerdings vermutlich verloren gegangen. Es gibt spezielle Anspitzer für die Zirkelmine, manchmal als Zubehör im Zirkelkasten bereits enthalten. Da diese aber so klein sind, dass sie auch leicht verloren gehen, sind die meisten mit Zirkeln gezeichneten Kreise mindestens einen Millimeter breit und veranschaulichen somit augenfällig den Unterschied zwischen platonischem Ideal und grober Materie (siehe Zirkel und Lineal).

Ein zum gestreckten Winkel (siehe Winkel) aufgeklappter Zirkel eignet sich als Wurfgeschoss und bleibt mit Glück in der Decke des Klassenraums stecken. Falls nicht, kommt er wieder herunter und kann Verletzungen verursachen. Geht aber auch mit gut angespitzten Bleistiften (vgl. Fox Mulder in Akte X). Zur Vermeidung solcher Unfälle wählen Sie lieber den Typ mit der Gewindestange, der lässt sich nicht bis zum gestreckten Winkel öffnen. Sicherheitshalber Notrufnummer 112 in den Zirkelkasten kleben. Anwalt (Verletzung der Aufsichtspflicht!) bereithalten.

Ersatzweise kann statt eines Zirkels auch ein Geodreieck (siehe dort) benutzt werden. Der Nullpunkt der Zentimeterskala wird an den Kreismittelpunkt gehalten, dann wird auf der Skala der gewünschte Radius aufgesucht und durch scharfes Hingucken markiert. Jetzt dreht man, während die Markierung möglichst an der Skala festgehalten wird, das ganze Geodreieck um den Mittelpunkt, wobei auch der Nullpunkt nicht verrutschen darf. Eine mit nur zwei Händen kaum lösbare Aufgabe, daher eher für Gruppenarbeit geeignet. Wenn Sie glauben, das sei zu kompliziert, stimmen Sie mit mir überein; diese Methode wird daher auch nicht unterrichtet. Aber achten Sie mal darauf, wie Ihre Sprösslinge geometrische Konstruktionen durchführen.

### Zirkel und Lineal

Die VIPs unter den geometrischen Werkzeugen. Sie bilden die Instrumente der klassischen geometrischen Konstruktion und gehen auf Platons Ideenlehre zurück (vgl. Platon: Der Staat), wonach die grobmateriellen Dinge unserer Umwelt nur unvollkommene (irdische) Schatten von (himmlischen) Ideen sind. Die Idee eines Zirkels steht für einen vollkommenen Kreis, die Idee eines Lineals für eine vollkommene Gerade. Eine geometrische Konstruktion, die sich auf dem Papier mit einem Zirkel und einem Lineal durchführen lässt, ist ein materielles Abbild einer idealen und daher exakten Konstruktion im Ideenhimmel. Solche Dinge lassen sich also zumindest im Prinzip exakt konstruieren und spielen in der Geometrie die Rolle des Hochadels. Alles andere, was man auch noch zeichnen kann, ist Fußvolk und nur grobstoffliche und daher ungenaue Näherung.

Beispiel: Eine gegebene Strecke halbieren.

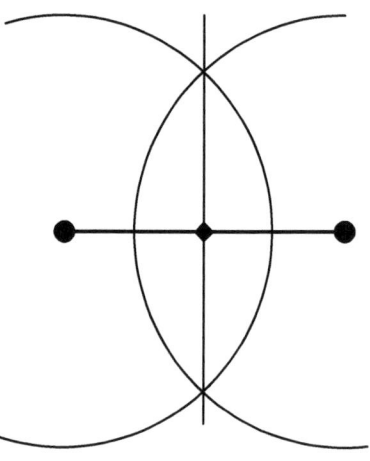

Himmlische Lösung: Man zeichnet um die beiden Endpunkte je einen Kreis mit gleichem Radius. Sind die Kreise groß genug, so schneiden sie sich an zwei Punkten. Man zeichnet eine Gerade durch die beiden Schnittpunkte. Diese wiederum halbiert die ursprüngliche Strecke.

Diese Konstruktion lässt sich in Gedanken mit den idealen Werkzeugen durchführen, ist also im Prinzip exakt lösbar.

Irdische Lösung: Man misst die Strecke mit einem Maßstab aus, halbiert die erhaltene Länge rechnerisch, dann misst man von einem der Endpunkte diese halbe Länge auf der Strecke ab und findet so die Mitte.

Die Skala des Maßstabs besteht aus ins Material eingeritzten Kerben, diese haben eine nicht vernachlässigbare Breite. Genauer als diese Breite kann man die Strecke nicht messen, und genauer als diese Breite lässt die halbierte Länge sich auch nicht zeichnen. Was man so erhält, ist also nur eine Näherung.

Die Kids sehen das nicht so eng und freuen sich, wenn sie die Strecke überhaupt halbiert bekommen. Selbst unter Mathematikern werden mittlerweile Näherungslösungen per Computer (die nur endlich viele Nachkommastellen haben und damit per se unexakt sind) zunehmend akzeptiert und nicht mehr als mit dem Makel des Grobmateriellen behaftet empfunden. Sic transit gloria mundi.

## Zuordnung

Sie macht genau das, was der Name vermuten lässt: sie ordnet zu. Kinder zu Klassen, Personen zu Telefonnummern, Postleitzahlen zu Orten. In der Mathematik meist Zahlen zu Zahlen. Kann z.B. als Tabelle oder Rechenvorschrift geschrieben werden. Beispiel:

| $x =$ | 0 | 1 | 2 | 3 | 4 | 5 | 6 | 7 | 8 | 9 | 10 |
|---|---|---|---|---|---|---|---|---|---|---|---|
| $y =$ | 0 | 1 | 4 | 9 | 16 | 25 | 36 | 49 | 64 | 81 | 100 |

Ordnet jeder Zahl ihre Quadratzahl zu. Als Rechenvorschrift:

$y = x^2$.

Die $x$ nennt man die Argumente, die $y$ die Werte. Wenn es, wie hier, zu jedem $x$ nur ein einziges $y$ geben kann, nennt man die Zuordnung eine Funktion (siehe Funktion), vgl. Bilder unten.

Die Zuordnung von Kindern zu Klassen ist eine Funktion, solange jedes Kind nur in eine einzige Klasse geht. Die Zuordnung von Personen zu Telefonnummern ist keine Funktion, da es Personen mit mehreren Telefonnummern gibt.

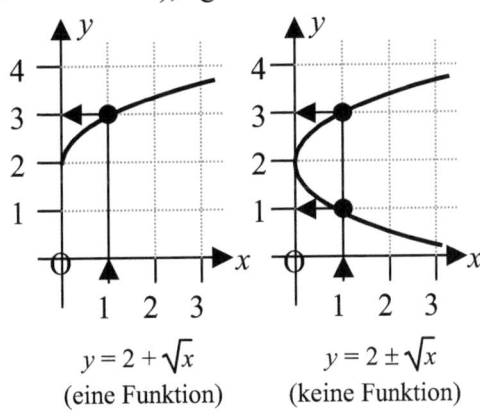

$y = 2 + \sqrt{x}$
(eine Funktion)

$y = 2 \pm \sqrt{x}$
(keine Funktion)

# Zylinder

Unten rund, oben rund, dazwischen gerade. Kommt heute noch im Verbrennungsmotor vor, früher setzte man sich sowas auf den Kopf, da hatte es aber unten noch eine Krempe.

Mathematisch ein Körper, dessen Boden und Dach ein Kreis ist, dazwischen geht es gerade hoch. Konservendosen sind ein typisches Beispiel. Volumen, wie immer, gleich Grundfläche mal Höhe. Da die Grundfläche ein Kreis ist, also

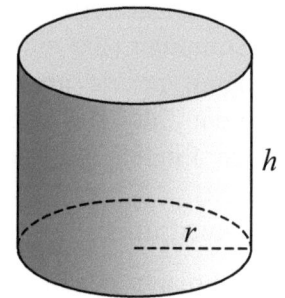

$$V = \pi \cdot r^2 \cdot h.$$

Die Oberfläche besteht aus dem Kreis unten, dem Kreis oben und dem so genannten Mantel, der sich als Rechteck erweist, wenn man den Zylinder aufschneidet und platt walzt. Falls Sie das mit einer Konservendose machen: Vorsicht, scharfe Kanten! Besagtes Rechteck hat die Höhe des Zylinders, die Breite passte vorher einmal rum und ist daher der Kreisumfang $2 \cdot \pi \cdot r$ oder $\pi \cdot d$. Nehmen Sie ein Blatt Papier und basteln Sie mit Ihren Kindern so ein Ding (siehe unten), dann lernen sie, wie es zusammenpasst.

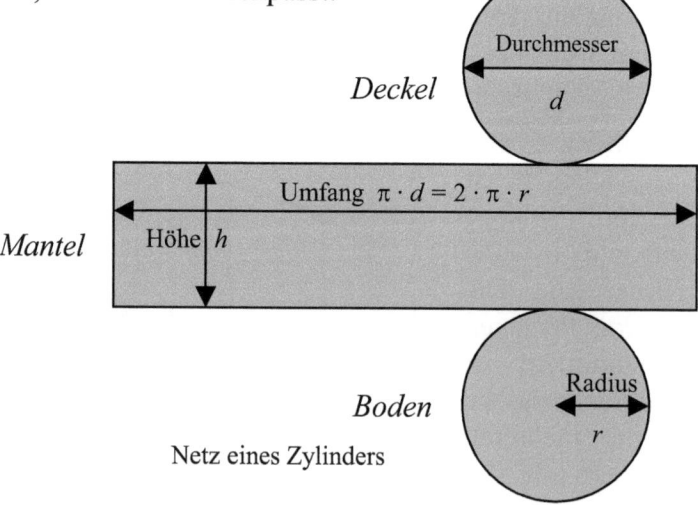

Netz eines Zylinders

Ein der Länge nach aufgebohrter Zylinder ist ein Hohlzylinder oder profan: ein Rohr. Sein Volumen ist natürlich der Vollzylinder minus die (ebenfalls zylindrische) Bohrung.

Über die Oberfläche können Sie ja mal nachdenken. Wie an anderer Stelle erwähnt (siehe Prisma), ist die Oberfläche alles das, was man anstreichen kann (z.B. mit Rostschutzfarbe). Alle Teilflächen berechnen, keine vergessen, keine doppelt zählen!

In diesem Falle gibt es vier Teilflächen:

Einen Kreisring oben und einen ebenso großen Kreisring unten, ferner einen äußeren Mantel und schließlich noch einen inneren Mantel.

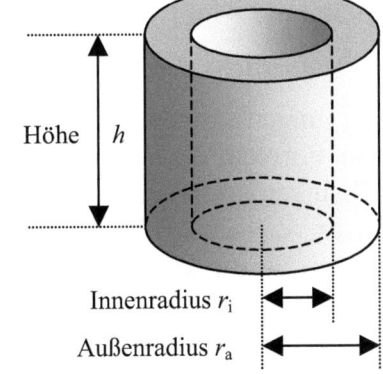

Höhe $h$

Die beiden Kreisringe haben jeweils den Flächeninhalt

$$\pi \cdot r_a^2 - \pi \cdot r_i^2.$$

Innenradius $r_i$

Außenradius $r_a$

Der äußere Mantel ist $2 \cdot \pi \cdot r_a \cdot h$, der innere Mantel ist $2 \cdot \pi \cdot r_i \cdot h$.

Damit ergibt sich für die gesamte Oberfläche:

$$O = 2 \cdot (\pi \cdot r_a^2 - \pi \cdot r_i^2) + 2 \cdot \pi \cdot r_a \cdot h + 2 \cdot \pi \cdot r_i \cdot h,$$

$2 \cdot \pi$ ausgeklammert (siehe Terme ausklammern):

$$O = 2 \cdot \pi \cdot (r_a^2 - r_i^2 + r_a \cdot h + r_i \cdot h).$$

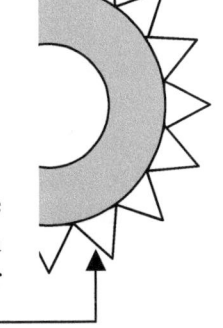

Und als krönenden Abschluss könnte man das Ganze jetzt als Modell basteln, z.B. mit $h = 7$ cm, $r_a = 5$ cm und $r_i = 3$ cm. (Wie macht man die Klebelaschcn für gebogene Kanten? Mit vielen kleinen Zacken!)

Falls Sie nachrechnen mögen: Das Volumen des Körpers wäre dann $112 \cdot \pi$ cm³ $\approx 351,86$ cm³, die Oberfläche $144 \cdot \pi$ cm² $\approx 452,39$ cm².

# Links

Die Internet-Links kommen und gehen, und zwischen Recherche und Drucklegung können sie sich verändert haben oder verschwunden sein. Ich beschränke mich daher auf ein paar wenige, die seit einiger Zeit stabil zu sein scheinen:

## *www.mathe-online.at*

Enthält ein Mathe-Lexikon und etliche Demonstrationen zu verschiedenen Mathematik-Themen in Form von Applets. Hierzu muss Ihr Rechner Java-Applets unterstützen.

## *www.dorfuchs.de/mathe-songs*

Ein junger Mathematiker hat hier etliche mathematische Sätze und Formeln als Lieder vertont, meist als Rap. Mathe zum Mitsingen, wenn man so will. Folgen Sie dazu dem (leider etwas versteckten) YouTube-Link auf der dorfuchs-Seite. Oder suchen Sie direkt bei YouTube nach „dorfuchs".

## *www.kmk.org*

Website der Kultusministerkonferenz. Enthält Links zu allen Kultusbehörden der Bundesländer mit den jeweiligen dort gültigen Lehrplänen. Geben Sie „Lehrplan" ins Suchfeld ein.

Zum Zeitpunkt der Recherche enthielten diese Websites Inhalte, die mir sinnvoll und nützlich erschienen. Ich kann jedoch nicht garantieren, dass Sie unter diesen Adressen inzwischen keine Pornos oder Bauanleitungen für Rohrbomben finden. Für die Inhalte sind allein die Website-Betreiber verantwortlich, ich distanziere mich ausdrücklich von eventuellen anstößigen oder illegalen Inhalten dieser Seiten.

Man muss ja bei heutiger Rechtsauffassung solche Selbstverständlichkeiten ausdrücklich erwähnen. Bei der Gelegenheit sollte ich am besten noch darauf hinweisen, dass dieses Buch weder zum Verzehr geeignet ist noch in der Waschmaschine gewaschen werden darf. Aarrgghh!

## Haftungsausschluss

Das Buch wurde sorgfältig auf Tipp- und Rechenfehler durchgesehen, dennoch sind insbesondere Fehler in den Rechenbeispielen nicht völlig auszuschließen. Autor und Verlag übernehmen keine Haftung für daraus resultierende Nachteile oder Schäden. Betrachten Sie es vielmehr als Aufmerksamkeitsübung, die verbliebenen Fehler zu entdecken. Diesbezügliche Hinweise werden gern entgegengenommen. Gedankt sei allen, die durch ihre Kommentare bereits zur Verbesserung dieser Neuauflage beigetragen haben.

Anmerkungen wie z.B. „kann nach der Klassenarbeit getrost vergessen werden" beziehen sich auf die Einschätzung des Autors im Hinblick auf die Relevanz des Themas für den nachfolgenden Unterricht. Es kann trotzdem vorkommen, dass eine pflichtbeseelte Lehrkraft eines dieser Themen in einer späteren Klassenarbeit noch einmal aufgreift, um den langfristigen Lernerfolg zu kontrollieren. Absolute Sicherheit kann daher nicht garantiert werden (vgl. Matthäus 24, 43).

Im Buch enthaltene Verweise wie dieser gerade eben beziehen sich auf die Bibel. Falls Sie eine Begegnung mit der Bibel ablehnen, bleibt es Ihnen unbenommen, diesen Verweisen *nicht* zu folgen.

Ich hoffe, dass diese Einschränkungen den Nutzen des Werkes nicht nennenswert schmälern.

*OStR i.R. Dr. Christian Eckhard*

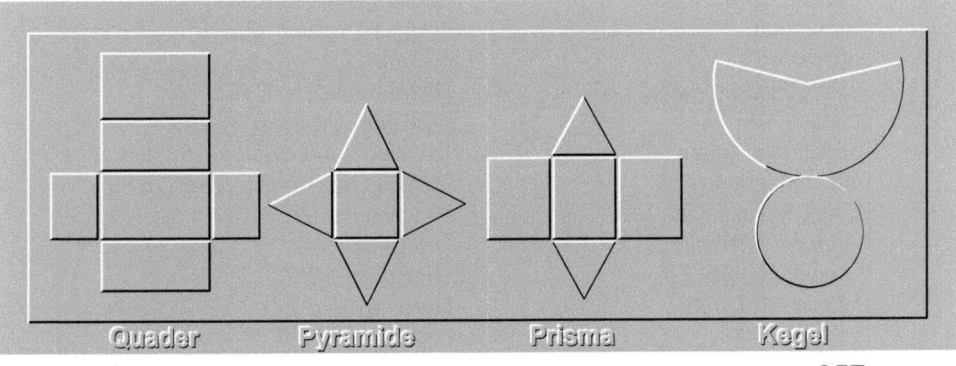

Quader    Pyramide    Prisma    Kegel

# Register

Einträge in **Fettdruck** verweisen auf eigenständige Artikel.

## Das griechische Alphabet

| | | | | | | | | | |
|---|---|---|---|---|---|---|---|---|---|
| A | α | alpha | I | ι | jota | P | ρ | rho |
| B | β | beta | K | κ | kappa | Σ | σ | sigma |
| Γ | γ | gamma | Λ | λ | lambda | T | τ | tau |
| Δ | δ | delta | M | μ | my | Y | υ | ypsilon |
| E | ε | epsilon | N | ν | ny | Φ | φ | phi |
| Z | ζ | zeta | Ξ | ξ | xi | X | χ | chi |
| H | η | eta | O | o | omikron | Ψ | ψ | psi |
| Θ | ϑ | theta | Π | π | pi | Ω | ω | omega |

## Das kleine Einmaleins

| · | 1 | 2 | 3 | 4 | 5 | 6 | 7 | 8 | 9 | 10 |
|---|---|---|---|---|---|---|---|---|---|---|
| **1** | 1 | 2 | 3 | 4 | 5 | 6 | 7 | 8 | 9 | 10 |
| **2** | 2 | 4 | 6 | 8 | 10 | 12 | 14 | 16 | 18 | 20 |
| **3** | 3 | 6 | 9 | 12 | 15 | 18 | 21 | 24 | 27 | 30 |
| **4** | 4 | 8 | 12 | 16 | 20 | 24 | 28 | 32 | 36 | 40 |
| **5** | 5 | 10 | 15 | 20 | 25 | 30 | 35 | 40 | 45 | 50 |
| **6** | 6 | 12 | 18 | 24 | 30 | 36 | 42 | 48 | 54 | 60 |
| **7** | 7 | 14 | 21 | 28 | 35 | 42 | 49 | 56 | 63 | 70 |
| **8** | 8 | 16 | 24 | 32 | 40 | 48 | 56 | 64 | 72 | 80 |
| **9** | 9 | 18 | 27 | 36 | 45 | 54 | 63 | 72 | 81 | 90 |
| **10** | 10 | 20 | 30 | 40 | 50 | 60 | 70 | 80 | 90 | 100 |

## Längenmaße

→‖←     1 Millimeter = **1 mm** = 0,001 m

▮▮▮▮▮     1 Zentimeter = **1 cm** = 10 mm = 0,01 m

     1 Dezimeter = **1 dm** = 10 cm = 100 mm = 0,1 m

     1 Meter = **1 m** = 10 dm = 100 cm = 1000 mm

wenig gebräuchlich: 1 Dekameter = **1 dam** = 10 m

         1 Hektometer = **1 hm** = 10 dam = 100 m

1 Kilometer = **1 km** = 10 hm = 1000 m = 1 000 000 mm

*Jede Einheit ist das 10-fache der vorherigen.*

## Flächenmaße

▫  1 Quadratmillimeter = **1 mm²**

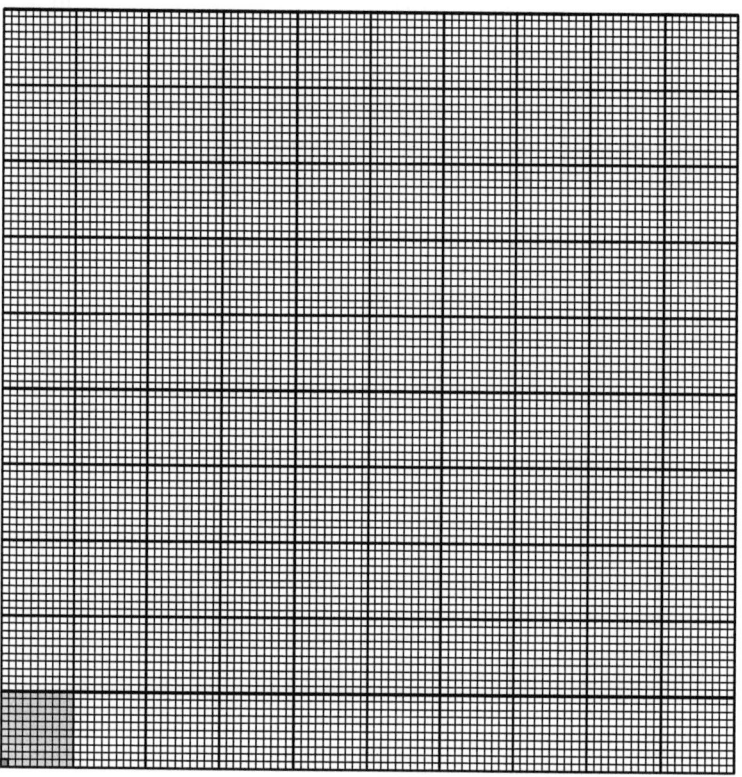

1 Quadratzentimeter = **1 cm²** = 100 mm²

1 Quadratdezimeter = **1 dm²** = 100 cm² = 10 000 mm²

1 Quadratmeter = **1 m²** = 100 dm² = 10 000 cm² = 1 000 000 mm²

1 Ar = **1 a** (unüblich: 1 Quadratdekameter) = 100 m²

1 Hektar = **1 ha** (unüblich: 1 Quadrathektometer) = 100 a = 10 000 m²

1 Quadratkilometer = **1 km²** = 100 ha = 10 000 a = 1 000 000 m²

*Jede Einheit ist das 100-fache (10 ·10-fache) der vorherigen.*

Ein DIN A4 - Blatt ist $\frac{1}{16}$ m² groß (DIN A3 = $\frac{1}{8}$ m²; DIN A2 = $\frac{1}{4}$ m²;

DIN A1 = $\frac{1}{2}$ m²; DIN A0 = 1 m²).

## Raummaße

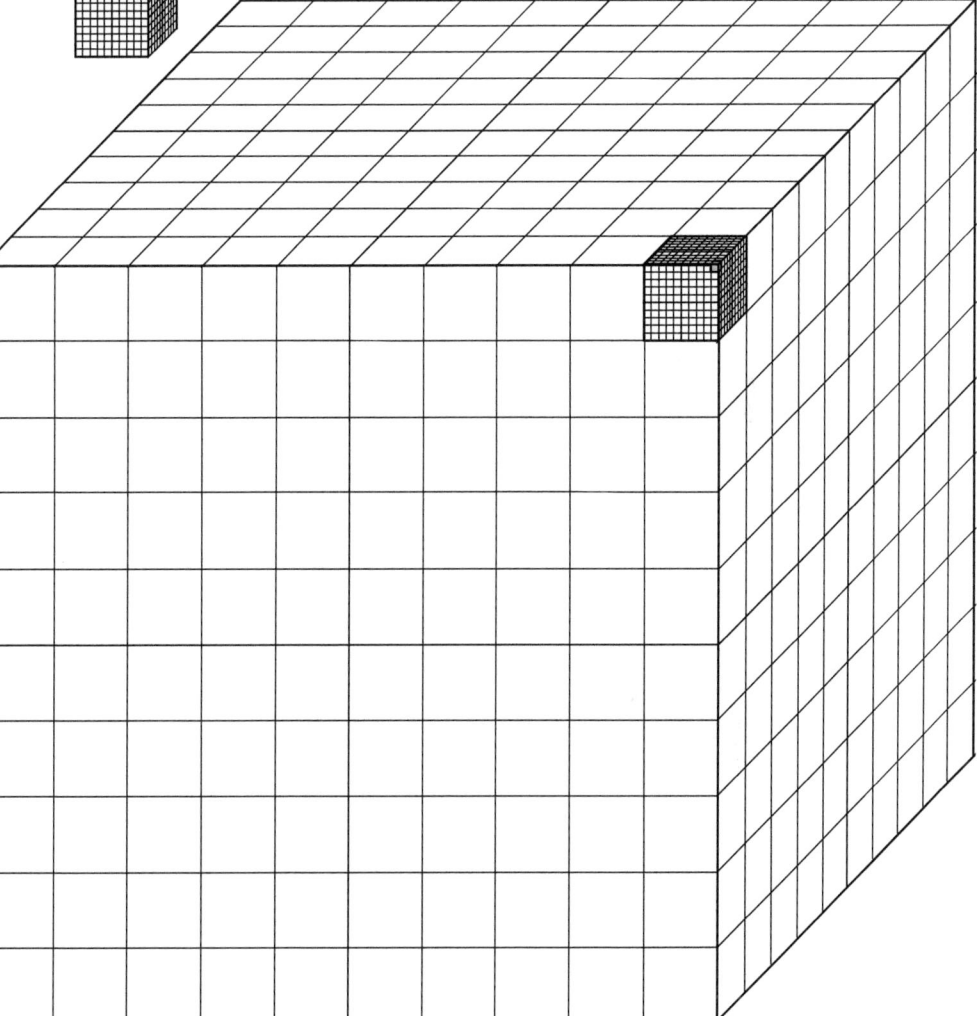

- 1 Kubikmillimeter = **1 mm³**

1 Kubikzentimeter = **1 cm³** = 1000 mm³ (= 1 Milliliter)

1 Kubikdezimeter = **1 dm³** = 1000 cm³ = 1 000 000 mm³ (= 1 Liter)

1 Kubikmeter = **1 m³** = 1000 dm³ = 1 000 000 cm³ (= 1000 Liter)

*Jede Einheit ist das 1000-fache (10 ·10 ·10-fache) der vorherigen.*

(1 Teelöffel ≈ 5 cm³; 1 Esslöffel ≈ 10 cm³; 1 Schnapsglas ≈ 20 cm³)

## Massen (vulgo Gewichte)

1 Milligramm = **1 mg** = 0,001 g
1 Gramm = **1 g** = 1000 mg (1 cm³ = 1 ml Wasser wiegt 1 g)
1 Kilogramm = **1 kg** = 1000 g (1 dm³ = 1 Liter Wasser wiegt 1 kg)
1 Tonne = **1 t** = 1000 kg = 1 000 000 g (1 m³ Wasser wiegt 1 t)
*Jede Einheit ist das 1000-fache der vorherigen.*

## Primfaktorzerlegungen der Zahlen bis 100

| (1) | 26 = 2·13 | 51 = 3·17 | 76 = 2·2·19 |
|---|---|---|---|
| **2** | 27 = 3·3·3 | 52 = 2·2·13 | 77 = 7·11 |
| **3** | 28 = 2·2·7 | **53** | 78 = 2·3·13 |
| 4 = 2·2 | **29** | 54 = 2·3·3·3 | **79** |
| **5** | 30 = 2·3·5 | 55 = 5·11 | 80 = 2·2·2·2·5 |
| 6 = 2·3 | **31** | 56 = 2·2·2·7 | 81 = 3·3·3·3 |
| **7** | 32 = 2·2·2·2·2 | 57 = 3·19 | 82 = 2·41 |
| 8 = 2·2·2 | 33 = 3·11 | 58 = 2·29 | **83** |
| 9 = 3·3 | 34 = 2·17 | **59** | 84 = 2·2·3·7 |
| 10 = 2·5 | 35 = 5·7 | 60 = 2·2·3·5 | 85 = 5·17 |
| **11** | 36 = 2·2·3·3 | **61** | 86 = 2·43 |
| 12 = 2·2·3 | **37** | 62 = 2·31 | 87 = 3·29 |
| **13** | 38 = 2·19 | 63 = 3·3·7 | 88 = 2·2·2·11 |
| 14 = 2·7 | 39 = 3·13 | 64 = 2·2·2·2·2·2 | **89** |
| 15 = 3·5 | 40 = 2·2·2·5 | 65 = 5·13 | 90 = 2·3·3·5 |
| 16 = 2·2·2·2 | **41** | 66 = 2·3·11 | 91 = 7·13 |
| **17** | 42 = 2·3·7 | **67** | 92 = 2·2·23 |
| 18 = 2·3·3 | **43** | 68 = 2·2·17 | 93 = 3·31 |
| **19** | 44 = 2·2·11 | 69 = 3·23 | 94 = 2·47 |
| 20 = 2·2·5 | 45 = 3·3·5 | 70 = 2·5·7 | 95 = 5·19 |
| 21 = 3·7 | 46 = 2·23 | **71** | 96 = 2·2·2·2·2·3 |
| 22 = 2·11 | **47** | 72 = 2·2·2·3·3 | **97** |
| **23** | 48 = 2·2·2·2·3 | **73** | 98 = 2·7·7 |
| 24 = 2·2·2·3 | 49 = 7·7 | 74 = 2·37 | 99 = 3·3·11 |
| 25 = 5·5 | 50 = 2·5·5 | 75 = 3·5·5 | 100 = 2·2·5·5 |

Die Primzahlen sind **fett** gedruckt. Die 1 ist keine Primzahl.